얘들아 숲에서 놀자

숲 생태 체험의 모든 것

얘들아 숲에서 놀자

남효창 지음

추수밭

| 목차 |

프롤로그 : 자연과 인간의 행복한 만남을 꿈꾸며 · 7

 1부   숲해설가가 알아야 할 생태 체험 교육 · 15

1 자연과 인간을 이어주는 생태 체험 교육 · 17

2 참사람을 키우는 미래 지향적 교육 · 21
　　자연과 더불어 사는 삶 | 반듯한 인격과 인품의 형성 | 희망찬 미래에 대한 보험 | 이론 교육보다 7배나 효과가 높은 체험 교육 | 생태 체험 교육의 탄생

3 연령과 대상에 따른 맞춤형 교육 · 35
　　교육 대상에 따른 구체적 접근법 | 인간의 성장 단계 | 동화의 숲 | 마법의 숲 | 자연의 발견 | 발견의 숲 | 존재의 숲 | 더불어 숲

4 자연을 테마로 한 5가지 교육 활동 · 58
　　환경 교육 | 자연 교육 | 체험 교육 | 생태 교육 | 숲 생태 교육

2부 숲에서 생태적으로 놀기 위한 실전 전략 · 85

1 숲에서 가장 재미있게 생태적으로 노는 7가지 방법 · 87
놀이 활동 | 과제 활동 | 해설 활동 | 토론 활동 | 탐구 활동 | 역할놀이 활동 | 예시 활동

2 베테랑 숲해설가의 생태 체험 교육 헌장 · 108
생태 체험 배움터 만들기 | 베테랑 생태 체험 교육자의 조건

3 생태 체험 교육의 밑그림 그리기 · 123
생태 체험 교육 과정의 흐름

4 생태 체험 교육의 기초 설계 · 130
아이디어 모으기 | 핵심 주제로 나아가기 | 내용 정리하기 | 예산 짜기 | 교육 대상자 신청 접수 | 참가자 정보 수집 | 광고와 모집하기

5 성공적인 생태 체험 교육을 위한 11단계 실전 전략 · 149
생태 체험 교육자의 구성 | 현장 답사 | 생태 체험 교육 | 자료집, 교구 제작 | 시연, 리허설 | 교육생과 만남 | 시간에 따른 진행 | 생태 체험 교육 평가 | 도구와 물품 정리 | 기록, 사진 정리 | 평가 내용 정리

6 모둠 활동을 통한 생태 체험 교육 · 181
모둠 규칙 정하기 | 역할놀이 | 모둠 내 갈등 해소를 통한 교육 효과 | 커뮤니케이션의 법칙

3부 얘들아, 숲에서 놀자 · 197

숲 생태 체험놀이 109가지 · 204

저자 후기 : 숲은 감성과 지성의 원천입니다 · 335
추천 참고문헌 · 339

| 프롤로그 |

자연과 인간의 행복한 만남을 꿈꾸며

우리는 매일 주변 환경과 더불어 많은 영향을 주고받는다. 이것은 가까이 나와 내 주변 사람들의 관계뿐만 아니라, 멀리 지구 저편에서 자라는 풀 한 포기와 나의 관계까지도 포함하는 것이다. 사람들은 대부분 자신의 삶과 맞닿아 있는 범위 이외의 세상에 대해서 관심을 가지기 쉽지 않고, 또 그것을 경험하는 일 역시 드물다. 그러나 우리가 어떻게 살든지 지구상에는 다음과 같은 일들이 매일 벌어지고 있다. 하루 24시간이 지나면 25만 명이라는 인구가 증가하고, 자동차나 공장, 핵발전소에서 6,000만 톤의 이산화탄소가 대기 중으로 발산되며, 축구장 6,300개의 면적에 달하는 열대우림이 사라질 뿐만 아니라, 매일같이 전쟁 무기를 생산하기 위해 3조 원 이상의 비용이 투자되는 반면, 오늘도 3만 6,000명의 어린이가 굶주림으로 죽어가고 있다.

이는 상상 속에서 이뤄지는 것이 아니라 매일 벌어지는 실제 상황이다. 문제의 심각성을 비교할 수는 없지만, 대기 중의 이산화탄소가 증가하고 어마어마한 면적의 열대우림이 사라지고 있는 현상은 분명 지상에서 산소 호흡을 하는 모든 생명체의 존재를 위협하는 것이다. 핵에너지나 화석연료를 남용함으로써 우리의 삶은 물론 생태계의 귀중한 생물들이 살아가기 어려운 상황으로 내몰리고 있다는 것 또한 자명한 사실이다. 우리는 이를 '생태 위기'라 한다. 지상의 어떤 생명체도 생태계의 훼손으로 인한 피해에서 자유롭지 못하며, 인간 역시 예외가 아니다.

과학 기술의 발달과 더불어 생태 위기를 맞았음에도 불구하고 그 상황을 극복하기 위해 또다시 과학이라는 잣대로 문제를 풀려고 하는 시도가 없지 않다. 하지만 훼손된 생태계를 우리가 믿고 신임하는 과학으로 풀기에는 한계가 있다. 현재 당면한 생태 위기를 극복하는 방법은 과학이 담아낼 수 없는 감성을 향상시키는 교육과 절묘한 조화를 찾는 것이다. 이러한 점에서 생태계를 직접 접하고 체험하는 환경 체험 교육이 하나의 대안이 될 수 있다.

체험 위주의 생태 교육을 통해 단순히 생태를 이해하고 지식을 축적하는 것만으로 환경을 이해하고자 한다면 이는 환경과학이나 환경공학적인 측면에 머물고 만다. 생태 교육은 생태계에서 실제로 일어나는 현상을 오감으로 체험하면서 생각과 사고의 변화를 꾀하

촉감을 통해 나무를 체험하는 활동. 환경 체험 교육은 체험을 통해 긍정적인 인성 발달을 유도한다.

는 것이며, 이를 통해 배운 것을 실제 생활 속에서 실천해내는 데 그 목적이 있다. 생태계를 이해함으로써 생활양식을 변화시키고, 나아가서는 자연 생태와 더불어 호흡하며, 생명에 대한 올바른 이해를 통해 생명의 존엄성을 배우고 자연스럽게 긍정적인 인성 발달에 이르도록 한다.

또 현장을 중심으로 실시되는 생태 교육은 전통적인 학습법이나 체험 위주의 교육을 뛰어넘는 창의적 학습이 필요하기 때문에 지도자의 열린 교육법이 무엇보다 중요하다. 현재 우리의 교육은 생물이나 사물 혹은 사건을 분석·평가하는 것이 목적이라면, 체험 위주의 교육 활동은 오로지 사물과 생물에 대한 외형적인 것을 직접 피부로 경험해보는 것이다. 그러나 사실상 자연 생태의 의미를 분석하고 평가하는 것에 대한 접근법은 모순이 많다. 분석과 평가를 통해서 밝혀질 수 있는 것은 그 사물에 대한 부분일 뿐이며, 본질을 이해하는 것과는 거리가 멀다. 그 본질에 좀더 가까이 접근하기 위해서는 사물을 직접 체험하고, 자신의 생활과 사회의 여러 가지 상황을 비교·검토해보는 교육 활동이 되어야 한다. 이것이 바로 체험 위주의 교육 활동이며, 체험 위주의 생태 교육이다.

과학 문명에 길들여진 세상을 향해 철학자들은 여러 차례 경고의 메시지를 전해왔다. 야스퍼스Jaspers는 '학문적으로 얻어진 사실에 대한 지식은 존재에 대한 지식이 아니다'라고 했다. 과학적인 지식이 우리가 궁극적으로 생각하는 삶에 대한 해답을 줄 수 없다는 것이다. 하이데거Heidegger는 '과학은 생각이 없다'고 말했다. 과학은

생활을 윤택하고 편리하게 하지만, 생명이나 사물에 대한 본질적인 접근이 결여되어 있으며, 과학의 발달을 통해 나타난 생태 위기는 현대 과학이 해결할 수 없는 문제다. 따라서 과학을 맹신하는 사람들의 가치 판단에 대한 재조명이 절실하다.

각양각색으로 피어나는 꽃을 보면서 아름다움을 느끼는 것이 그 꽃의 이름을 아는 것보다 중요하지 않다고 누가 말할 수 있을까? 생물의 이름을 이야기하며 스스로 자연을 잘 안다고 인정하는 사람이나, 그것을 보고 감탄하는 사람들을 비난하려는 것이 아니다. 하지만 어린이들이 자연 안에서 새로움을 발견하고 관찰하며 많은 의문을 갖도록 하는 것이 얼마나 중요한지 놓쳐서는 안 된다. 왜 나무는 다양한 모양으로 자라고 서로 다른 열매를 맺는지, 왜 특정한 나무들은 물가에서만 사는지 궁금해하는 것이 나무 이름 하나 아는 것보다 값지다.

곤충은 무엇으로 어떻게 냄새를 맡느냐고 물어보면 대답하는 이가 극히 드물다. 하지만 우리는 곤충을 잘 알고 곤충의 구조와 체내 기관까지도 줄줄 왼다. 필자는 그것이 우리의 삶에 어떠한 영향을 미치는지 도무지 모르겠다. 자연 속에 존재하는 수많은 관계들을 이해하며 자연과 더불어 사는 것이 더욱 중요하지 않을까. 질문에 완벽한 답을 찾는 것보다 해답을 찾고자 노력하는 과정이 중요하며, 이것이 진정한 생태 교육의 한 방법이라 생각한다. 우리는 이미 알고 있는 도식화된 사실을 익히기 위해 자연을 찾는 것이 아니다.

 이 세상 어느 과학자도 그의 저서에 살아 있는 자연의 소리와 냄새, 잎에 맺힌 이슬이 설탕같이 어는 모습을 담아내지 못한다. 자연의 느낌을 직접 체험하고 관찰하는 가운데 본질을 파악하고, 그러한 자연을 구성하고 있는 생명체들의 관계를 이해한 후 마침내 그 이름을 익힌다면 자연에 대한 많은 편견에서 벗어날 수 있을 것이다. 이름은 나와 생물의 교감을 위한 것이 아니라 의사 소통의 수단일 뿐이다.

 우리는 숲과 자연을 이해하는 데 매우 궁색하며 대단히 깊은 편견이 있다. 모든 현상을 인간 중심적으로 해석하고 판단하며 살아가기 때문이다. 생태 교육은 이런 편협한 시각을 광범위한 관점으로 전환할 수 있는 좋은 기회가 된다. 자연 안에서는 모든 것들이

존재의 의미와 가치를 지니며 필요 없는 것은 단 하나도 없다는 사실, 모든 생명체가 자연의 순환에서 고유한 역할을 한다는 사실을 이해하는 것은 자신을 위한 것이다.

자연 안에서 뛰어놀던 어린 시절의 기억은 이제 쉽게 만들 수 없는 선물이 되었다. 나무에 오르거나 풀숲에 몸을 숨기고, 이름도 모르는 것들의 맛을 구분하며 그 속에서 지치도록 놀고 또 놀던 시간들이 매우 귀중한 교육의 과정이었음을 요즘 더욱 절실히 느낀다. 우리에게는 잃어버린 자연으로 늘 가슴 한켠에 남아 있지만, 자연에 대한 존재조차도 모르고 살아가는 어린이들에게 그 귀중한 자연의 유산을 마음속에 담아줄 수 없을까 고민하게 된다.

어린이들은 깨끗한 도화지와 같기 때문에, 아무런 편견 없이 자연에 다가갈 수 있도록 돕는 것이 가장 중요한 덕목이라 할 수 있다. 그들에게 자연과 내가 하나라는 생각을 일깨워줄 수 있다면 생태 교육은 필요 없을 것이다. 자라나는 어린이들에게 필요한 것은 자연에 대한 지식이 아니라, 자연을 올바로 보고 받아들일 수 있는 감성이다.

| 1부 |

숲해설가가 알아야 할 생태 체험 교육

1
자연과 인간을 이어주는 생태 체험 교육

돌아보면 자연은 우리의 삶과 동떨어진 것으로 인식되었으며, 자연이라는 공간은 일상과 분리되어 시간을 내서 찾아가야 하는 특별한 곳이 되었다. 그러나 자연과 인간은 밀접한 관계를 유지해야 하며, 생태 교육은 자연과 인간의 관계를 개선하고 생태계에 대한 이해를 돕는 역할을 한다. 즉 생태 교육이란 인간의 감성을 통해 생태계의 관계를 올바로 이해시키는 교육 활동이며, 이러한 교육을 통해 생태적 가치와 경제적 가치의 상관관계가 올바로 인식되어야 한다. 이것은 지속 가능한 발전에 대한 이해와 이용의 필요성이 동시에 담겨야 하며, 자연에 대한 무조건적인 보호나 보존만이 자연과 인간을 위한 것이 아님을 판단할 수 있어야 한다는 것이다.

환경 친화적이지 않은 우리의 삶과 전 지구적인 환경 문제는 생

직접적인 체험을 통해 자연을 이해하고 창의력과 감성을 키워나가야 한다.

태 교육이라는 새로운 영역을 만들어냈다. 자연과 직접 만나는 생태 교육을 통해 어린이들이 자연을 이해하고 사랑하며, 자연에 동화될 수 있어야 한다. 따라서 직접 체험함으로써 무엇인가 발견하는 과정을 통해 자연을 바라보는 관점을 익히게 하고, 창의력과 감성을 키워줄 수 있어야 한다. 생태 교육은 자연을 어떻게 만날 것인가에 대한 감성적인 접근을 담고 있다. 특별히 교육을 이야기하지 않더라도 자연과 접촉하는 것은 어린이들이 육체와 정신을 건강하게 발달시키는 데 매우 중요한 전제조건이다. 자연이라는 자유로운 공간 안에서 상상력을 키울 수 있으며, 공동체의 의미를 발견할 수 있다.

생태 교육에서 가장 중요한 것은 어린이들에게 모든 감각 기능을 통해 자연을 경험할 수 있는 기회를 주어야 한다는 점이다. 나무를 관찰하거나 숲의 토양을 맨발로 느껴보고, 새소리에 귀를 기울이며, 예쁜 초본들의 향기에 취해보는 과정이야말로 어린 시절에 놓쳐서는 안 될 경험이자 추억이다. 자연 체험을 통해 얻은 생생한 기억과 창의력은 자연과 인간의 유기적인 관계에 대한 인식뿐만 아니라 그 안에 존재하는 인간의 자의식을 고취시킨다. 그러므로 생태 교육은 자연과 인간의 분리에 기초한 종전의 과학관에서 벗어나 자연과 인간을 유기적인 관계 안에서 이해하는 새로운 세계관에서 비롯되었으며, 그 때문에 새로운 가치관에 입각한 인격 혹은 인품을 형성해나가는 데 큰 도움을 줄 수 있다.

    생태 교육은 아이들의 호기심을 자극하며, 자연이라는 공간으로 나아가 그것을 이해하고, 자신과 환경의 관계를 스스로 발견할 수 있도록 한다. 개인적 경험을 통해 사고의 범위를 넓혀가는 인간은 생태 교육에서 스스로 활동하고 학습하는 적극적인 태도를 보여준다. 자연 환경과 사회 환경을 적극적인 자세로 체험하고 감지하고 파악한다는 것은 자연 안에 공존하는 여러 사물의 상관관계, 자연과 인간의 관계를 유기적인 관점에서 인식하고 이해한다는 것을 의미한다. 이것이야말로 자연 환경과 사회 환경, 즉 생활공간을 제대로 인식하고 책임감 있는 태도와 행동을 형성할 수 있는 기본 조건이며, 생태 교육이 발달한 배경이다.

시시각각 그 모습을 달리하는 자연은 가장 훌륭한 교육 공간이다.

이와 같이 총체적인 생태 교육의 장場이자, 체험을 통한 올바른 인성 발달을 기대할 수 있는 곳이 바로 자연 환경이다. 자연 환경은 지역과 계절에 따라 항상 새롭고 다양한 모습으로 관찰되며, 동식물이 살아가는 생활공간일 뿐만 아니라 생명체들이 서로 관계를 맺으며 살아가는 생활 공동체로서, 이에 대한 이해는 단순한 지식의 습득과 인식을 넘어 더불어 살아가는 존재로서 인간, 특히 어린이나 청소년들의 인성 형성에 대단히 중요한 영향을 미친다. 이러한 교육적 효과를 거두기 위해서는 환경을 의식하는 자세를 취할 수 있는 능력을 향상시켜야 하며, 환경 문제를 정확하게 파악하고 체계적으로 접근함으로써 행동이나 태도의 방향을 정립할 수 있도록 힘써야 한다(Bolscho/Seybold, 1993).

체험을 통한 생태 교육은 그 목표를 달성하기 위해 꼭 필요한 것이지만, 결국 하나의 수단일 뿐 그 자체가 목적이 될 수는 없다. 즉 조셉 B. 코넬Joseph B. Cornell이 말하는 체험 위주의 자연 체험이나 후고 퀴켈하우스Hugo Kuekelhaus가 말한 감각 위주의 자연 체험은 흥미롭고 효과적인 교육법이 될 수는 있으나, 이러한 체험 위주의 교육법이 궁극적인 목적을 달성하지 못할 때는 일방통행 혹은 일회성 교육이 될 수 있는 위험성을 내포한다는 것이다. 따라서 심리적이고 정서적인 활동만으로는 충분조건이 되지 못하며, 반대로 자연에 대한 정서적인 관점이 결여된 순수 이론적인 측면의 생태 교육 또한 완전하지 못하다. 결국 생태 교육은 다多학문적이고 복합적인 관점에서 출발해야 하는 총체적인 영역인 셈이다.

2
참사람을 키우는 미래 지향적 교육

생태 교육은 자연을 인간과 분리하여 대상으로만 접하던 근대 자연과학적 관점에서 탈피하면서 시작되었다. 따라서 인간과 생태계를 분리할 수 없다는 유기적인 관점에서 한편으로는 인간과 자연의 조화를 도모하고, 다른 한편으로는 이를 통해 새로운 문화와 경제적인 미래를 함께 전망할 수 있는 총체적인 교육을 지향한다. 또 건강한 자연 환경을 가꾸면서 바람직한 미래를 실현할 수 있는 참사람을 키우는 데 그 의의가 있다.

자연과 더불어 사는 삶 | 특히 어린이는 자연과 더불어 살아야 한다. 날이 갈수록 맑은 공기와 계곡을 흐르는 깨끗한 물, 녹음과

같은 자연이 그리워지는 것은 왜일까. 그 자연의 맛과 멋을 알기 때문이 아닐까. 요즘 도시에서 자라나는 어린이와 청소년들에게서 고향의 향취가 묻어나는 자연에 대한 그리움은 찾아보기 힘들다.

유안劉安이 『회남자淮南子』에서 말하길 "자연을 알되 인간을 알지 못하면 세속 사회에서 살아가기가 힘들고, 인간을 알되 자연을 알지 못하면 진리의 세계에서 노닐 수 없다"고 했다. 이는 '인간은 속세에서 살 수밖에 없지만 자연과 더불어 살아야 한다' 는 것을 의미한다. 자연 환경의 중요성을 말하면서도 인간 중심적인 관점을 떠나지 못하는 현실을 돌아보게 하는 말이다. 자연이 인간을 위해 존재하는 것처럼 인간도 자연을 위해 존재해야 함은 참다운 인간의 생존이 자연에 의존할 수밖에 없기 때문이다.

아이들은 자연 안에서 자연과 더불어 살아가는 법을 배운다.

우리는 아이들이 필요로 하거나 요구하는 것들을 대부분 허락하는 것으로 책임과 의무를 다했다고 생각하지는 않았는지 돌아봐야 할 것이다. 또 아이들에게 사회규범만을 지나치게 강조하면서 옳고 그름이 아닌 이익과 손실만을 가르치지는 않았는지 생각해봐야 할 것이다. 자연을 만지고 이해하며 받아들일 수 있는 기회를 주지 않는다면, 자연과 더불어 살아가는 방법을 고민하지 않는다면 현재와 미래는 물론 지금까지 우리와 함께해온 자연의 존재 여부까지도 확신할 수 없다.

반듯한 인격과 인품의 형성 | 현장 교육을 통해 만난 아이들이 너무나 당연한 자연현상에 경이로움을 표하는 것을 보고 새삼 놀라는 경우가 많다. 학교에서 배우고 익혀 지식을 습득했음에도 불구하고, 막상 자연이라는 공간에 들어서면 모든 것이 새롭다는 듯 질문을 던진다. 그때마다 그들이 배웠다는 지식이 어떠한 것이며, 또 얼마나 제대로 알고 있는가에 대한 의문이 생긴다. 그들은 자연 안에서 눈으로 보고, 귀로 듣고, 손과 발로 접촉하며, 코로 냄새를 확인하는 과정을 통해 더욱 많은 것들을 느끼고 발견하며 이해한다.

자연은 변화무쌍하고 다양하며 그 안에는 글로 표현할 수 없는 사실들이 있기에 자연을 책 속에 담을 수 없고, 또 책을 통해 자연을 배울 수 없는 것이 당연한 일인지도 모른다. 아이들이 책을 통해 이해했다는 것은 오로지 자연을 설명한 그 글을 이해한 것이지 체험하지 않은 지식 이상의 것은 될 수가 없다. 책은 맛과 소리, 색깔을 상상하도록 도와주는 도구가 될 뿐 진정한 자연의 오감을 담을 수는 없다. 우리의 자녀들이 한 생명체로 온전하게 성장하기를 바란다면 아이들에게 자연을 접할 수 있는 기회를 주어야 한다. 자연에 대한 직접적인 체험이야말로 진정한 자연의 모습을 볼 수 있는 눈을 길러주며, 이것이 바로 창의력을 키우는 불씨가 될 것이다.

우리는 자연 안에서 무엇을 발견하거나 조용히 그 소리를 듣기도 하고, 나무 위에 올라가 균형을 잡는다거나 자연의 산물들로 만들기를 할 수 있다. 자연은 그토록 많은 놀이의 동기를 제공하는 것이다. 생태 교육에 있어서 자연 체험은 지적 능력을 키우는 지식 전달을 목표로 하지 않는다. 그보다 가치 있는 것, 즉 어린이들 자신이 하나의 생명체로서 자연 환경과 함께한다는 것을 느낄 수 있는 '감성'을 일깨우는 것이다. 자연 안에서 동식물을 감지하기 위해서 어린이들은 모든 감각 기능을 사용해야 한다. 단지 나무의 모양이나 나뭇잎의 특징을 아는 것에 머무는 것이 아니라 그 나무의 고유한 냄새, 바람에 나부끼는 나뭇잎의 소리, 나무와 다른 식물의 관계, 나무와 토양의 관계, 나무와 동물의 관계 등을 느끼고 체험하면서 이해하는 것이 중요하다.

이러한 체험 교육은 자연 현장에서 놀이나 이야기, 모험과 실험을 통해 이뤄지는 것이 가장 바람직하다. 자연 속의 어떤 대상을 인지하고 체험하는 행위로써 발생한 자연물과 인간의 교감은 다른 어떤 것과도 비교할 수 없다. 그렇기 때문에 자연 환경에 대한 새로운 이해는 좀더 폭넓은 관점에서 인간이 자연에 다가감으로써 주체들을 연결하는 생태 교육에서 출발하는 것이 보다 효과적이다. 학교에서 진행하는 자연 교육만으로는 살아 있는 자연의 모습을 모두 담아낼 수가 없다. 어린이들의 경이롭고 적극적인 관심은 애벌레가 자라서 나비가 된다는 사실, 달팽이가 혀로 야채를 갉아먹을 수 있다는 사실, 작은 봉오리에서 아름다운 꽃잎이 피어난다는 사실 등 사소해 보이는 것들을 직접 체험하면서 시작될 것이다. 신비로운 자연에 대한 체험은 계속 발전하여 새로운 자연물에 애착과 관심을 갖는 계기가 되고, 자발적으로 여러 가지 의문을 제기하도록 만든다.

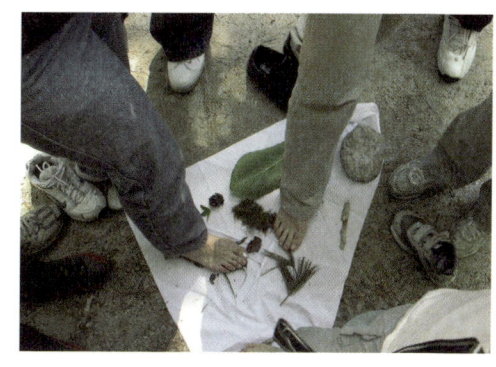

발바닥 감각 체험 놀이.

자연에 대한 경험이 많아질수록 관심과 욕구도 증가한다. 자연 환경을 이해하면서 환경과 자신의 관계를 발견하고, 직접적이고 감각이며 개인적인 경험들을 통하여 집약적인 사고를 한다. 결국 이를 통해 어린이들은 자발적으로 활동하고 학습하려는 태도를 갖는다. 이는 자연 환경을 보호하고 자연과 사회 안에서 책임감 있는 태도와 행동을 기대할 수 있는 조건이 될 것이다. 또 자연 체험을 통해 얻어지는 생생한 체험의 기억과 창의력은 결국 자연과 인간의 유기적인 관계에 대한 인식뿐만 아니라 그 안에 존재하는 인간의 자의식을 일깨워준다. 자연 환경을 체험함으로써 정신적·정서적·신체적으로 건강하게 성장할 수 있다. 따라서 자연 체험과 더불어 진행되는 생태 교육은 새로운 가치관에 입각한 인격 혹은 인품을 형성하며, 이를 통해 환경 문제를 해결해나가는 데 큰 도움을 줄 것이다.

희망찬 미래에 대한 보험 | 20~30년 후 우리 사회는 어떠한 모습일까? 그 미래는 기성세대인 우리가 어린이들에게 심어준 씨앗이 자라난 것이라 할 수 있으며, 우리 어린이들이 어떻게 자라느냐

예술과 철학의 바탕이 되는 자연.

에 미래의 모습이 달려 있다. 자연 체험을 강조하는 것은 원초적인 자연의 상태로 돌아가자는 의미가 아니다. 앞서 말했듯이 인간은 자연과 더불어 있을 때 비로소 인간답게 살 수 있으며, 따라서 인간은 자연의 일부라는 것을 깨닫고 느끼며 살아야 한다. 이제 특별한 기회가 없으면 자연과 접촉하기 어려운 도시의 어린이들에게 자연과 만날 수 있는 기회를 주어야 한다.

동서고금을 막론하고 인류 역사의 정신적 흐름을 이끌어온 성인이나 철학자, 문학가들을 보면 누구 하나 자연과 더불어 자신의 정신세계나 작품 세계를 논하지 않은 사람이 없었다. 괴테의 『파우스트』에 보면 독일의 프랑크푸르트 주변 숲이 묘사된다. 아직도 그의 정신은 작품과 함께 그 숲속에 살아 있으며, 많은 사람들의 심금을 울린다. 우리가 현대화와 함께 추구해온 생각 속에, 우리의 고정된 현실 속에 아이들을 갇히게 해서는 안 된다. 자연 환경을 의식하지 않고 자연을 대상으로만 인식해온 지난 한 세기 동안 인간과 자연은 상상을 초월할 정도로 달라졌다. 그 안에 길들여진 우리의 눈으로는 아이들의 희망찬 미래를 쉽게 단정할 수 없기 때문에, 우리는 자연과 인간이 더불어 존재한다는 것을 그들이 깨달을 수 있도록 기회를 제공해야 한다. 그리하여 아이들에게 자연과 인간을 향한 사랑을 일깨울 수 있다면, 그 사랑이 인간과 자연 안에서 실현될 수 있다면 그들의 미래는 보장될 것이다.

🌳 **이론 교육보다 7배나 효과가 높은 체험 교육** | 현장 체험 교육의 필요성과 중요성은 날로 강조되고 있다. 그러나 구체적인 접근법과 자격을 갖춘 교육자들이 충분히 양성되지 못한 것이 현실이며, 이러한 문제들 때문에 환경 체험 교육의 고유한 성격이 잘못 인식될 위험에 처해 있다. 체험 교육의 효과는 탁월하다. 동일 시간 내에 같은 내용을 전달했을 때 강의실에서 설명을 위주로 실시하는 이론 교육보다 체험 교육의 효과가 무려 7배나 높다는 연구 결과가 있다.

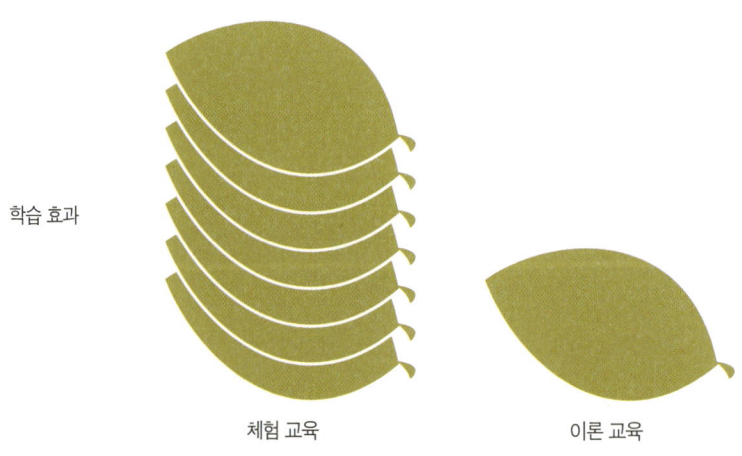

이론 교육과 체험 교육의 학습 효과 비교

이처럼 효과가 높은 체험 교육을 올바로 진행하기란 쉬운 일이 아니다. 자연에 대한 단순한 설명과 해설은 흥미를 유발할 수 없을 뿐만 아니라 자칫하면 현장 교육에 대한 편견을 줄 수 있다. 따라서 현장에서 교육을 담당하는 교육자는 항상 일신우일신日新又日新하는 노력을 경주해야 할 것이다.

생태 체험 교육의 탄생 | 자연 안에서 하나의 생물을 직접 체험한다는 것은 보다 다양한 관점에서 그것을 파악하고 관찰할 수 있다는 의미다. 즉 나무 한 그루를 관찰할 때 그 나무의 성질을 자연과학적 방법으로 측정하고 이해할 뿐만 아니라, 나무가 뿌리내리고 있는 환경의 특수한 여건을 이해하고, 나무의 고유한 색상과 감촉, 그 나무가 존재함으로써 함께 살아갈 수 있는 수많은 곤충이나 조류의 생태를 총체적인 안목으로 관찰하는 것이다.

여기에서 환경 문제에 대한 상황 파악이라는 관점이 중요하게 대두된다. 상황 파악은 문제에 접근하기 위해 동기를 부여하는 것으로, 인간의 직접적인 경험에서 나타나는 문제를 발견하고 인식하며, 궁극적으로는 이것이 총체적인 관계와 연관된다는 것을 알리는 방식으로 접근하는 것을 말한다.

행동이나 태도의 방향을 정립한다는 것은 인간의 모든 감각 기능을 통해 자연과학적인 측면, 사회과학적인 측면, 감성적인 측면에

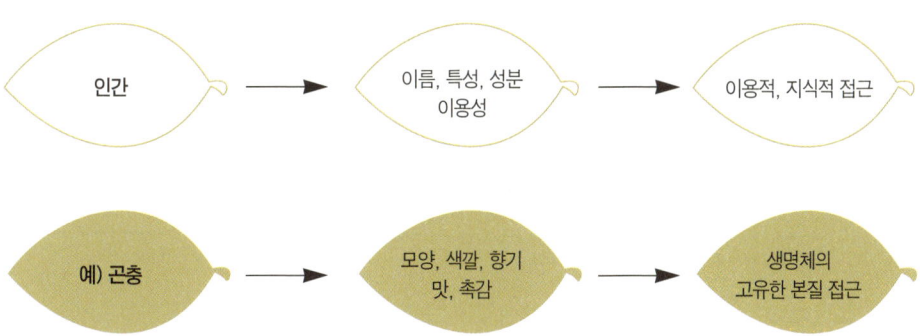

인간과 다른 생물이 나무나 들풀을 이해하는 차이

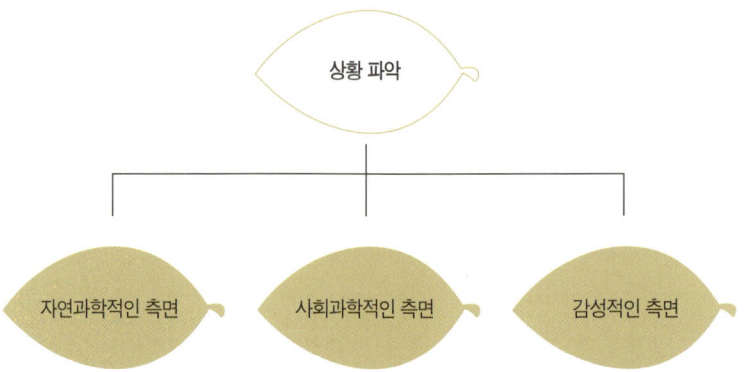

서 환경을 이해하는 것을 의미한다. '물'로 예를 들어보자. 자연과학적인 측면에서 상황 파악이란 수자원의 질을 측정할 때 물의 질적인 단계를 시스템적으로 파악하는 방법을 말하며, 사회과학적인 측면에서는 다양한 사회적인 관점에서 수자원에 대하여 토론의 장을 여는 것이고, 마지막으로 감성적인 측면은 주어진 감각 기능을 모두 활용하여 물이라는 본질에 대해 체험하는 것을 의미한다.

이처럼 상황 파악은 환경 문제를 특정한 범위에서 오로지 과학적 경험과 연구 조사에 의존하여 해결하고자 하는 것이 아니라, 다양한 관점에서 토론하는 가운데 문제점을 찾고 해결 방안을 모색하고자 하는 것이다. 예를 들어 '환경 유해 물질의 한계값은 어떤 기준에 따라 어떻게 마련할 것인가'라는 질문에 대한 답을 종합적 관점에서 고찰하는 것이며, 이것은 곧 조직적이고 체계적인 관점으로 접근하는 토대가 된다.

이를 통하여 생태계와 연결된 인간 지식의 복합성을 이해할 수

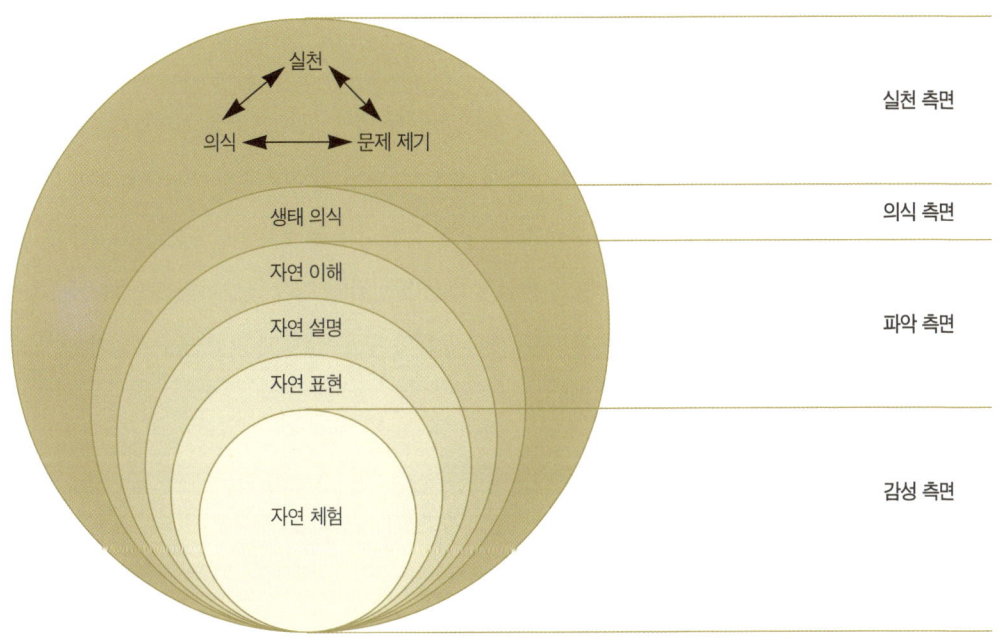

환경 체험 교육을 위한 실천적 측면(얀센, 1988)

있고, 나아가 생태, 사회, 정치, 경제의 관계가 명확하게 드러난다. 이러한 교육의 필요성은 약 150년 전 스위스의 교육학자 페스탈로치Pestalozzi가 주창한 바 있다. 그는 머리뿐만 아니라 손과 가슴을 이용한 교육을 하고자 했다.

   독일의 교육학자 얀센Janssen에 따르면 자연 체험을 통한 환경 교육은 환경에 관한 의식과 행동의 발달을 위한 감성 센터이며, 감성과 합리성의 상호작용으로서 환경을 의식하고 자연을 이해하는 데서 나타난다.

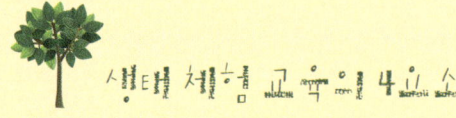
생태 체험 교육의 4요소

　환경 체험 교육의 이론과 교육학적 배경을 토대로 생태 체험 교육을 위한 토대를 마련했다. 즉 생태 체험 교육이란 자연 환경에 대한 교육(지식), 자연 환경을 위한 교육(윤리, 가치), 자연 환경 안에서 이뤄지는 교육(체험, 오감, 감성), 자연 환경을 통한 교육(기능, 기술)을 말한다.
　첫째, '자연 환경에 대한 교육'은 자연 환경에 대한 일반적인 지식을 습득하고 이해하는 것을 말한다. 이는 총체적인 지구 환경, 생태계의 구성과 구조, 생명체 각각의 고유성과 생활방식 등에 관한 지식을 전달하는 단계다.

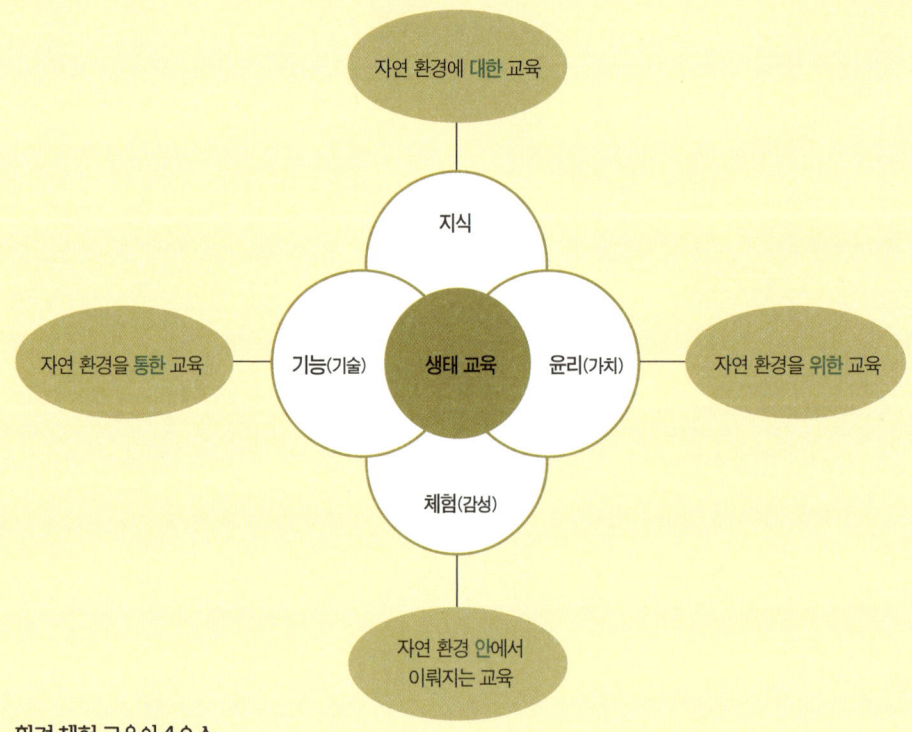

환경 체험 교육의 4요소

둘째, '자연 환경을 위한 교육'이란 자연 환경에 대한 이해를 바탕으로 지속적인 관점에서 자연 자원을 이해하며, 자연 환경을 합리적으로 이용하고 보존하는 목적과 방법을 익히게 한다. 환경을 고려한 가치 판단이나 윤리 의식을 배양함으로써 이를 생활에서 실천적 태도나 행동으로 연결될 수 있게 한다.

셋째, '자연 환경 안에서 이뤄지는 교육'은 오감이나 인지적 능력을 통해 새로운 사실들을 체험하고 이해함으로써 올바른 환경관을 습득하고 이를 직접 실행에 옮길 수 있는 학습을 말한다. 예를 들면 야외 활동, 조사 활동, 실험이나 실습, 과제 활동 등은 자연 환경 속에서 이뤄지는 교육을 뒷받침해준다.

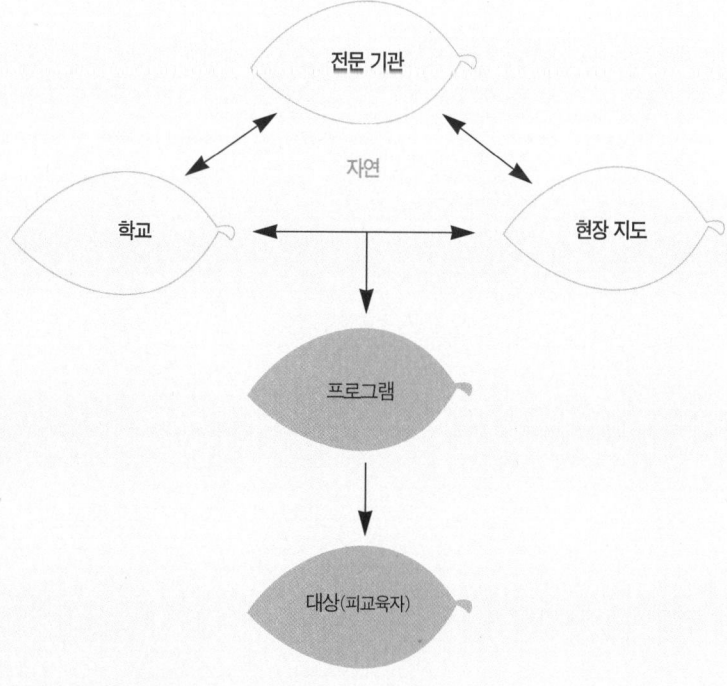

생태 체험 교육 프로그램 개발을 위한 주체

넷째, '자연 환경을 통한 교육'이란 자연 환경 문제의 근원을 파악하는 능력을 배양함으로써 이에 대한 대책을 스스로 개발하는 능력을 기르는 것을 말한다.

　이러한 교육을 위한 환경 체험 교육 프로그램을 개발할 때는 무엇보다도 전문 기관인 연구소와 일선 학교 교사와 현장 교사가 주체가 되어 토의하고 연구해야 하며, 그러한 결과를 현장에 적용할 수 있는 교육이야말로 가장 바람직한 방법일 것이다.

3
연령과 대상에 따른 맞춤형 교육

인간은 나이를 먹음에 따라 자신이 살아가는 환경을 이해하고 자연 환경과 자신의 관계를 발견하려는 요구가 상대적으로 증가한다. 스위스 페스탈로치연구소에서는 연구 결과물을 통해 연령에 따라 자연 환경을 받아들이는 방식이 다르다는 사실을 밝혀냈다.

  자연 환경을 올바로 이해시키고 그에 따른 환경관을 실천하도록 유도하기 위해서는 대상을 파악하는 것이 매우 중요하다. 즉 8세 미만의 유아들은 숲속에서 벌어지는 체험 활동만으로도 충분한 학습 효과를 기대할 수 있지만, 8~14세 어린이들은 이러한 체험 학습만으로는 만족하지 못한다. 이들은 여러 가지 자연현상의 상관관계를 이해하는 데 더 큰 관심을 나타낸다. 따라서 이들의 관심을 충족시킬 수 있는 프로그램이 교육 효과를 최대화할 수 있다. 또 15~17세

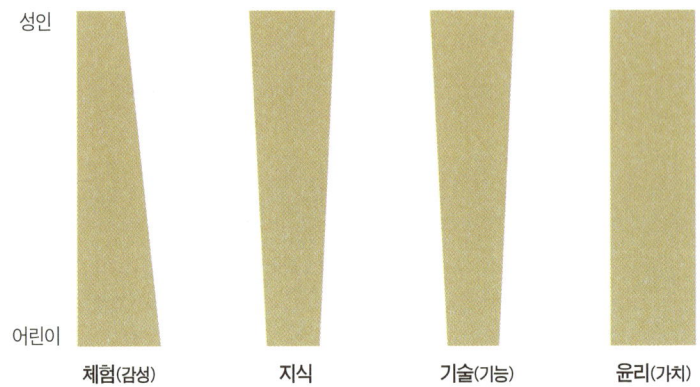

대상에 따른 생태 교육의 접근(페스탈로치연구소, 1997)

의 청소년층은 자연에서 일어나는 여러 가지 긍정적이고 부정적인 변화나 영향들이 자신에게 미치는 영향에 관심을 갖는다. 그러므로 그들을 효과적으로 교육하기 위해서는 '내가 하는 행위가 자연에 어떠한 영향을 미치는지' 알게 하는 프로그램이 필요하다. 교육생들의 적극적이고 능동적인 학습 태도를 기대하는 교육자라면 그들의 관심사에 맞는 프로그램을 철저히 준비해야 할 것이다.

특히 어린이들은 자신의 환경을 모든 감각 기능을 이용한 놀이로 체험하고 이해하는 대상으로 받아들여야 한다. 흥미로운 사물들을 만지고, 느끼고, 맛보고, 소리를 듣는 가운데 사물을 인식하고 파악한다. 놀이는 어린이들에게 매우 큰 의미가 있다. 비록 성인에게는 무의미한 일로 비쳐질 수 있는 놀이도 어린이에게는 그 자체가 삶의 목적이 될 수 있으며, 놀이를 통해 어린이들은 자신의 힘이나 능력을 시험하고, 한계를 발견한다.

어린이들은 때로 놀이에서 어른들의 세계를 모방하고, 자신의 체험과 그를 통해 파악된 것을 소화한다. 스스로 충돌을 해소할 수 있는 방안을 찾고, 사회 활동을 위한 여러 가지 관계를 연습하고 학습하며, 삶을 배우고 자신의 능력과 그것을 실현하는 방법을 찾을 수 있다. 즉 놀이라는 수단을 통해 학습하고 배워야 정신적으로나 신체적으로 건강한 사회인이 배양된다고 볼 수 있다.

아이들은 놀이를 통해 건강한 삶을 배우고 사회화 과정을 실현한다.

현행 교육 체제에 따라 초등교육을 받기 전 단계인 유치부 어린이들, 초·중등학생, 성인과 장애우 등의 모둠으로 나누어 현장 교육을 실시할 수 있는 놀이적인 수단과 방법이 강구될 필요가 있다. 교육 대상의 연령과 소속에 따라 관심 영역과 이해의 정도가 다르기 때문에 환경 교육의 방법 또한 그 수준에 맞게 계획되고 진행되어야 한다. 이러한 집단들의 성향을 다음과 같이 정리할 수 있다.

유치부 어린이들은 무엇보다도 감성(오감)을 통해 자연 환경을 상대적으로 쉽게 이해하는 반면, 성인에 이를수록 지식과 기술적인 측면에서 환경을 이해하기 때문에 교육생에 따라 적절한 방법으로 접근하는 것이 효율적이다. 그러나 환경에 대한 윤리적인 가치 기준은 연령에 상관없이 언제나 같아야 한다.

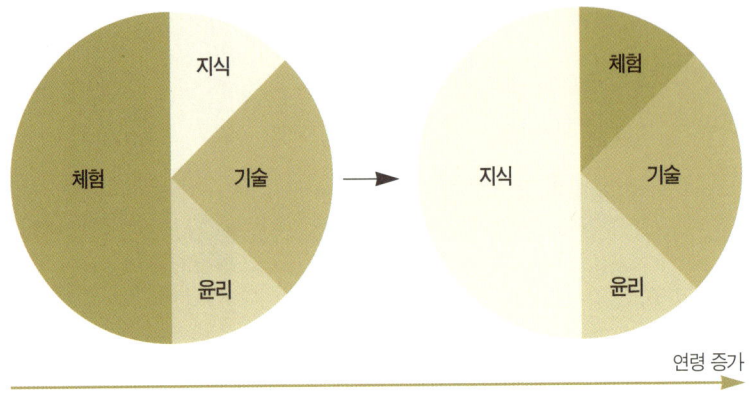

연령에 따른 적용의 차이

교육 대상에 따른 구체적 접근법 | 체험 위주의 교육을 성공적으로 진행하는 데 있어서 가장 기본적인 원칙은 대상을 얼마나 구체적으로 파악하고 이를 교육에 접목시키느냐에 달려 있다. 유럽에서는 체험 교육을 성공적인 교육으로 이끌어내기 위해서 사회학이나 발달심리학에 대한 접근부터 시작하고 있다. 따라서 다음과 같은 몇 가지 기본적인 사항들을 숙지하고 현장 교육에 필요한 방법이나 교육 계획을 짜는 것이 바람직하다.

어린 시절 무엇을 느꼈는지 기억할 수 있는가? 구체적으로 10대 시절에 나는 어떤 것들을 느끼고 상상했으며, 내 바람은 무엇이었는지, 무엇에 관심이 있었으며, 어른들에 대해서 어떻게 생각했는지, 무엇을 어떻게 배웠는지 기억하기란 쉽지 않다. 그럼에도 불구하고 가르치는 사람은 어린이들을 세세한 부분까지 이해하고, 그들의 마음을 읽어야 한다. 교육 중에 우리는 어린이들을 어른들의 축소판으로 간주하고 약간 단순화되었지만 원칙적으로는 똑같은 주제와 내용을 전달하고자 하지는 않는가? 어린이들은 어른보다 지각하는 정도가 적고, 연관성들 안에서 추상하고 사유하는 능력이 결여되어 있다. 또 연령이 낮을수록 성인에 대하여 열려 있고 신뢰하기 때문에, 교육자는 흔히 어린이들이 그 내용을 파악하는 것이 아니라 단지 교육자의 몸짓과 어투를 '반기고' 있을 뿐이라는 것을 파악하기 힘들다. 9세 정도의 어린이는 생태적인 지식이나 숲에 대한 전문적인 사실을 설명할 때보다 놀이를 하거나 관련 내용을 흥미로운 이야기로 둔갑시킬 때 자연을 훨씬 더 생동감 있고 인상적

집중하고 있는 어린이.

으로 기억한다. 자연 속에서 일어난 모든 활기찬 일들과 긍정적인 느낌은 오랫동안 기억에 남아 어른이 되어서도 그 사람의 생활에 커다란 영향을 미친다.

어린이와 청소년을 숲의 관객으로 더 잘 이해하고 그들을 지도하기 위해서는 무엇보다도 근본적이고 발전심리적인 법칙을 알아야 한다. 인간은 평생 신체적·심리적·정신적으로 발전해간다. 이러한 과정은 일정하게 진행된다기보다 크고 작은 과정들로 진행되며, 대부분의 경우 어린이에서 청년으로 가는 과도기, 즉 사춘기에 이러한 과정이 분명하게 나타난다.

인간의 성장 단계 | 다른 고등동물과 비교해보았을 때 인간은 성인이 되기까지 현저하게 긴 발전 시기를 거친다. 신체적 성장에 인생의 4분의 1 혹은 3분의 1이 필요한 경우가 대부분이며, 신체의 성장이 멈춘 뒤에도 심리적이고 정신적인 발전은 계속 진행되는 것으로 알려져 있다. 그 가운데 중요한 인간의 발전 규칙이 바로 '7년 간격'으로 진행되는 변화다. 출생에서 이갈이 시기까지, 성적인 성숙과 신체 성장의 종결까지 중요한 지표들은 인간의 발전 단계를 크게 세 부분으로 나눈다. 또 지적이고 도덕적인 능력의 발전, 변화하는 관심과 느낌으로 표현되는 내적인 성장과 성숙은 신체적인 발전에 상응하며 나타난다.

어린이와 청소년의 발달 단계에 따른 분석표

발전 단계 \ 나이	첫 번째 7년(1~7세) : 아동	두 번째 7년(8~13세) : 초등학생	세 번째 7년(14~20세) : 청소년/청년
신체적 구분	출생	이갈이	사춘기, 성적인 성숙
주요 발달 측면	신체적·감각적 발달	심리적 발달	정신적·지적 발달
주요 학습 양태	모방적인 학습	조형적인 학습, 언어 습득	사물의 인식, 추상화와 관계성
성인과의 관계	맹목적 신뢰, 신체적·실존적 의존	권위의 신봉, 심리적 의존	비판적 거리, 정신적 의존·논의
이상적인 교육 가치	선(善)의 체험	아름다움(美)의 체험	진리(眞)의 체험
자연 환경과의 관계	나와 세계는 하나, 선물로서의 자연, 놀이로 자연을 지각	나와 환경의 순차적인 분리, 수수께끼로서의 자연, 자연을 발견하고 연구	나와 환경의 분리, 과제로서의 자연, 목적을 통해 자연현상 파악
생태 교육에서 중심이 되는 주제와 학습 형태	감각적인 경험, 부분들의 체험, 동화·모방 놀이	감각 체험, 동작과 모험, 동물이나 환상적인 이야기, 개인들의 관계	생태·자연 보호 경제적인 유용성, 작업, 보편적인 인간관계

🌱 **동화의 숲 — 취학 전(1~7세)** | 사람은 평생 동안 출생 후 첫 한 해 동안 배우는 것보다 많은 것을 배우지 못한다. 어떻게 '위로부터' 조종되는지 자신은 아직 의식하지 못하지만, 어린아이는 부모에게 이상적인 방식으로 보호받으며 자기 안의 특징적인 인간성을 발전시킨다. 바른 길, 언어 사용, 사유 등 감각적인 존재로서 자신과 주변 사람들의 관계를 파악하고 그들을 모방하면서 살아가는 데

숲은 유아에게 동화의 나라다.

필요한 것들을 습득한다. 이 시기에 건강하게 성장하는 유아들은 자신에게 다가오는 모든 일에 즉흥적이고 개방적이다. 이들의 생각은 느낌과 감각에서 시작되며, 생을 자기 내부에서 지각한다. 이러한 아이들에게 자연에 대한 전문적인 지식을 만나게 하는 것은 교육적인 관점에서 별 의미가 없다. 나무는 나무일 뿐, 상수리나무, 오리나무, 단풍나무, 밤나무라고 불려야 하는 것은 아니다. 자연은 살아 있는 다양성으로 그들의 감각적 표현의 중심이 되며, '이 세상이 아름답다'는 발견은 그들을 충만하게 한다.

이 시기에는 산딸기의 맛이 어떤지, 나무나 송진, 버섯의 냄새가 어떤지, 나무껍질의 느낌이 어떤지, 땅이 얼마나 축축한지 등 만지고 냄새 맡는 것이 특히 중요한데, 그것은 이들이 체험을 통한 감각에 많은 영향을 받기 때문이다. 풍요롭고 강도 높은 감각 체험을 통해 자연에 대한 사랑과 가치 평가의 싹이 자라나며, 남은 인생에서 열매를 맺을 수 있다.

유아에게 가장 중요한 인성 발달의 공간은 도심이 아닌 자연이다. 자연은 어린이들에게 가장 훌륭한 놀이터이자 총체적인 교육의 장이다. 그 가운데 숲이라는 공간은 더욱더 다채롭고

감각을 통해 주변을 인식하는 것은 본능이다.

다양한 모습으로 변화하여 유아들에게는 현실에 존재하는 동화의 나라와 같다. 숲에서 아이들은 여기저기서 뛰어놀다가도 누군가 신기한 것을 발견하면 우르르 몰려들어 감탄과 질문을 쏟아낸다. 그것이 바로 아이들이다. 호기심과 놀라움을 자연스럽게 표출하는 것이 살아 있는 아이들의 모습이다. 이 어린 친구들은 본능적으로 모든 감각 기능을 활용하여 주변 환경을 파악하고자 한다. 무언가 흥미로운 것을 발견하면 일단 만져보고 싶어한다. 그것을 보고, 느끼고, 맛보고, 소리를 들으며 자신의 감각을 통하여 인식하고 파악하려는 욕구가 그들 안에 존재하는 것이다. 따라서 아이들에게 체험은 본능적 욕구이며, 그것을 충족시키는 것만으로도 교육적 효과를 기대할 수 있다. 유아에게 지식을 전달하려고 노력하는 것은 지나치게 많은 것을 강요하는 것이며, 그들의 감성을 죽이는 길이다. 오히려 더욱 많은 체험의 기회를 주는 것이 살아 있는 교육이다.

🌳 마법의 숲 — 초등학교 저학년(8~10세) | 이갈이와 더불어 학교에 입학할 즈음에는 무엇보다도 심리적인 능력을 형성하는 발전이 시작된다. 그들은 입학과 함께 가정에서 어느 정도 떨어지고, 동년배들로 구성된 보다 큰 그룹 안에 들어가며, 읽고 쓰고 계산하는 추상적인 작업을 연습한다. 공간적·시간적·사회적으로 가정 밖에서 펼쳐지는 세계와 다양한 논의를 통해 감정과 감성 생활은 더욱 발전하고, 차별화에 대한 충동을 느낀다.

초등학생들은 현저하게 영적인 존재로서, 아름다움을 체험하기 시작하고 사랑의 능력이 자라난다. 따라서 그들과 함께하는 교육은 무엇보다도 풍요롭고 건강한 마음과 정서를 발전시키는 데 주안점을 두어야 한다.

이 시기의 어린이들은 감각적으로 볼 때 일종의 환상의 세계에서 살아간다. 그들은 이 시기가 지나면 지각하기 어려울 수 있는 것들을 자연 안에서 보고 듣는다. 어린이들의 놀이 안에서 동물과 식물, 무생물들은 이야기를 하거나 생각하고, 느끼고, 행동한다. 자연은 수많은 동식물의 집이 되며, 환상의 나라가 되기도 한다. 어린이들은 일상생활에서 많은 것들을 느끼거나 상상하지만 이것은 추상적인 개념이 아니다. 왜냐하면 감각을 통해서 외적으로 형상화되지 않은 것은 언어를 통해서 내적인 형상으로 떠오르기 때문이다.

만약 자연 안에서 형상적이고 환상적인 방식으로 사물이나 생물을 표현하게 하고자 한다면 어린이들 스스로 많은 것을 찾고 수집하며 모든 감각으로 지각하게 하는 것이 좋다. 흥미로운 놀이들은 운

◀ 아이들과 나누는 비밀 이야기는 상상의 나라로 이끌어 준다.
▲ 자연물을 수집하고 그것을 활용한 교육.

동이 될 뿐만 아니라 기분까지 풀어준다. 어린이들은 자연 안에서 뛰놀며 체험을 하고, 청개구리나 도롱뇽과 같이 뭔가 특별한 것을 발견하는 체험은 함께 관찰하고 이야기를 나누면서 모두 그들의 것이 된다.

또 자연을 인식하기 전에 숲의 천연 재료인 나뭇가지, 돌, 나무껍질, 진흙 등으로 놀이할 수 있도록 기회를 주는 것이 좋다. 교육은 2~3시간이면 충분하고, 진행 과정에는 많은 변화가 필요하며, 그러한 변화들은 연속성이 있어야 한다. 즉 찾고 동작하는 놀이를 하다가도 감각적 지각을 살리는 놀이를 할 수 있어야 하고, 자연을 주제로 한 내용들이 동화나 재미있는 이야기로 이어지면 더욱 좋다. 그러나 이 시기의 어린이는 자연을 무섭고 두려운 것으로 잘못 인식할 수도 있기 때문에 어린이가 신뢰할 수 있는 사람이 가까이서 보호해주는 것이 필요하다.

자연의 발견 — 초등학교 고학년(11~13세)

어린이는 늦어도 9~10세에 무언가 특징적인 것을 경험한다. 그들은 한밤중에 일어나 갑자기 생의 한가운데 홀로 서 있다는 것을 느끼기도 하고, 자기 자신의 무상함에 대한 실존적인 의문을 갖기도 한다. 무한한 공간과 영원한 시간에 대한 고통스러운 질문들이 커다란 수수께끼가 되어 상상의 세계로 밀려든다. 지금까지 모르던 고독감이 점차 생겨나고, 모든 것들에 대하여 진지하고 깊이 생각한다. 뿐만 아니라 지금까지 신뢰하며 살아온 세계에서 나를 분리하여 사물이나 인간과 거리를 두고 객관적으로 지각할 수 있는 능력이 생긴다. 지금까지는 자기 자신이 세계의 대부분을 이루고 그 환경 안에서 성장한 것이라면, 이제는 나와 환경을 순차적으로 분리시켜 보다 의도적인 관계를 맺기 시작한다. 그러한 과정을 통해 사물이나 외부 세계에 대한 관심이 많아지는 단계다.

숲에서도 아이들의 질문은 계속된다.

초등학교 고학년 어린이는 자연현상에 대하여 개방적으로 반응한다. 그들은 많은 것들을 정확하게 알고자 하며, 깨어 있는 감각으로 수수께끼와 의문으로 가득 찬 세계를 파악해간다. 이 시기에 습득된 언어는 세계를 알아가고 이해하는 데 중요한 수단이 된다. 따라서 그들과 함께하는 이야기나 묘사, 설명은 세계의 아름다움과 흥미로움을 전달해야 한다. 어른들은 그들의 모범이 되며, 아름다움과 선함에 대한 확신은 이 세상의 아름다움과 선함을 믿는 어른들과 어린이의 관계를 통해 생겨난다. 이 나이의 어린이는 사유와 감각에서 여전히 매우 의존적이며, 그들의 상상과 이상은 가까이에 있는 어른들의 권위에 의존한다.

이 시기 어린이들의 생동적인 관심과 전형적인 호기심, 자연적인 욕구는 최고의 학습 동기가 된다. 따라서 그들의 열정을 식힐 만큼 복잡하고 전문적이며 생태적인 연관성들을 보여주고자 하기보다는, 자연 안에서 감각적으로 지각할 수 있는 것을 택하고 이것을 상상의 세계와 연결하는 것이 필요하다. 어린이들은 어른들의 행동을 따라 하길 좋아하기 때문에 어른들이 자연을 어떻게 대하는지 흥미롭게 관찰하고 모방한다. 자연의 비밀스러움을 어른들의 흥미로운 설명이나 자기 자신의 활동을 통해 습득한다. 따라서 어른들이 자신의 경험에 대해 감동적으로 설명하거나 묘사하는 방법이 어린이들의 감성을 사로잡는다. 이러한 어린이들의 호기심과 자발적인 표현들은 학습에 활용될 수 있다. 자녀들과 함께 탐구 과제를 하거나 그들의 운동 욕구에 상응하여 움직이는 놀이들을 한다면 흥미를 보이기 시작할 것이다.

발견의 숲 — 청소년(14~20세) | 사춘기 청소년들에게 이 시기는 매우 혼란스럽다. 성적 성숙에 따른 신체적 변화나 성인이 되기 위한 과도기로 인도하는 자기 내부의 힘을 올바로 극복하기란 쉬운

일이 아니다. 심리적 감각이 깨어나기 시작하고, 지금까지 상상할 수 없었던 동경들이 생겨나며, 평정과 확신이 사라짐과 동시에 몰랐던 사실들을 사회 안에서 경험한다. 내적 갈등에 따른 방황과 감정의 기복은 단시간 내에 하늘 끝까지 올라 환호하다가도 금방 사라질 정도로 심하다. 영적 불안감에 빠지는 것이다. 따라서 많은 사춘기 아이들이 어른들의 세계를 이해하지 못하고 동년배들에게로 기울어지기 쉽다. 친구들은 나와 비슷한 신체적 성장과 성적 성숙 과정을 겪기 때문에 그들과 함께하는 동안에는 수치감이 없으며, 그것은 첫 번째 우정의 시작이 되기도 한다. 때로는 자기 자신을 이해하지 못하고 꼭꼭 숨어버리는 내성적인 성격으로 발전할 수도 있으며, 빠르게 자라나는 신체 조직을 올바로 사용할 줄 몰라 자신의 몸을 의식적으로 잘 간수하기보다는 몸에 매달린다. 하지만 내부에서는 자신의 고유한 정체성을 발견하고, 자신을 하나의 인격체가 되게 하는 정신적·지적·도덕적인 능력이 점차 성장하며, 진리를 지각하고 추구함으로써 세계를 위해 행동하는 힘을 키운다.

    청소년과 부모의 갈등은 어찌 보면 당연한 것일 수 있다. 사춘기의 청소년들은 흔히 성인의 세계를 적대적으로 혹은 적어도 낯선 것으로 체험하며, 자신의 부족함을 감지하고 실망하기 때문이다. 따라서 대중매체가 주는 '본보기'를 이상화하고 숭배하기 쉬우며, 자신만의 이상 세계를 건설하거나 우상에 집착하기도 한다. 따라서 그들에게 필요한 것은 생각과 행동, 말과 행동이 일치하여 그들을 설득할 수 있는 성인을 찾는 일이다. 이 시기에 청소년은 행동과 이상이 일치하지 않더라도 그러기를 바라면서 비판적인 자세로 성인들을 관찰한다. 또 그들은 넓어진 시야로 사회적·생태적·경제적인 문제에도 흥미를 갖기 시작한다. 그들의 사색 능력은 추상화를 통해 양적으로 도약하며, 갑자기 복잡하고 생태적이거나 경제적인 연관성들을 조망할 수 있는 능력이 형성된다.

자연과 만나는 것은 청소년에게도 중요하다.

뿐만 아니라 16~17세가 되면 자신의 생에 대한 계획들을 만들기 시작하는데, 이때 직업인으로서 성인들을 날카롭게 관찰한다. 청소년은 성인들이 어떻게 일하는지보다 왜, 무엇을 위해 일하는지 알고 싶어한다. 인생의 어떤 연관성이 그 계기로 작용했는지, 무엇 때문에 다른 어떤 것이 아닌 바로 이 직업을 선택했는지, 이 직업의 좋은 점과 나쁜 점, 특별한 것은 무엇인지 등 직업적인 현실과 전체로서의 자연을 다양한 방식으로 인지한다. 따라서 그들과 함께하는 교육에서도 지도자는 성적인 특성에 따라 다른 관심과 인지의 형태로 접근할 수 있어야 한다.

그럼에도 불구하고 청소년들은 자주 말문이 막히고, 대화하는 것을 항상 즐거워하지는 않는다. 그럴수록 그들을 진지하게 받아들이고 장려해주기 바란다. 따라서 청소년들에게는 생태 교육에서도 작은 그룹 과제가 적당한 학습 형태로 제공되는 것이 좋다. 청소년들은 작은 그룹 안에서 제시된 테마에 대하여 작업하고 결과를 발표한다. 교육자의 역할은 그것들을 보충하고 의문을 해결해주는 것만으로 충분하다. 그들은 놀이(특히 짝짓기 놀이)를 거의 좋아하지 않는 반면, 역할을 분담하는 놀이는 중요한 인식을 얻게 하고 인상 깊은 체험이 될 수 있다. 결국 청소년이 인생의 건강한 자아 발전을 위해 필요로 하는 '정신적인 영양'을 공급해주는 것이 가장 중요하다.

존재의 숲 — 성인 | 성인을 대상으로 한 자연(환경) 교육에서는 엄격한 의미에서 환경 체험 교육이 진행되기 힘들다. 청소년에게도 받아들여지기 어려운 것을 성인에게 적용시키기란 더욱 어렵다. 따라서 성인의 경우에는 타인에 의해서 강요된 것이 아니라 자기 스스로 원하는 범위 안에서 교육이 진행되어야 한다. 그러나 그들에게 교육의 동기나 기회를 제공하는 것은 충분히 가치 있는 일이다. 성인은 자기 자신의 생에 대한 책임감이 분명하며, 사회가 많은 것들을 요구하기에 살아가는 동안 지속적으로 교육을 받아야 한다는 사실을 경험적으로 잘 알고 있다. 이러한 인식을 바탕으로 한다면 성인을 지도자로 양성하는 교육의 가능성도 생각해볼 수 있다. 성인이 교육의 대상이 될 수는 없지만, 그만큼 더 많이 양성될 수는 있기 때문이다.

성인이 어린이나 청소년과 구분되는 기준은 어디에 있는가? 그것은 자신의 생각이나 확신을 재고하거나 경우에 따라서 완전히 털어버리기가 어렵다는 데서 찾아볼 수 있다. 우리는 편견이 학습에 장애가 된다는 사실을 알고 있다. 개인적인 상상이나 의견들은 감성적으로 채색된 경험과 기억과 연결되어 깊이 자리잡고 있다. 만약 지금까지 제한되어 있었거나 단편적이던 시야와 새로운 관점들이 연결된다면 그것은 변화의 시작이라 할 수 있다. 그를 위해서는 알고 있는 것에서 벗어나 새로운 것을 지각할 수 있는 열린 생각과 마음이 필요하다. 이것은 교육자에게서 심적 부담을 느꼈을 때보다 마음과 정신을 풍요롭게 하는 새로운 발견에 초대되었다는 느낌을 받았을 때 훨씬 잘 이루어진다.

그러면 성인을 지도자로 양성하는 작업은 어떻게 해야 할까.

첫째, 그들에게 사실을 말하게 한다. 같은 사물이나 사실도 다양한 방식으로 이해될 수 있으며, 그것에 대한 정확한 묘사는 그 일면을 보여준다. 따라서 대화나 토론, 발표 시간에 다른 사람들의 관점을 자연스럽게 당연한 것으로 받아들이는 것이 도움을 줄 수 있다. 자기 자신의 관점을 대변하면서 다른 사람의 의견을 이해하는 것은 매우 유용한 인생 철학이다. 또 이것은 숲을 방문하는 성인이 사실을 인지하고 단언하지 않는 범위 안에서 감각적이고 사색적인 지각을 가능하게 하는 데도 유용하다. 특히 토론에 있어서 지도자의 역할에만 충실해온 사람이 있다면, 일단 자신의 의견을 접는 것이 전체적인 토론에 유익하며, 이것은 연습되어야 할 기술 중의 하나다.

둘째, 교육의 목표를 흐트러뜨리지 않는 범위 내에서 체험하는 감각적인 지각이나 풍요로운 감정적 경험은 적당한 교육의 조건을 만들어줄 수 있다. 숲을 방문한 사람들을 처음 만났을 때, 다짜고짜

▲ 성인을 위한 생태 체험 지도자 교육.
▶ 지도자 교육에서도 현장 교육은 중요한 위치를 차지한다.

숲에 관한 전문적인 주제를 제시하기보다 숲의 아름다움이나 풍요로움을 체험하게 하는 것은 특히 교육의 동기가 빈약하거나 감성적인 교육생들에게 중요한 동기를 제공할 수 있다. 교육자가 자연현상을 주의 깊게 관찰하고 감각적으로 체험할 수 있도록 해줄 경우 교육생들은 대부분 매우 감사해하며, 이처럼 충만하고 아름다운 체험을 통해 숲과 교육자가 제시하는 문제들에 대해서 몰입할 수 있는 준비 태세를 갖춘다.

숲 체험 교육의 기본적인 것들은 어린이나 청소년의 경우와 같이 성인들에게도 적용된다. 발표를 하거나 대화를 나누고, 모둠별 과제를 해결하는 과정 등은 학습 형태로 설정될 수 있다. 자유롭다고 느끼는 전제하에서 성인들 역시 놀이하는 것을 좋아하기 때문에 교육의 내용이 놀이의 형태로 만들어질 수 있으면 더욱 성공적인 교육이 될 것이다. 주의할 점은 성인들을 대상으로 교육할 경우, 교육자는 교육생을 파트너로서 존중해야 한다. 또 그들의 실제적인 기여가 없으면 숲을 보호하고 경영하는 데 필요한 문제점들이 결코 해결될 수 없다는 것을 그들이 인식하도록 노력해야 한다.

🌱 더불어 숲 ― 다양한 연령층(가족) | 어른과 어린이를 함께 숲으로 안내하는 것은 매우 특별한 일인 만큼 어려운 과제다. 교육에 참가한 모든 이들이 가능하면 같은 방식으로 흥미를 느끼고, 배운다는 것에 만족할 수 있는 방법은 무엇일까? 이 질문에서 가장 중요한 대답은 바로 '나란히 배운다' 는 것이다.

숲에서 프로그램을 진행할 때 어린이나 어른이 항상 똑같은 관심을 가질 수는 없다. 그러므로 다양한 연령층이 참가하는 모둠을 안내할 때는 교육생들 사이에 교감이 이뤄질 수 있는 방법을 찾아야 하며, 이것은 여러 가지 방법으로 진행되는 대화를 통해 쉽게 해결될 수도 있다. 똑같은 대상이나 현상이라도 어린이와 어른은 각

다양한 연령층이 함께하는 숲 생태 탐방.

각 자신에게 맞는 방식으로 인식할 수 있기 때문이다.

교육자는 어른과 마찬가지로 어린이에게 특별한 힌트와 자극을 주어야 한다. 교육자의 언어는 교육생들이 쉽게 이해할 수 있어야 하며, 특히 어린이와 대화할 때는 더욱 신경을 써야 한다. 어린이에게 질문을 할 때 성인들은 대부분 자신을 편안하고 여유 있는 청중이나 동반자로 인식한다. 어린이의 질문이 단순해 보여도 때로는 어른이 간단하게 답변할 수 없을 정도로 까다로운 것도 있다.

또 교육생들은 '서로 함께' 배워가야 한다. 어린이와 어른이 함께 작업을 하는 경우 기회는 모든 교육생에게 동등하게 주어진다. 정확하게 관찰하는 과제나 상상력이 필요한 과제가 주어지면 어린이들이 어른들을 훨씬 능가하여 해결하는 경우도 있다. 어린이는 상대적으로 어른보다 감각적인 면에서 자연과 훨씬 가까이 있기 때문에 땅 위를 기어다니는 것이나 하늘을 날아다니는 것 모두 그들의 시야에서 벗어날 수 없다. 어린이가 자연 안에서 움직이는 모습은 어른이 보다 직접적이고 선입관 없이 자연에 다가설 수 있게 하는 데 큰 도움이 된다. 그와 반대로 어른은 지식이나 경험 등을 자신의 능력으로 정리하고 전달함으로써 어린이가 보다 나은 길을 발견하도록 도울 수 있다. '어른들이 배우는 사람으로서 나와 나란히 있다'는 사실을 어린이가 인식하는 것 자체가 교육적인 관점에서도 매우 중요하다.

어린이의 호기심과 활동성이 성인의 깊은 사고와 행동에 잘 맞물려 주어진 과제를 해결하는 경우, 아무리 연령차가 큰 모둠이라 할

지라도 숲으로 안내하는 동안 아름다운 장면이 만들어질 수도 있다. 그와 반대로 성인에게만 관심의 대상이 될 수 있는 주제(예를 들면 경제적·사회적·정치적인 질문)에 대해 부득이하게 이야기를 나눠야 할 경우, 어린이에게는 잠시 다른 활동에 몰두할 수 있는 기회를 주어야 한다. 어린이와 어른이 함께 활동하는 경우, 우선은 정해진 주제 안에서 자발적으로 활동할 수 있는 모둠 작업, 즉 발견이나 연구 혹은 만들기를 할 수 있는 모둠으로 나눠 작업을 하는 것이 가장 좋다. 그 후 이러한 공동체 안에서 그들의 연령에 맞는 개인적인 질문이나 생각들을 나눌 수 있는 시간을 준다. 이때 어른은 지도하는 입장에서 필요한 것들에 대해 설명을 하고 의문을 제기하며 전체적인 시간과 공간을 구성하여 좋은 결과에 이르도록 한다.

모두 함께 배워가는 숲 생태 탐방.

아이들과 함께 숲으로 가보자

백문百聞이 불여일견不如一見. 그렇다. 열 번 듣는 것보다 한 번 보는 것이 낫다. 실제로 다른 사람을 통하여 전해 듣는 것은 이해의 범위에 한계가 있을 뿐만 아니라 그 기억이 오래가지 못한다. 그러나 실제로 보고 느끼고 경험한 것은 머리로 기억하는 것 이상의 의미가 있다. 우리가 살아가면서 배운 수많은 지식들은 바로 '경험'을 통하여 얻어진 것이다.

레몬의 신맛이나 사탕의 달콤함은 그 맛을 직접 경험해본 사람만이 정확하게 알 수 있다. 한번 맛본 사람들은 그 맛을 잊지 않는다. 얼음은 차갑다거나 꽃은 향기로운 냄새가 난다는 것도 직접 경험해보지 않으면 알 수 없다. 이처럼 우리는 많은 것을 '체험'을 통하여 얻고, 그것을 바탕으로 새로운 지식과 문화를 만들어나갈 수 있다.

자연은 직접 체험하지 않고서는 이해할 수 없다.

아이들은 아무것도 그려지지 않았거나 밑그림만 그려진 도화지와 같다. 이러한 도화지에 그림을 그리기 시작할 단계라면 '체험을 통한 교육'이야말로 가장 기본적이고 필수적인 교육법이다. 체험 교육은 어려운 것이 아니다. 부모님이 아이들과 함께하는 것이 체험 교육의 시작이다. 보고 듣고 만지고 느끼는 가운데 아이들은 새로운 것을 만들어낸다. 따라서 오감을 이용하여 직접 자연을 느끼고 그 안에서 새로운 세상을 배우도록 이끌어주는 환경 체험 교육이야말로 모든 아이들에게 꼭 필요한 것이다.

그러나 현실적으로 우리의 교육 환경을 돌아볼 때 체험 교육은 어려운 벽에 부딪히고 만다. 아이들뿐만 아니라 도시에서 살아가는 사람들이 야외(지붕이 없는 하늘 아래)에서 보내는 시간은 하루에 세 시간도 안 된다고 한다. 실제로 자신의 하루를 돌아보자. 아침에 집을 나와 직장이나 학교로 이동하는 시간, 그중에서도 정류장에서 버스를 기다리는 시간이나 거리를 걷는 시간만이 야외(하늘 아래)에 있는 시간이다. 오전 내내 건물 안에 있는 나는 점심을 먹기 위해 거리로 나와 걸을 때 외에는 지붕 아래서 혹은 차 안에서 대부분의 시간을 보내고 있다. 이처럼 야외에서 보내는 시간이 적어질수록 아이들이 뭔가 직접 체험할 수 있는 범위는 점점 좁아지고, 그 결과 사고의 폭은 한계에 부딪힐 수밖에 없다. 책상 앞에 앉아 머리로만 배우는 교육 방식은 얕은 지식밖에 줄 수 없다는 사실을 누구나 알고 있다.

새로운 것들을 창조해낼 수 있는 창의력과 상상력은 체험을 바탕으로 이뤄지는 것이다. 따라서 교육 현실이 아무리 열악해도 놓치지 말아야 할 것들을 놓쳐서는 안 된다. 우리나라에서 환경 체험 교육은 이제 시작하는 단계다. 어떤 일이든 시작과 마무리가 중요하듯이 지금 이 순간이 매우 중요하다. 교육 환경을 바꿔나가는 데는 우리의 노력이 필요하다.

아이들과 함께 숲으로 가보자. 그들은 많은 것을 요구하지 않는다. 숲에 누워 숲을 느끼고 오면 그것으로 충분하다. 그 시작은 숲과 친해지는 것이지만 아이들은 우리 눈에 보이는 것보다 많은 것을 얻고 많은 것을 내놓는다. 조금씩 천천히 알아가면 된다. 열 번 듣는 시간보다는 한 번 보는 시간이 짧지 않을까? 세상에 이보다 효과적인 교육이 있을까?

가을 숲 낙엽 속에 묻혀 자연을 마음껏 누리고 있는 아이들.

4
자연을 테마로 한 5가지 교육 활동

　자연에 대한 관심이 많아지고 자연 훼손이 심각해지는 만큼 생태와 환경 교육의 필요성 또한 연구의 주제로 관심을 모으고 있다. 이는 산업화가 일찍 시작된 나라일수록 그 관심도가 높고, 깊이 있는 연구가 진행되는 실정이다. 하지만 이러한 문제에 접근하는 방법에 대해서는 학자들의 의견이 분분하며, 현장에서도 생태와 환경에 대한 여러 가지 접근들이 시도되고 있다. 특히 현장에서 진행되는 교육은 환경, 생태, 체험, 자연, 숲 생태 등 다양한 형태로 나타나고 있어서 개별적으로 교육을 받는 사람이나 현장에서 교육자가 되고자 하는 사람이 느끼는 가치관의 혼란은 피할 수 없는 상황이다.

　물론 이처럼 다양한 각도에서 접근을 시도하는 것은 다양성이라는 중요한 가치의 측면에서 부정적으로 바라볼 수만 없다. 다만 자연에서 진행되는 교육의 지향점이란 측면에서 보았을 때 교육 과정의 혼돈과 혼란을 피하기 위한 용어의 정의가 필요하다. 용어에 대한 정의는 바다 위를 항해하는 배가 어디로 가야 하는지 알려주는 나침반과 같은 역할을 한다.

점점 더 많은 사람들이 자연 교육에 참여하고 있다.

자연 교육이라 함은 자연을 위한 교육이며, 자연에 대한 교육이며, 자연 안에서 진행되는 교육이고, 자연을 통한 교육이다. 이는 자연에 대한 윤리적인 의미와 지식적인 의미, 느낌으로 받아들이는 체험적인 의미와 자연이란 사물을 통해 다양한 경험을 할 수 있는 창작적인 의미를 내포한다. 여기서 우리는 먼저 자연이란 도대체 무엇이며, 또 교육이란 무엇인지에 대한 기본적인 공감대를 형성할 필요가 있다.

자연 교육을 이해하기 위해서는 '자연'에 대한 개념부터 알아야 한다. 자연과 함께하는 교육의 중심에는 자연과 함께 어떠한 활동을 한다는 의미가 있기 때문이다. 과연 자연은 무엇을 말하는 것일까? 이 질문에 대한 답으로 자연이 무엇이며, 또 자연이 아닌 것은 무엇인지 다시 질문할 수 있다. '이것이 자연인가?' '어떤 것이 자연이 아닌가?'

자연이란 하나의 추상적인 개념이며 은유라고 할 수 있다. 거기에는 땅과 태양, 달, 행성, 별이 있을 뿐 아니라 산과 호수, 강이 있고, 나무와 들풀, 꽃, 새, 곤충, 동물이 있다. 게다가 우리가 생각할

자연으로 대표되는 숲에는 수많은 생명들이 함께 살아간다.

수 없을 만큼 많은 생물들이 살며, 인간의 굶주림과 갈증, 호흡이나 심장 박동 소리까지 자연에 속한다. 무엇이 자연이고 무엇이 자연이 아닐까? 사람이 기르거나 만든 소나무 숲은 자연일까? 계곡에 사는 날도래의 건축물이나 딱따구리의 나무 구멍, 사람이 지은 집들은 자연이 아닐까? 이것들은 어떤 점이 다를까?

자연의 사전적인 의미는 '인간에 의해서 창조된 것이 아닌 것' 혹은 '인간적인 것이 전혀 아닌 것'이다. 이처럼 인간적인 '문화'의 의미와 반대로 받아들여지는 '자연'은 부정적인 정의라고 할 수 있으며, 자연에서 인간을 '소외'시키는 결과를 초래한다. 이 정의에 따르면, 철학적·이론적인 관점에서 '자연이 아닌 것', 즉 인간의 '문화'라는 개념이 도대체 어떤 해결책을 줄 수 있느냐가 문제다. 그렇다고 '존재하는 모든 것'으로서 자연을 정의할 수도 없다. 여기서 '자연'의 개념은 의미가 없는 것이나 마찬가지이기 때문이다.

한편 자연은 존재하는 어떤 것들에 대한 하나의 은유로 이해될 수 있다. 그것은 생명체의 창조적인 과정이며, 스스로 존재하고 영향을 미칠 뿐, 인간의 욕망이나 행위 혹은 가공에서 독립되어 있다. 더구나 인간들은 그 안에서 빠져나올 수 없고 평생 동안 관계를 맺고 살아가야 한다. 우리는 현재라는 이 세계의 공간에 갑자기 나타났다. 인간들 사이의 관계나 공동체성의 공간인 이 세계는 사회적이고 문화적인 관습으로서 구성 요소들 자체와 그것들의 규칙적인 변화들 그리고 순환들이 이뤄지는 공간일 뿐만 아니라, 동식물과 우리 주변을 둘러싸고 있는 모든 것들의 순환까지도 포함한다. 그러한 주변 환경의 자연적인 조건들은 우리의 정신세계에까지 영향을 미치며, 인간이 언제나 자연과 이 지구상의 공동체에 귀속될 수밖에 없는 기본 바탕이자 근거다.[1]

교육이란 한 인간이 살아가는 데 필요한 교양이나 지식을 전달하는 과정이다. 그것은 마치 딱따구리 한 마리가 태어나 주변 환경을 인식하고 그 환경 안에서 지속적인 삶을 영위해갈 수 있을 때까지 배워나가는 과정과 같다. 교육은 인성 교육, 지식 교육 등 다양한 분야로 나뉜다. 여기서 말하는 교육은 대부분 '자연과 나'라는 존재의 관계를 형성해나가는 데 주안점을 두고 있기 때문에 우선적으로 인성 교육에 가깝게 해석해야 할 것이다.

자연 교육의 중심 테마는 동시대를 살아가는 자연적인 요소들과 인간의 관계다. 이러한 관계들은 잠재적으로 복잡하게 얽혀 있고, 마치 곤충의 겹눈과 같이 다양한 각도로 해석될 수 있다. 뿐만 아니라 개별적인 인간과 자연이 만나서 발생하는 모든 관계의 단면들은 우주에서 단 한 번 존재하는, 유일하고도 단일적인 성격을 띤다.

자연과 인간이 뗄 수 없는 관계에 놓여 있다는 사실은 다음의 몇 가지 예를 통해 알 수 있다. 우리는 다른 자연물의 요소들과 같은 물

---

[1] Wernher Sachon, *Natur und Therapie*, 1999.

질로 구성되어 있다. 즉 그 생명체의 '구성 성분'이 같다. 모든 생물을 분해하여 마지막에 공통으로 남는 것은 탄소와 수소와 산소다.

우리는 태양 에너지와 공기 그리고 물이 없으면 살 수 없고, 우리와 함께 존재하는 동식물에서 생산된 음식물에 직접적으로 의존하고 있다. 또 우리 자신도 생물적인 존재라는 점을 잊어서는 안 된다. 예를 들어 우리는 배가 고프면 먹어야 하고, 목이 마르면 마셔야 하며, 피곤하면 잠을 자야 하고, 어딘가 아픈 곳이 있으면 치료해야 한다. 우리는 다른 생물들과 같은 생활공간에서 살며, 그들과 함께 이 세상을 공유하고 있다. 뿐만 아니라 우리는 어떠한 사물을 생산해내기 위해 자연을 이용하고, 그렇게 생산한 사물들을 통해 우리의 생활은 좀더 나아지거나 안락해지고 안정이 된다. 우리는 이 세계에 대하여 호기심 많은 아이들과 같다. 우리에게는 지식과 앎에 대한 욕구와 무엇이든 이름을 붙여 규정하려는 욕구, 그것들의 관계를 이해하려는 욕구가 있다.

자연이라는 존재는 놀라운 감동으로 우리를 자극하며, 우리에게 말을 건다. 그 감동은 찰나에 일어나는데, 그 안에서 우리는 모든 감성이 열리고 영혼이 충만해진다. 우리는 그 예술적인 표현들에 흥분하는 생명체다.

자연과 우리의 각별한 연관성에는 우리의 일시적인 행동이나 기분, 혹은 의도나 관심뿐만 아니라 문화적이고 생물학적인 배경까지 포함된다. 서양의 전통적인 문화 안에서 인간과 자연의 상호관계는 자연을 하나의 자원으로 간주하고 이용하며 착취한 인간의 행동에

자연 안에서 재활 치료를 받고 있는 사람들. 사람은 자연 안에서 휴식과 위안을 얻는다.

의해 점점 그 범위가 좁아졌다. 인간은 자연을 충분히 이해한 후 그것을 지배하고 통제해야 마땅하며 그렇게 될 수 있다. 자연학은 생물들을 하나의 대상으로 취급했고, '대상으로서 자연'을 각인시켰으며, 자연에 대한 우리 인간의 소외를 지지해왔다. 그 배경이 된 세계관은 인간 중심적이어서 인간은 모든 것의 중심에 서 있고, 인간 외의 모든 것들은 인간의 '주변 세계', 즉 '환경'이라 규정되었다. 하지만 생태란 생물과 무생물을 모두 포함하는 의미로, 특정한 생명체가 구심점이 되어 분리되는 개념이 아니라 모두 중심이 되는 시스템이다.

이제 현장에서는 어떻게 정의되고 이해되는지 살펴보자.

체험 위주의 생태·환경 교육에 사용되는 개념들의 발생과 성격

구분	생태 교육	자연 교육	환경 교육	체험 교육	숲 생태 교육
자연관	자연 중심적	자연 중심적	인간 중심적	인간 중심적	인간 중심적
목적	이상향 설계, 방향 제시	자연과 공존, 관계 다양화	자연보호, 대안적 행동 촉진	행동 능력 발견, 자연과 교감	숲에 대한 올바른 이해
특성	이론적, 학문적, 사상적, 윤리적	자연 안에서 삶을 포괄	기술공학적, 규범적, 실천적	활동적, 체험적	산림학적, 실용적
중점 수단	머리	가슴	머리	손, 발	머리

환경 교육environmental pedagogy | 환경 교육은 자연과 함께하는 교육 중 가장 먼저 발생한 교육의 형태다. 1970년대 들어 인식된 생태 위기 현상과 함께 발생한 환경 교육은 무엇보다도 기술공학적 항목들이 주를 이루며, 교훈적 색채가 진한 교육학이다. 특히 고전적인 환경 테마와 함께하는 전통적인 교육 기관에서 주로 실시하는데, 다루는 테마로는 쓰레기, 차량, 물, 에너지 등 생태 위기 현상과 함께 나타난 결과들이 대부분이다. 하지만 환경 교육은 그러한 현상들을 인간 중심적 세계관을 통해 해결하려 하고, 부분적으로는 도덕적 인지까지 포함한 인간의 행동을 변화시키려는 노력의 발단이기도 하다. 다른 개념들에 비해 오랜 경험이 있는 만큼 발달한 기술과 기구들을 활용한다.

감각적 · 감정적 · 직관적 · 명상적인 인지의 활성화, 훈련과 학습을 목적으로 하는 환경 교육은 사실과 관계, 과정, 역사적 변화에 대한 지각을 통해 생태적인 지식들을 중개하는 수단으로써, 즐거움이나 친근함, 환상, 창조성, 책임 의식과 자신감 등을 배려하고 촉진하여 윤리적 · 규범적 가치들을 전달하는 교육학의 분야다. 또 환경에 부담을 주지 않고 그것과 함께할 수 있는 타협적인 행동을 끌어내며, 그에 맞는 대안들을 제시한다.

환경 교육의 테마 가운데 하나인 쓰레기 분리 수거.

다른 분야보다 앞서 발달된 환경 교육은 세계환경회의를 통해 알려진 '아젠다Agenda 21' 과정의 목표 안에서 '지속 가능함'에 대한 교육의 한 부분으로 이해되고 있다. 따라서 생태적 위기를 극복하기 위한 교육학적 보험금[2]으로 비유되며, 교육 대상의 현실적인 참여를 통해 실천을 유도하여 그 위기를 극복하겠다는 목적 지향적 성격이 강하다. 이를 위해 교육 대상이 생태 위기를 인지하고 그 대안을 실행할 수 있는 실천적 성격을 띠도록 유도한다. 따라서 환경 교육을 통해 인지된 개념들은 현실적 성격이 강하며, 실생활에 그대로 적용될 수 있는 가능성이 높다.

환경 교육의 방법들은 대부분 실험적 성격이 강하며, 자연에서

---

[2] Naturschule Freiburg e.V, *Aspekte der Umweltbildung.*

비롯된 매체들을 활용하는 경향이 있다. 구체적으로는 교육적인 선도나 강연, 매체를 활용한 작업이나 환경에 대한 전문적인 소견과 조언을 듣는 것 등이 있으며, 환경 보호를 위한 정치적 행동과 행사들까지 포함된다. 그밖에도 환경과 관련된 놀이를 한다거나 야외에서 실행하는 다양한 활동들, 정신적 긴장을 풀고 유유히 즐기는 명상법과 자연 안에서 혹은 자연과 함께하는 활동들도 포함된다. 환경 교육의 주요 범위로는 환경 체험놀이, 자연놀이, 생태놀이나 실험적 놀이가 있으며, 이러한 놀이들은 자연과 직접적인 관계를 맺고 있다. 보조적인 형태로 역할놀이나 계획을 세우는 놀이들, 컴퓨터와 비디오, 시뮬레이션을 활용한 놀이들, 그밖에 연주나 노래, 공작놀이 등도 자연에서 비롯된 매체나 정보들을 통하여 자연을 직접적으로 다루고 표현한다.

자연 교육 nature pedagogy | 자연 교육은 살아 있는 체험을 통해 자연을 인식하고 존중하며 사랑하는 행동을 유발하는 교육법의 하나로, 긍정적인 행동의 발단이 된다.

자연 교육의 세계관은 생태적이다. 즉 인간이 이 세계의 중심에 서 있는 것이 아니라 인간 자체가 바로 세계가 되며―예를 들면, 인간은 달팽이가 보는 관점에서 이 세상을 바라볼 수 있다―원리적으로 모든 개체는 똑같이 중요하고 소중하다. 여기서 인간은 모든 것의 기준이 아니다. 그는 자연보다 높은 곳에 서 있지도 않고,

더 중요하지도 않으며, 전체의 일부분일 뿐이다. 그 전체 안에서 인간의 역할과 위치는 다른 생명체와 같으며, 우리는 그들과 연결되고 얽혀 있으며 결합되어 있다. 따라서 자연 교육의 기초가 되는 인간관 역시 생태적인 인간관이다. 우리는 다른 존재들과 관계를 맺고 있는 환경 속에서 생활한다. 그 환경은 인간적인 것뿐만 아니라 인간적이지 않은 것까지 둘러싸고 있다. 인간은 초기부터 그 관계들 속에서, 그것을 통해 발전해왔다. 자연은 우리 존재의 처음 순간부터 본능적으로 감각적이며 반사적으로 존재해왔으며, 그것에서 우리는 이 세계를 의식하고 감지한다.

 자연 교육의 목적은 수없이 얽힌 관계들을 새롭고 더욱 풍부하게 하는 것이며, 새롭거나 잊혀졌던 자연과 인간의 관계에서 수많은 면들을 다시금 체험이 가능하도록 만드는 것이다. 뿐만 아니라 인간과 자연의 관계를 새롭게 결합하는 것이다. 그 가치의 범위 안에서 발생하는 이러한 관계들은 임의적인 것이 아니다. 다른 존재에 대한 주의와 관심, 존중은 기본적인 자세이며, 관계와 교제를 위한 사랑이나 공동체성은 서로를 위한 기준이 된다. 따라서 이것은 우리 자신과 주변의 이웃들—인간적이거나 그렇지 않은 모든 것들—의 관계를 연결한다. 따라서 자연 교육을 실행하는 것은 '관계에 대한 행동'이다. 그것은 자연에 대한 다양한 경험이나 체험의 가능성을 열어주는 행위이자, 목적이 다른 그룹이나 상황에 대한 관계의 가능성을 만들어주는 행위이며, 관계를 맺는 공간에 대한 행위까지 포함한다. 그러한 행위는 의식적이며 일정한 목표가 있다.

자연 교육은 자연 안에서 실제적으로 생활하고 체험하는 것을 중심으로 한다. 따라서 그것은 자연과 내가 공존하는 법을 체험을 통해 스스로 모색하도록 유도하며, 때로는 그것이 삶의 방향을 설정하는 기준이 되기도 한다. 또 자연 교육은 인성 교육을 중심으로 하고 있다. 페스탈로치가 주창한 머리와 가슴, 손이 함께하는 교육적 형식은 자연 교육에 결정적인 영향을 미쳤으며,[3] 체험을 통해 존재의 실체를 인식하는 종합적 인지 방법은 인성 교육에서 그 중요성이 날로 부각되고 있다. 뿐만 아니라 자연 교육학적 활동들은 육체적이고 정신적인 건강 촉진제의 요소로 이해될 수 있다. 그것은 인간에게 유익하며, 질병을 예방하는 데도 이용할 수 있다.

자연이라는 개념을 기초로 하는 교육학적인 분야로서 자연 교육은 자연에서 얻어지는 내용들과 연결되어 있어야 한다. 이러한 개념에 대한 이해는 자연 교육 안에서 분명해지며, 그러한 연결고리는 인간을 포함한 자연에 대한 이해까지 통합한다. 자연과 인간이 맺은 수많은 관계는 자연 교육의 다양한 방법적인 통로를 통해 재발견되고 있다. 자연 교육을 통해 인간과 서로 다른 존재의 풍부함이 거론되고 있다. 거기에는 감성의 풍부함 못지않게 인식적·육체적·정신적 풍부함까지 포함된다.

한편 자연 교육의 결과나 효과들은 자주 논의의 주제가 되면서 때로는 비판을 받기도 한다. 하지만 그 교육학적 작업들을 통해 얻

---

3) 하지만 그것이 자연 교육 안에서 '만지고 느끼는 교육'과 '인식적 배움'이 대립된다는 의미는 아니다. 그것은 상호 보완적인 것이다.

어진 행동의 변화들은 수량으로 제시될 수 없으며, 공장에서처럼 '입력'하면 단기간에 '결과'가 나오는 형식으로 드러나지 않는다. 교육의 과정은 개인별로 다양한 시간이 필요할 뿐만 아니라, 대체로 많은 시간이 걸린다. 또 자연 교육은 교육학적 구상과 방향에 따라 교육학의 분야에 편입되었는데, 그 구상과 방향은 시대에 따라 달랐다. 예를 들면, 19세기 말부터 20세기 초에 걸쳐 서구에서 일어난 교육 개혁 운동의 사상과 발단은 바로 자연 교육 안에서 그 출구를 찾았다. 하지만 자연 교육이 인격 형성 교육의 중요한 요소로 이해될 수 있다고 해서 반드시 전형적인 교육학적 개념에 귀속된다는 의미는 아니다.

체험 교육experience pedagogy | 진정한 자연과학자는 다른 사람들보다 향기를 잘 맡고, 맛을 잘 느낄 수 있으며, 보고 듣고 느끼는 면에서 뛰어나다. 그는 더욱 깊이 있고 다른 것을 구분할 수 있는 체험을 한다. 체험 위주의 교육은 결론을 보여줌으로써 배우는 것이 아니라 하나의 사물과 직접적인 관계를 통해 배우는 것이다. 자연을 체험하는 것은 인간의 기본적인 욕구 중 하나라고 할 수 있다.

직설적으로 말해 체험은 세상과 '접촉한 상태'를 의미한다. 나는 그 세계와 함께 행동하고 느끼고 지각하며 생각한다. 그것은 '행동하다'에 수동적으로 대립하는 의미가 아니라 마치 '내가 살아 있다'는 것처럼 특성과 방법에 대한 인지와 흥미, 관심을 의미한다.

따라서 이것은 어떤 특별한 활동이 아니며, 내가 하는 모든 행동을 통해 나는 좀더 많이 혹은 적게 접촉할 수 있다. '자연을 체험한다'는 것은 '나는 항상 스스로 자연 안에서 체험한다'는 의미다. 동물의 발자국을 찾는다거나 약초들을 모으거나 불을 지펴보고, 잡기놀이를 하는 등의 체험들은 모두 자연 안에서 이뤄져야 한다. 그러한 체험 외에도 나는 인간적인 관계 안에서 놀이나 토론 혹은 상대방의 이야기를 듣는 체험을 하고 있다.

체험에서 '내부'와 '외부'는 떼려야 뗄 수 없는 관계다. 체험은 항상 일어나고 있으며 지금 이 순간에도 눈 깜짝할 사이에 지나가 버린다. '옳거나 옳지 않은' 체험이란 없으며, 현재 일어나고 있는 것처럼 유쾌하기도 하고 불쾌하기도 하다. 체험은 개인적인 존재성에서 나온다. 그것은 유일무이한 것이며, 항상 움직임 속에서 존재한다.

겨울에 더욱 쉽게 찾을 수 있는 동물의 흔적. 독일.

체험은 인간과 인간뿐만 아니라 자연과 인간의 만남도 존재한다. 몇몇 만남들에서 체험된 관계는 자연과 인간의 관계를 판단하는 중요한 기준이 된다. 따라서 체험은 인간과 자연의 관계에 초점을 둔 교육을 이해하기 위해 기본적으로 중요한 요소다. 이러한 가르침은 체험을 도외시한 가르침보다 깊이가 있으며 장기간 영향을 미친다. 새로운 체험은 새로운 사고와 행동을 할 수 있는 기회를 제공한다.[4]

체험 교육은 주로 자연 안에서 몸을 움직이는 방식으로 진행된다. 프랑스.

    체험 교육의 특성은 어떤 것을 '스스로 체험하는 방향'으로 유도하는 것이다. 여기서 체험은 극도로 개인적이고 개별적인 것이며, 자신을 형성해나가는 바탕이 된다. 물론 거기에는 단순한 체험뿐만 아니라 교육학적 활동들이 보충된다. 특히 자연은 근본적인 체험을 가능하게 하는 유용한 공간이며, 자연에서 체험은 새로운 행동 능력을 발견할 수 있게 하고, 일상에서는 찾을 수 없는 새로운 기준들을 제공한다.

    체험은 '분리되어 있다'는 전제조건 아래 이뤄진다. 즉 인간과 자연의 분리에서 자연 체험이 시작된다. 따라서 개인의 체험이 중심이 되는 체험 교육은 다른 분야에 비해 인간 중심적이라 할 수 있

---

4) Matthias Woerne & Naturschule Freiburg e.V, *Naturpaedagogik*, September, 2003.

지만, 당연히 인간이 자연보다 우월하다는 의미로 이해되는 것은 아니다. 자연이 인간에게 있어서 가장 매력적인 체험의 대상이 되는 것은 인간 존재 자체가 자연의 일부분이기 때문이다. 그러므로 자연은 다른 어떤 것보다도 중요한 체험의 대상이 되며, 체험 교육에서는 이러한 자연 체험을 통해 인간의 새로운 행동 능력을 발견하고 발전시킬 수 있다는 점이 강조되고 있다.

자연 체험 교육은 대부분 그룹 안에서 자연 스포츠적인 시도를 행하는 것이다. 예를 들어 암벽을 타거나 숲에서 로프를 활용하여 놀이를 하는 등의 활동을 통해 자연을 체험하는 교육을 이야기한다. 체험 교육은 대부분 온몸을 활용하므로 다양한 움직임을 통해 가능한 한 많은 체험을 유도하며, 그러한 활동을 위한 공간에서 교육생 스스로 움직이도록 이끌고 있다. 체험 교육 공간은 각종 설치물을 활용하여 인지적·활동적 체험을 할 수 있는 생태 학습장의 형태로 나타난다.

생태 교육eco-pedagogy | 생태 교육은 환경 교육이나 자연 교육, 체험 교육보다는 좀더 학문적이라 할 수 있다. 다른 분야들이 현장에서 직접 대상을 목표로 이뤄지는 실제적인 학문이라면, 생태 교육은 그러한 실행을 위한 관계 학문인 셈이다. 따라서 생태 교육은 대부분 대학에서 비판적으로 평가되는 과정이나 실행에 대한 자료들을 검토하고 활용하는 분야다. 생태 교육은 다른 교육들에서

활용할 수 있도록 교육학, 심리학, 사회학, 인류학 등 보충 학문들의 지식들을 발견하고 정리하며 비판적으로 인지한다. 생태 교육의 과제는 유토피아의 설계이자 구상이며, 그 때문에 다른 분야에 비해 좀더 이상적인 성격을 띤다고 할 수 있다.

생태 교육은 근원적인 질문을 던짐으로써 현재 분리되어 있는 교육의 범위들을 연결하려는 개방적 태도를 보인다. 그것은 유치원, 학교, 청소년이나 성인 대상 교육, 대학, 정치·사회적인 움직임들을 연결하는 시도로 나타난다. 따라서 생태 교육은 각 교육 범위의 연구 성과와 내용을 주시한다. 또 교과 과정, 배움의 과정, 교육의 발생처럼 포괄적인 내용보다는, 정치적이며 기술적이고 교육학적으로 나타난 생태 위기를 새로운 차원에서 다루는 데 주안점을 두고 있다.

생태 교육은 더 많은 교육학적 갈래들과 관계를 맺기 위해 이론적인 가치의 반대편에서 제기되는 비판들까지 기꺼이 받아들이고 논쟁한다. 또 대화로 문제를 풀어나가며, 강압적인 태도에서 자유롭고, 교육학적 관계를 다루는 다른 사상들처럼 반성을 통한 자율성의 개념을 중시한다. 한편 이러한 생태 교육의 개념이 다양한 교육학을 중개하는 데 그치지 않고 이 사회가 요구하는 방향으로 성장하기 위해서는, 미래의 생태적 위험에 직면하여 그 교육의 결과가 긍정적

생태 교육 세미나에 참가한 사람들. 독일 베를린.

방향이 되도록 교육학적인 '행동'을 수반해야 한다는 의견이 제기되고 있다.[5]

하나의 사상으로서 생태 교육은 학문적 분석이나 논쟁 혹은 연구를 방법론으로 삼는다. 따라서 양식이나 방법, 형태에 있어서 다른 분야와는 약간 다른 차원에 놓여 있다. 생태 교육은 구체적이고 실제적인 배움의 형태를 목표로 삼는 개념이라기보다는 현재 통용되는 다양한 해결 방법 등과 같이 생태 위기의 대안으로서 근본적인 배경을 묻기 때문이다. 생태 교육에서 미래는 확정되어 있는 것이 아니며, 그 가르침과 배움에 대해서도 의심이나 회의가 들어서는 안 된다. 그 대신 다수를 위해, 다수를 통해 생태 교육의 형태가 만들어지기 위해 미래는 완전히 의식적으로 열린 상태에서 이야기되어야 한다. 생태 교육을 통해 제시된 반성적 개념과 당위성, 이상향은 다른 분야에 적용될 수 있는 바탕이 된다.

숲 생태 교육 forest pedagogy | 숲 생태 교육은 오래 전부터 독일에서 전해 내려오는 산림학에서 파생된 개념으로 다양한 방면의 능력을 요구한다. 숲을 교육하는 사람은 소위 '잡학자'가 되어야 한다. 이 개념은 학교에서 진행되는 활동이나 성인을 대상으로 한 교육에서 숲의 현상들을 체험할 수 있게 하려는 노력에서 시작되었다.

---

5) Lob, R.E., *20 Jahre Umweltbildung in Deutschland - eine Bilanz*. Aulis Verlag Deubner, 1997.

숲 생태 교육은 숲을 단순히 가꾸고 관리하며 보호할 뿐만 아니라 지도하고 운영하는 테두리 안에서 숲의 의미를 전달한다.[6]

숲 생태 교육의 내용적인 목표는 숲과 산림학의 모든 범위에 해당하기 때문에 매우 포괄적이고 방대하다. 그 내용으로는 '생태계로서 숲' '숲의 의미와 기능, 역할' '목재의 유용성과 사용법' '숲과 예술' 등이며, 다른 분야에 비해 산림학에 더 가까운 학문이라 할 수 있다. 인간은 자연의 일부분이며, 숲 생태 교육은 이렇게 그물처럼 결합된 구조 안에서 장기간 영향을 미치는 생성과 발단의 기본 항목들로 구성된다.[7]

숲 생태 교육의 목적은 전체적인 형태에서 '인간과 숲'이라는 테마를 '감각화' 하는 데 있다. 여기에는 목재와 산림학이 포함되며, 숲에 대한 이해는 기본이다. 그 대상은 어린이와 청소년뿐만 아니라 다양한 사회적 그룹까지 포함하며, 숲 생태 교육은 그들과 숲의 만남을 주선한다. 선생님이나 산림관, 안내자 등 교육자를 재교육하고, 전문 지식인을 후원하고 장려하며, 내용과 방법에 있어서 새롭고 발전적인 것들을 발견하고, 도움이 되는 활동들을 전개하는 것 역시 숲 생태 교육에 포함된다. 다른 분야에 비해 '산림'이라는 테마에 좀더 초점이 맞춰진 숲 생태 교육은 개념적이고 전략적인 관점에서 숲과 관련한 모든 서비스 활동의 중심이 되며, 숲을 올바

---

6) Matthias Woerne & Naturschule Freiburg.
7) Berthold Reichle, *Haus des Waldes in Stuttgart: Haus des Waldes Ziel-Aufgaben-Leistungen*, 2005.

숲 생태 교육의 공간이 되는 숲. 독일 카를스루에 부근.

로 이해하고 활용하는 최선의 방법을 제시한다. 따라서 숲 생태 교육은 대상으로서 숲을 실제 생활에 가깝게 끌어들여 그에 맞는 방법들을 적용할 수 있도록 도와주는 분야다.

숲에 대한 전반적인 내용을 다루는 산림학에 가까운 숲 생태 교육의 방법론은 매우 다양하다. 숲을 올바로 이해하기 위해 체험적 방법을 활용한다거나, 목재의 활용법을 익히거나, 숲에 대한 해설을 하는 것도 포함된다. 따라서 숲에 대한 전문적인 지식까지 포괄

목재의 활용 역시 숲 생태 교육의 테마가 될 수 있다. 독일 숲 교실.

하는 숲 생태 교육은 다른 분야에 비해 좀더 전문적인 성격이 강하다. 물론 놀이를 활용하거나 체험을 통해 방향을 제시하는 방법, 작업을 통해 연대감을 형성하도록 유도하는 등 기본적인 방법도 활용되고 있다.

앞에서 살펴본 바와 같이 각 개념들은 개별적 특성이 있기도 하지만, 서로 공유하는 부분도 있다. 예를 들어 생태 교육의 사상적 배경은 다른 모든 분야에 적용되어 실제적으로 드러날 수 있다. 또 체험 교육에서 강조되는 체험의 의미는 자연 교육이나 숲 생태 교육, 환경 교육에서도 활용되며, 숲 생태 교육에서 중심이 되는 숲이라는 자연을 교육의 공간으로 활용하는 경우 다른 분야에서도 숲에 대한 이해가 드러날 수 있다. 하지만 설사 그렇다 하더라도 각 개념의 근본적 바탕이 흔들린다거나 그에 따른 혼란이 일어나서는 안 된다.

각 개념들의 성격과 지향하는 목적을 비교·분석하는 과정을 좀 더 살펴보는 것이 도움이 될 듯하다. 뚜렷하게 드러나는 특성으로 자연을 바라보는 관점을 들 수 있다. 자연과 인간의 조화를 추구하는 자연 교육이나 이상향 설계를 목적으로 하는 생태 교육이 자연을 그 중심에 두고 있는 반면, 환경 교육과 숲 생태 교육, 체험 교육은 인간의 인지와 체험을 바탕으로 하기 때문에 상대적으로 인간 중심적이라고 할 수 있다. 환경 위기의식에서 가장 먼저 발생하기 시작한 환경 교육이 그에 따른 현실적 대안을 제시하며 실천적 행동을 유도하는 목적 지향적 성향이 있는 반면, 자연과 인간의 관계를 회복시키려는 노력에서 비롯된 생태 교육은 인간성의 회복에 초점을 두고 있다. 또 현실 참여를 통한 실천을 강조하는 환경 교육과 느끼고 체험하는 것을 통해 내적 변화를 우선적으로 생각하는 자연 교육은 다르다. 뿐만 아니라 사상적이며 내적 변화를 추구하는 생태 교육이나 자연 교육에 비해 환경 교육과 숲 생태 교육, 체험 교육은 실생활에 적용할 수 있는 현실적 요소가 많다. 생태 교육이나 환경 교육이 범지구적 성격을 띤다면, 다른 분야들은 개인적이거나 부분적인 실천으로 나타나며, 숲 생태 교육은 전체로서 자연을 바라보는 다른 분야들과 달리 숲이라는 공간을 특성화하는 것이 특징이다.

각 개념들이 조금씩 다르다 해도 인간과 자연의 공존 혹은 자연과 내가 하나 되는 삶을 꿈꾼다는 점에서 자연과 함께하는 교육은 앞으로도 계속 발전해야 한다. 따라서 생태 교육과 환경 교육이 아직 초기 단계에 있는 이 시점에서 각 개념들에 대한 정리가 빨리 내려질수록 환경 문제와 인간성 회복에 긍정적으로 작용할 것이다. 지금도 교육자나 교육 대상 가운데 많은 사람들이 정확한 의미를 파악하지 못하고 각 단어들을 활용하는 경우가 잦으며, 그것은 또 다른 혼란을 야기할 수 있다. 무엇보다 이상의 개념들이 좀더 정확하게 연구되고, 실생활에서도 올바르게 활용되어야 할 것이다.

 자연을 테마로 한 교육의 본질

감각적 경험과 체험에 대한 의식이다

오감을 통한 경험과 체험은 자연 교육 안에서 가장 핵심에 있는 방법 중 하나다. 감각은 실체 혹은 현실을 인식하는 관문이며, 그 관문을 통해 우리는 외부 세계와 접촉한다. 감각적 교육은 인간의 지성과 이해력에만 집중해온 지식 교육에 대한 반대 운동이라 할 수 있다. 감각을 통한 체험놀이적인 형태에서 자주 나타나며, 활동적인

무엇인가를 잡고 체험하는 것에서 개념의 형성이 시작된다.

행동들에서 감각은 더욱 강력하게 활용된다. 예를 들어, 눈을 가리면 소리를 듣고 냄새를 맡거나 느끼는 감각들에 좀더 집중할 수 있다. 이처럼 체험을 통해 '잡고' '이해하고' '개념이 형성되는 과정'을 가르쳐줘야 한다.

놀이다

놀이는 인간의 본질적이고 중요한 기본적인 체험 활동 가운데 하나다. 특히 아이들에게 놀이는 이 세상을 이해하고 추론하게 하며, 능력과 자질을 발전시키도록 한다. 자연물을 활용하는 자연 속의 관계들에 대한 놀이 형식은 특별한 의미가 있다. 또 단지 '가르치려고'만 하지 않는 자유로운 놀이는 어린아이들에게 더욱 중요한 방법 중 하나다. 교육자는 놀이와 함께 가장 기본적인 것부터 시작해야 하며, 아이들을 조심스럽게 다루며 동행해야 한다.

자연과 더불어 사는 삶이다

우리는 자연과 분리되어 살아온 나머지 따로 시간을 내서 자연을 찾지 않으면 자연은 늘 우리 곁에 없다. 만약 그러한 자연을 찾아 일상의 공간에서 밖으로 나가야 한다면, 우리는 익숙해진 환경에서 보장받을 수 있는 안전성 혹은 확실성을 일부분 포기해야 한다. 우리가 다시 자연에 적응하고, 자연의 규칙에 가까워지며, 더위와 추위 혹은

인공적인 공간을 벗어나 숲에서 하룻밤을 보내기 위해 천막을 마련해두었다. 독일.

배고픔이나 먹는 것의 구속에서 탈피한다면 우리는 또 다른 지역에 머물 수 있는 집을 갖거나 또 하나의 고향을 찾을 수 있다. 그것을 위해 공간을 꾸미고 먹을 것을 마련하며 불을 지피거나 일상에서 필요한 것들을 스스로 만들어내는 연습을 해야 한다. 자연 교육에도 이러한 과정이 포함된다.

생산적 행동이다

자연물에서 어떠한 것을 생산하고 제조해낼 때 우리는 그 생산물을 단지 물질적인 관점으로 바라보며, 그것은 인간과 자연의 접촉을 좁게 해석하는 바탕이 된다. 이런 경우 우리는 자연에서 분리되고 사물의 성질이나 특성에 대해 좀더 좁은 경험을 한다. 따라서 자연 안에서 사물이나 존재에

나무만을 이용하여 불을 피우는 과정. 독일.

대한 관점, 즉 어떻게 그것을 사용할 것인가, 어떠한 자세로 그것을 취할 것인가, 그것을 얼마나 가질 것인가 등의 방법이나 양식은 재고되어야 한다.

예술적 행동이다

자연물을 활용한 예술적이고 창조적인 관계에서도 인간과 자연의 관계는 중요하다. 예술적 행동에서는 형상을 통해 대화가 이뤄지고, 인간의 '내면 활동'이 '예술 작업'을 통해 확실하게 형상을 드러내며, 우리는 더 많은 표현력을 찾을 수 있다.

자연물을 활용한 예술 작품. 스위스.

연구적·탐구적 발견이다

인간은 선천적으로 호기심과 세상에 대한 관심이 있다. 우리는 알기를 원하고, 이름 붙이길 좋아하며, 관계를 이해하거나 그 안에서 어떤 것을 찾고 싶어한다. 인간에게는 조사하고 연구하려는 욕구와 탐구력이 존재하며, 자연과학을 통한 활동들 또한 교육에 있어서 중요한 요소라고 할 수 있다. 물론 그 주제에 대한 개인적 관심과 감각을 통해 경험할 수 있는 관계가 전제되어야 한다.

명상적인 자연과 인간의 만남이다

어떤 사물에 대해 열린 자세를 통해 우리는 감동을 받고 이야기를 시작할 수 있다. 어떠한 체험은 우리를 깊이 감동시키고 또 다른 세상을 보게 한다. 그것은 한순간에 자연과 인간을 감각적으로 분리시킴으로써 동일화 혹은 일체화할 수 있으며, 그러한 체험은 진정한 만남을 가능하게 한다. 어떠한 체험들은 극도로 개인적이고 스스로 조작할 수 없는 선천적 요소지만, 거기에 필요한 기본적인 행동들은 연습이 가능하다.

자연 안에서 명상을 즐기는 사람들. 독일.

양식이자 치료제다

우리는 공생자들에게 종속되어 있다. 하지만 그들이 우리에게 꼭 필요한 양식이자 치료제가 된다는 사실을 의식하지 못하고 섭취하는 경우가 대부분이다. 막 야생에서 자라난 식물들이 우리에게 수많은 혜택을 줄 수 있다는 사실을 알고, 그것들을 가공하여 먹거나 이용하는 것은 또 다른 많은 식물들과 더 깊은 관계로 발전될 수 있다.[8]

8) Matthias Woerne & Naturschule Freiburg e.V, *Naturpaedagogik*, September, 2003.

| 2부 |

숲에서 생태적으로 놀기 위한 실전 전략

1

숲에서 가장 재미있게 생태적으로 노는 7가지 방법

말로 하면 쉽게 잊혀지지만, 직접 보면 기억할 수 있으며 체험하면 이해할 수 있다. 생태 체험 교육의 구성과 수많은 활동 그리고 교육 형식들을 돕는 것이 사회적인 관심사로 떠오르고 있다. 교육학이 숲 체험 교육의 기본적인 배경이 되면서 큰 변화가 일기 시작했으며, 일방적인 해설에서 벗어나 적극적인 활동을 포함하는 교육의 형식이 도입되고 있다. 해설은 많은 방법들 가운데 하나이며, 교육의 형식은 해설의 확장된 형태가 아닌 활동성이 부여된 체험의 형태로 나간다. 따라서 생태 교육은 목적에 따라 의도적으로 다양한 방법이 고안되고 준비되어야 한다. 생태 교육의 초석이 되는 몇 가지 활동 방법을 소개한다.

놀이 활동 | 어린이들에게 놀이는 교육자의 특별한 개입 없이도 배움으로 이끌어주는 역할을 한다. 어린이는 놀이를 통해 중요한 것을 보충하거나 모방할 수 있다. 이때 놀이는 단지 놀이로 머물러 어떤 간섭도 받지 말아야 한다. 따라서 때로는 확실한 결과가 보장되지 않은 수많은 경우의 수를 가질 수도 있다. 성인들도 놀이와 동시에 연습을 통하여 새로운 경험과 인식, 능력을 획득한다. 자연 안에서 놀이는 지각을 예민하게 하고(감각놀이), 지식을 증가시키며(관찰과 탐구), 연관성의 인식을 돕고(역할놀이), 창의성을 장려한다(형체나 모형 만들기). 또 간단하게 긴장을 풀어주며, 자신의 신체를 좋은 방식으로 느낄 수 있게 한다(동작놀이).

이처럼 놀이는 생태 체험 교육에서도 다양한 방식으로 활용된다. 여기에는 수많은 이유들이 있지만 그중에서도 중요한 두 가지 이유를 발견할 수 있다. 놀이는 그것을 통하여 의식하지 않은 가운데서도 부수적으로 보다 많은 것을 효과적으로 배울 수 있다. 또 놀이는 교육생들을 쉬도록 해주고, 그들이 학습하는 가운데 변화를 이끌어내며 삶에 대한 새로운 경험을 하도록 해준다. 생태 체험 교육에서 놀이적인 요소가 없는 교육 형태는 상상할 수 없다.

교육의 목표가 감각을 예민하게 하는 것이나 일의 관계를 분명하게 체험하게 하고자 하는 것이라면 놀이를 매력적인 학습 형태로 채택할 수 있다. 숲에서 만난 생물을 직접 만져봄으로써 가깝고 친밀하게 다가갈 수 있다. 이러한 친밀함은 생태적인 관계를 더욱 잘 이해하도록 해주며, 어린이들은 놀이를 통한 체험으로 느낀다. 놀이는

◀ 놀이를 통한 교육은 흥미와 즐거움을 준다. 박쥐와 나방 놀이. 홍릉수목원.
▲ 체험놀이를 통해 야생동물은 어떻게 세상을 보는지 배운다. 남산.

또 몸을 움직이게 하기 때문에 평소와 다른 휴식이 될 수 있으며, 놀이를 통해 교육생들이 얼마나 많은 지식이 있는지도 알 수 있다.

어린이들이 놀기를 좋아하다는 것은 특별히 언급할 필요가 없다. 어린이는 놀이를 통하여 나이를 먹어가는 연습을 하는 중이라고 할 수 있다. 어린이는 놀이에서 신체적·심리적·정신적 능력과 재능을 자신의 것으로 얻으며, 자기 의견을 주장하고 사회에 참여하는 방법을 배운다. 어린이들에게 놀이는 삶의 목표가 될 수 있을 만큼 중요하다. 사춘기와 청년기는 급격한 신체의 발달에서 불안함을 느끼고, 심지어 심각한 장애를 초래하는 경우도 있다. 이는 어린이들이 즐겁게 하는 놀이들도 그들에게는 맞지 않을 수 있다는 것을 암시한다. 그러나 놀이를 통해 이러한 장애를 극복하는 경우도 있다. 청소년들은 사색하는 놀이를 더 좋아하며, 지적인 놀이에 기꺼이 참여할 수 있다.

적극적인 교육 참여 여부와 성공적인 교육을 결정하는 것은 흔히 어떻게 놀이를 도입하고 제시하는가에 달려 있다. 중요한 원칙은 교육자가 놀이하는 가운데 자신을 제외해서는 안 된다는 것이다. 예를 들어 용기와 극기가 필요한 상황에서 교육자는 자연스럽게 앞서서 행하고 다른 사람들도 함께할 것을 청해야 한다. 이러한 문턱을 한 번 넘어서면 놀이는 성인에게도 자유롭고 풍족한 체험을 할 수 있는 기회를 주며, 교육자와 깊은 공감대를 형성할 것이다. 그러나 교육자가 난감한 상황에서 감성적인 것을 고려하지 않고 교육생과 교육자의 유대감과 친밀함을 소홀히 여긴다면 교육자로서 자질을 의심해야 한다.

놀이에서 또 주의할 점은 모든 놀이가 정확하게 설명되어야 한다는 것이다. 진행 방식과 규칙이 교육생들에게 분명히 인식되어야 한다. 물론 놀이의 목적이 처음부터 모두 알려져야 하는 것은 아니다. 그러나 청소년과 성인에게는 분명히 밝히고 진행하는 것이 바람직하다고 할 수 있다. 교육자는 어느 순간에 어떤 방식으로 놀이에 참가할 수 있으며, 또 해야 하는지 잘 판단해야 한다. 교육자는 대부분 놀이에서 빠지거나 특정한 역할을 맡지만, 그러한 역할 역시 놀이의 한 부분이어야 한다. 생태 교육 놀이에서 이기고 지는 것은 중요하지 않다. 결과는 모든 교육생들의 것이어야 한다. 놀이가 한편으로 치우치거나 너무 진지해지고, 정도를 넘어선다고 생각되면 그 놀이를 마무리하고 새로운 분위기를 조성해야 한다. 적절한 시간에 마치는 것 역시 중요하다는 것을 명심한다.

과제 활동 | 교육생들은 어느 정도 수동적인 입장에 놓여 있다고 할 수 있다. 그러나 교육에 자발적으로 참여한 사람들은 되도록 함께 참여하고자 하며, 스스로 활동적이고 의미 있는 동시에 재미있고 매력적인 무언가를 하고자 한다. 일반적으로 과제가 매우 흥미롭거나 그리 어렵지 않겠다고 여겨진다면 교육생들은 기꺼이 실행한다. 따라서 과제는 가능한 한 매력적인 것이어야 하며, 절대로 강요해선 안 된다. 그를 위해 과제는 주제와 관련된 것일 뿐만 아니라 교육생들과도 관계를 맺고 있어야 하며, 교육자가 사전에 교육생들에 대해서 잘 파악하는 것이 중요하다. 과제의 목표와 수단은 교육자는 물론 교육생에게도 명확히 밝혀져야 한다. 과제를 내고 실행하는 과정은 언제나 상대에 대한 신뢰를 기반으로 하며, 인간 사이에서 느끼고 실행되며 발견되어야 한다.

그렇다면 교육자는 왜 교실이나 강의실이 아닌 자연을 선택했는가? 그것은 자연 안에 셀 수 없이 다양하고 신기하며 새로운 것들이 존재하기 때문이며, 교육자가 그것을 보여주고 체험할 기회를 줄 수 있기 때문이다. 자연이라는 현장에서 뭔가를 체험하는 것은 현실 세계와 그 요소들을 보다 실제적으로 지각할 수 있게 하며, 보다 깊은 인상을 줄 수 있다. 교육자는 교육생에게 학습 목표에 기여하는, 정확하게 규정된 과제를 내주고 실행할 것을 요청해야 하며, 그 결과는 전시와 토론을 거쳐 더욱 심화되어야 한다.

만약 교육자가 교육생으로서 활동적으로 참여한다면 교육생은 단지 설명을 듣는 것과는 차원이 다른 체험을 할 것이다. 이러한 경

▲ 자연물을 활용한 과제를 수행하는 아이들. 관악산.
▶ 자연물을 활용한 과제물.

우 교육자와 교육생 모두 수동적으로 수용하는 것에서 벗어나 능동적으로 나눠주는 역할을 한다. 과제가 주어지면 교육생들은 보다 진지해지는데, 과제의 수준은 모든 교육생들이 수행하는 데 무리가 없어야 한다. 교육자는 이를 위해 교육생들의 관심을 계산하여 과제에 반영함으로써 너무 많거나 적은 것을 요구하지 말아야 하며, 과제는 명확하게 정의되고 해석되어야 한다. 교육생의 상황에 따라 과제의 목표를 개별적으로 미리 알려줘야 할 경우도 있다. 과제는 개인이나 모둠에게 준다.

생태 교육에서 과제들은 지각과 관찰을 예민하게 하기 위해, 지식과 경험을 교환하고 반성하며 심화하기 위해, 신체적 활동성을 위해 주어질 수 있다. 경험에 따르면 어린이들에게 과제를 주는 과정에는 어느 정도 수고가 필요하다. 청소년과 성인의 경우 어린이에 비해서 과제를 부담스러워하는 경우가 많지만, 그렇다고 해설만 제공한다면 그들은 수동적인 역할을 할 뿐이다. 그들이 과제를 기피한다고 착각해서는 안 된다. 청소년이나 성인들도 기꺼이 활동하며, 스스로 해내면서 많은 즐거움을 누릴 수 있다.

놀이로서 과제의 조건

과제는 넓은 의미에서 학습의 한 부분이 될 수 있다
과제에 대한 짧은 해설이나 담론, 사례 제시 등은 과제의 앞이나 뒤에 진행한다. 과제의 결과는 주의 깊게 평가되어야 하며, 모두 공유할 수 있도록 발표하거나 전시해야 한다. 그리고 정리하는 말은 그 과제와 중요한 연관성이 있어야 한다.

과제는 연령이 어릴수록 단순해야 한다
어린아이들에게는 뭔가 찾거나 수집하는 과제가 적당하다. 보다 큰 어린이들에게는 찾는 과정이 포함된 관찰 과제가 적당하다. 청소년들은 발견하거나 연구한 것들에 대한 특성을 이야기하고 모방하게 할 수 있다. 청소년과 성인들에게는 경험과 비판적인 판단력이 필요한 과제를 부과할 수도 있다. 놀이와 수집, 관찰과 묘사는 성인에게도 이러한 과제 활동을 자극하는 동기가 된다.

과제는 항상 귀중한 손님을 초대하는 마음과 어조로 주어야 한다
한 가지 예로 "여러분은 다음과 같은 것을 할 수 있습니다…"라는 문장을 들 수 있으며, 누구도 과제에 대하여 강요받는다고 느껴서는 안 된다. 과제는 자발성이 보장되어야 하기 때문이다. "이제 신발을 벗고 맨발로 걸을 준비를 하세요!"라고 명령하는 것은 준비되지 않은 교육생들에게 불쾌감을 주거나 심지어 거부감까지 느끼게 함을 잊어선 안 된다.

과제가 명확할수록 성공적인 교육이 보장된다
과제가 명확해지기 위해서는 정확한 시간과 장소를 제시하고, 과제의 구성과 진행 과정이 이해될 수 있어야 한다. 교육생 모두 각 시점에서 무엇을 해야 하는지 분명히 알고 있어야 한다.

과제는 그 결과를 제시할 수 있는 형식이어야 한다
모든 모둠이 같은 조건하에 과제를 해결하기 바란다. 과제를 발표하고 평가하는 중요한 부분에서 적은 시간이 할애되는 경우가 종종 있다. 과제 활동에 대한 마무리까지 정확하게 이뤄지는 것이 중요하다. 과제를 완결할 때는 교육생들의 개인적인 경험과 체험을 함께 나눌 수 있어야 하며, 적극적인 참여에 대해 인정하고 감사하는 짧은 정리로 마친다.

🌳 **해설 활동** | 말은 인간의 대화 중에서 가장 중요한 의미가 있다. 해설하는 과정에서 교육자는 의무감을 가지고 교육생들을 만나야 하며, 교육생들 앞에서 올바로 이야기할 수 있도록 부단히 연습해야 한다.

해설은 가장 전통적이고 흔한 지식 전달의 형태이자, 교육자가 자연을 알릴 수 있는 하나의 수단이다. 말로 설명하는 해설 활동은 상황에 따라 시각적이거나 청각적인 보조 수단을 이용할 수 있고, 이해를 돕는 자료로 교육생에게 사실과 내용, 과제 등이 소개된다. 해설할 때 교육자는 교육생과 마주선다. 교육자는 말하는 사람이며 제공하는 사람이고, 교육생은 듣는 사람이며 받아들이는 사람이다. 해설은 일방적인 대화나 독백의 형태이므로, 아무런 이유 없이 중단되어서는 안 된다. 교육생의 질문이나 뜻하지 않게 생겨난 일에 대한 반응으로 해설이 중단될 수 있는데, 흔히 교육자는 자발적인 암시를 통해 상황을 알린다.

자연이라는 공간은 긴 해설을 위해서는 적당한 장소가 아니다. 자연은 무엇보다 지각, 관찰, 체험의 공간으로서 교육생들을 초대하고 축제가 벌어지는 곳으로 받아들여져야 한다. 그러나 이것은 교육자가 숲에서 침묵을 지켜야 한다는 것을 의미하지는 않는다. 교육자의 임무는 교육생에게 깊은 인상을 주고 영향을 미치도록 하는 것이다. 이것이 성공하기 위해서는 몇 가지 주의할 점이 있다.

첫째, 해설은 되도록 짧아야 한다. 전통적으로 행해지던 교육자의 전문적인 해설은 어린이들에게 과도한 것을 요구해왔다. 설사 교육자가 교육생(어린이들)이 주제를 이해하고 파악할 수 있도록 설명한다고 해도 그 시간이 길어진다면 교육적 효과는 떨어질 수밖에 없다. 생태 체험 교육에 있어서 해설은 짧아야 그 중요성이 부각되고 인상적인 요소가 될 수 있다. 성인들은 보편적으로 보다 참을성 있고 예의가 바르다고 할 수 있지만, 그들에게도 해설은 원칙적으로 짧은 것이 좋다.

해설은 짧고 명료하며 다른 활동과 연결되어야 한다. 나무에 대해 해설하는 모습. 관악산.

둘째, 해설의 대상은 현장에서 관찰되는 것이라야 한다. 해설의 주제가 현장에서 즉시 볼 수 있는 것이나 지각할 수 있는 것과 관계되어야 한다는 것이다. 아무리 멋진 이야기라 해도 교육생들이 현장에서 체험할 수 없는 것이라면 허황된 이야기로 들리기 쉽다.

셋째, 해설은 다른 교육 활동과 연결되어야 한다. 짧은 해설을 통해 과제나 놀이 방법에 대해 설명함으로써 교육생들에게 준비하도록 하고, 해설을 통해 사례를 제시하거나 활동을 마무리할 수 있다. 이것은 교육생들의 질문과 연결이 되거나 뜻하지 않은 상황과 연관될 수도 있다. 준비된 짧은 해설 활동은 가장 중요한 것을 간략하게 정리하며 우선적인 것을 올바로 설명하는 방법을 미리 생각하는 것이다. 그와 달리 즉각적인 해설 활동은 때로는 참신하기도 하지만, 중요하거나 부수적인 것들을 잊어버릴 위험이 있다. 교육생들 앞에서 말하기를 좋아하는 사람은 자신을 잘 통제하고 원칙을 세우는 것이 필요하다.

넷째, 해설하는 사람은 분명하면서도 자연스럽게 말해야 한다. 교육자는 그 자리에 참석한 교육생들과 개인적으로 눈을 마주치는 것이 중요한데, 이것은 그들 모두 대화의 상대자임을 느끼도록 하는 방법이다. 또 언어의 선택에 있어서도 교육생에 따라 전문 용어를 써도 되는지, 어떠한 용어를 사용하는 것이 적당한지 판단하는 것이 중요하다. 어린이들이나 생태 교육에 문외한인 성인에게 전문 용어를 사용하면 교육을 더욱 어렵게 만들기 때문이다. 꼭 필요한 경우라면 분명하게 설명해야 한다.

다섯째, 모든 사람들이 해설을 잘 보고 들을 수 있어야 한다. 교육생들은 해설하는 동안 가만히 서 있는 것이 일반적인데, 다른 사람을 방해하지 않는 범위에서 편안하게 서거나 앉을 수 있어야 한다. 제대로 서 있을 수 없는 상황이거나 쏟아지는 비와 강한 햇살은 교육생들의 집중도를 떨어뜨린다. 교육자가 경사진 곳에 자리를 잡아 교육생들이 모두 잘 볼 수 있도록 배려하는 것이 좋다. 교육생들이 해설을 듣지 않고 소란스러워진다면 해설을 중단하고 활동적인 프로그램을 진행해야 할 시점이 된 것이다.

토론 활동 | 완충적인 역할을 하는 사회자가 매끄럽게 진행한 토론 활동은 복잡한 문제에 대한 여러 가지 의견을 이해하고 올바른 판단을 하는 데 큰 도움이 된다. 경험적으로 문제가 제기되고 가치가 설정되는 곳에는 대부분 다양한 의견이 도출되게 마련이다. 토론

 해설의 기본 원칙

1. 소개되어야 하는 것들이 관계 안에서 교육생들의 경험이나 개인적 성향을 고려하지 않고 전달된다면 해설은 아무런 결과 없이 남는다.
2. 해설과 정보는 같지 않다. 해설은 무엇보다도 사실에 근거한 깨달음의 형식이다.
3. 해설은 매우 다양한 지식과 능력을 전제로 하는 하나의 예술이다. 그것이 자연과학적이거나 역사적 혹은 다른 테마들이라 해도 마찬가지다.
4. 해설은 교육생들이 자신만의 고유한 생각과 행동을 하도록 유도한다. 그들을 가르치는 것이 목적이 아니다.
5. 해설은 부분적인 것이 아닌 전체성과 통일성을 갖도록 중개한다. 해설은 교육생에 국한하지 않고 인류 전체의 진리에 상응하는 것들을 전달한다.
6. 아이들을 위한 해설은 고유하고 특별한 프로그램이 필요하다. 어른들을 위한 프로그램이 변화된 형식으로 구성되어서는 안 된다.

— 틸던 프리먼Tilden Freeman, 1957

은 발단 동기와 사실에 대한 의견을 교환하기에 적절한 수단이다. 올바로 토론한다는 것은 생각을 교환하는 것이며, 지식과 경험을 목적과 진리의 관점에 가까워지도록 서로 돕는 행위다.

교육 활동에 있어서 담화와 토론은 모둠 형태로 진행되며, 모든 교육생들의 관심을 유발하는 질문일 경우 훨씬 더 적극적인 반응을 보인다. 교육자는 이러한 경우 중간자로서 대화의 속도를 조절하는 역할을 하는 것이 바람직하며, 모둠 전체와 개인들을 잘 파악하면서 담화나 토론을 설정된 목표로 이끌어가야 한다. 토론은 주제에 대한 교육생들의 지식과 경험, 판단력을 전제로 한다. 심지어

동등한 위치에서 토론을 진행할 수 있는 '독수리 요새'. 산청학습원.

성인도 스스로 판단하기가 쉽지 않으며, 규정적이거나 경험에 따른 편견에 의지하는 경우가 많다. 판단에 있어서는 어느 정도 성숙한 인격, 개인적으로 형성된 자아가 필요하다.

 토론은 어떤 일을 설명하거나 제시함으로써 다양한 의견이 문제가 되거나 문제를 설정하는 데 다양성과 복잡성이 발생할 때 의식적으로 형성될 수 있다. 이것은 사회, 경제, 윤리 등 인간의 사고가 미치는 분야라면 모두 가능하다. 생태 교육에서 토론 활동은 항상 주제와 시간의 한계가 분명해야 하며, 어떤 경우에도 논의를 결정적으로 끝내고자 해서는 안 된다. 부족한 시간 때문에 마무리하지 못한 토론은 시작하지 않은 것만 못하며, 한쪽이 투쟁적으로 다른 쪽 견해의 부정확성을 증명하고자 하는 끝없는 논쟁보다 나쁘다. 따라서 토론에 있어서 교육자의 역할은 매우 중요하다. 교육자는 토론 가운데 사실에서 의견으로 넘어가야 하는 때를 잘 알고 있어야 하고, 잘못되거나 불완전하게 제시된 사실을 바로잡아주거나 필요에 따라서는 보충해줄 수 있어야 하며, 모든 의견이 동등한 위치에 자리할 수 있도록 해야 한다. 자연에 대한 질문과 테마는 토론의 주제로 충분히 주어질 수 있으며, 그에 대한 사실과 의견을 구분하는 것은 쉬운 일이 아니다.

 토론을 이끄는 교육자의 의견이 교육생의 의견보다 앞서거나 우월한 것으로 여겨져서는 안 된다. 때로는 교육자 스스로 자신의 의견을 물러서게 하는 것이 올바른 토론을 이끄는 데 보다 유익하며, 이러한 경우 교육생들이 보다 중립적이고 효과적으로 의견을 교환할 수 있다. 모든 의견을 존중해야 함은 물론이요, 아주 작은 의견이라도 진리의 발견에 기여할 수 있는 것으로 받아들여져야 한다. 토론의 마무리 단계에서는 획일적인 결론을 내리기보다 다양한 의견을 표현하도록 하여 교육생들이 스스로 판단할 수 있는 개방적이고 자유로운 분위기가 조성되어야 한다. 중요한 것은 논의를 마치기에 적당한 시점과 올바른 말을 찾는 것이다.

탐구 활동 | 개인적으로 혹은 모둠(연구팀) 안에서 직접 관찰·탐구하고 비교하면서 의문을 제기하는 식으로 진행하는 활동에서 방법론적인 지도는 특히 중요하다. 자연이 우리에게 자신의 비밀을 보여주도록 하려면 어떻게 해야 할까? 어떻게 하면 자연이 스스로 우리의 교사가 되도록 할 수 있을까? 우리가 자연의 작은 부분에 국한하지 않고 올바른 질문을 던짐과 동시에 관련한 것들에 대한 구체적인 문제 제기에만 머무르지 않는다면 중요한 인식에 눈을 뜰 수 있다. 스스로 관찰하고 연구한 것을 통해 얻은 지식은 책이나 해설로 얻은 지식보다 깊이 자리하며 오랜 기간 동안 작용한다. 우리는 활동을 통해 곧바로 내부적인 변화를 느끼기 시작한다. 스스로 작업에 참여하여 체험한다는 것은 더 많은 시간을 요구하지만, 자신을 연구

탐구 활동은 스스로 관찰하고 연구하도록 이끌어준다. 토양을 관찰하는 아이들. 홍릉수목원.

자로 느끼는 체험은 이것을 넘어서는 아주 큰 보상이 된다.

우리는 자연 안에서 감각적이고 상상 가능한 모든 것을 조사·연구할 수 있다. 그 과정에서 교육자의 질문은 교육생들의 연령과 관심에 따라 달라져야 하며, 교육의 목표와 일치해야 한다.

교육생이 숲에서 가질 수 있는 의문의 예

— 낙엽 아래, 땅속에 무엇이 사는가?
— 나무의 둥근 단면은 우리에게 나무의 역사에 대해 무엇을 말해주는가?
— 두 지역의 다른 숲은 어떻게 구분되는가? 이것은 무엇에 기인하는가?
— 한 나무의 외형적 형상, 성장, 생존 조건은 우리에게 무엇을 말하는가?
— 일정한 면적(예를 들면 1m²)의 숲에서 얼마나 많은 나무의 종자들을 구분할 수

있는가? 10년 후에는 이 숲이 어떤 모습으로 변하겠는가?
— 위의 질문들에 대한 답을 통해 어떤 결론을 내릴 수 있는가?

교육생들에게 질문할 때는 주어진 시간 안에 대답할 수 있는 것을 선택하는 것이 중요하다. 따라서 교육생의 수준에 맞아야 하고, 답변이 너무 길지 않은 것이어야 한다. 때로는 탐구 활동에 특정한 방법이 필요하다. 여기에서 가장 중요한 보조 수단은 인간의 감각, 상상, 기억과 경험에서 형성된 능력이다. 측정하고 분석하거나 수집하고 전시하는 과정 등에 있어서 기술적인 보조 수단을 사용해야 하는 경우도 많다. 당연히 연구 방법과 과정은 정확하게 설명되어야 하며, 연구 방법 자체를 찾는 것이 과제의 부분일 경우 많은 시간이 필요할 수 있다.

탐구 활동의 순서

1. 질문을 스스로 작성하거나 교육자에게 작성된 것을 받는다.
2. 답을 얻기 위해 무엇을 해야 하는지 생각하고, 방법과 과정을 결정한다.
3. 과정에 필요한 시간과 공간을 계획하고, 필요한 재료를 준비한다.
4. 연구 작업을 실행한다.
5. 연구 작업의 결과를 제시 · 요약하고

애벌레 캠프에서 수생 생물을 관찰하는 어린이. 삼봉자연휴양림.

서로 공유한다.
6. 학습 과정에서 생겨난 새로운 질문을 정리하고 심화하기 위한 의견을 나눈다.
7. 새롭게 얻은 지식이 더 널리 사용될 수 있는 방법을 생각하고 의견을 나눈다.

교육자는 시간에 따라 어느 과정을 단축하거나 삭제할지 잘 생각하고 판단해야 한다. 시간이 부족할 경우 1~3번을 미리 준비하여 모둠에게 제시할 수 있으며, 5~7번은 반드시 실행한다.

역할놀이 활동 | 자연과 관련한 갈등을 직접 보고 체험하는 방법으로 교육생들이 다양한 이해관계의 양식을 논의할 수 있는 역할놀이를 권한다. 역할놀이를 성공적으로 이끌기 위해서는 놀이가 잘 준비되어야 하고, 교육생이 정해진 전제조건을 충족시켜야 한다. 역할놀이에서는 역할을 맡은 사람들에게 다양한 관점들이 주어진다. 청중은 상황에 맞게 둘러앉고, 놀이에 참가한 교육생들은 마주 선다. 놀이는 의견 교환이 가능한 곳에서 실제 현실과 같은 상황을 흉내 내며 행동의 영역을 제한한다. 따라서 역할놀이는 되도록 현실과 유사하게 진행되어야 하고, 참가한 교육생들에게는 그 사실에 대한 정보가 제공되어야 한다. 거기에 즐거움과 상상력이 더해지면 완벽한 놀이가 될 수 있다.

역할놀이에 필요한 소품은 최소한으로 제한되어야 한다. 모든 놀이에서와 마찬가지로 역할놀이 활동에서도 규칙과 진행이 명확하게 전달되어야 한다. 역할놀이는 준비, 실행, 평가 단계로 진행되는 것이 보통이다. 모든 부분들이 중요하기 때문에 충분한 시간을 주는 것이 좋다.

애벌레 캠프에서 역할놀이 중 벌 역할을 맡은 아이들. 심봉 자연휴양림.

준비 — 전체 모둠 앞에서 출발 상황과 문제의 발단, 전개 과정을 간략하게 소개한다. 그 다음에 가능한 한 구체적으로 행동의 영역을 설명하며, 등장하는 사람들과 그들의 역할을 소개한다. 더 나은 놀이를 위해 역할을 담당한 사람들에게 전형적으로 다뤄질 수 있는 쟁점들이 적힌 서면을 제시하는 것이 좋다. 역할놀이의 목적은 모두 잘 이해할 수 있는 것이어야 하며, 가능한 한 자유롭게 역할들을 정해야 한다. 또 역할놀이를 관람하는 청중이 반드시 필요하므로 모두 놀이에 참여해서는 안 된다. 물론 청중에게는 특별한 관찰 과제가 주어질 수 있다.

실행 — 역할놀이는 연습이 필요하다. 모둠이 형성되면 개별적인 역할을 분배하고 놀이의 구조를 이야기하며 순서를 익히기 위해 배우들은 잠깐 동안 연습을 한다. 이때 논쟁과 놀이에 대한 확실한 틀을 연습해야 하며, 단어의 사용이나 문장 자체를 학습하는 것은 중요하지 않다. 그것을 준비하기 위한 시간이 부족한 경우가 대부분이

▲ ▶ 애벌레 캠프에서 역할놀이에 참가한 아이들. 삼봉자연휴양림.

기 때문이다. 이제 교육생들의 비판적인 눈과 귀 앞에서 공연을 한다. 마지막에는 자연스럽게 박수갈채를 유도한다.

평가 — 박수는 놀이를 마감하며 평가하는 것이다. 먼저 배우가 말한다. 놀이하는 동안에 자신에게 무슨 일이 일어났는지, 무엇이 어려웠으며, 무엇이 자신에게조차 놀라웠는지, 자기의 역할에서 힘써야 했던 곳은 어디인지, 자신이 중요한 것을 잊지는 않았는지, 자신이 나중에 다르게 한 것이 있는지….

이제 청중이 말할 차례다. 평가를 위한 첫째 논의는 내용적인 것, 논쟁과 주장의 질에 해당된다. 이 놀이를 통해 분명해진 것은 무엇인가, 논쟁의 여지가 있는 상황에서 어떻게 해결점을 찾을 것인가…. 마지막으로 배우에게 그들의 성취에 대한 찬사를 보낸다. 모두 최선을 다했다는 것이 가장 좋은 칭찬이다.

성공적인 역할놀이를 위해서는 일반적으로 많은 시간이 필요하다. 물론 자연이라는 공간이 역할놀이를 하는 장소로 적당한지 먼저 파악하는 등 세심히 준비해야 한다. 복잡하고 논쟁의 여지가 있는 주제에 대해서는 지식과 경험이 어느 정도 전제되어야 한다. 성인의 경우에도 전문적인 도움과 준비가 필요할 수 있다. 물론 어린이들도 역할놀이에 참여할 수 있으며, 아주 간단하고 흥미로운 장면이 선택되어야 한다.

예시 활동 | 생태 교육에 있어서 교육자는 교육생이 눈, 귀, 코, 손 등 감각을 통해 받아들일 수 있는 것들을 사례로 제시할 수 있다. 이처럼 조합된 감각적인 체험은 단순하게 그 과정을 설명하는 것보다 훨씬 깊은 인상을 주며, 현실에 근접한 총체적인 지각이 생겨나도록 한다.

실제로 보여주는 것이 간단하게 설명하는 것보다 효과적이다. 당연히 예시는 주제와 연관되어야 하며, 예시 자체가 목적이 되어서는 안 된다. 예시는 어떤 특별한 것에 대하여 분명하고 깊은 인상을 주기 위해 의식적으로 선정된 수단이다. 따라서 예시는 특정한 단계에 도입되며 교육자의 설명을 보충하는 것이다. 특정한 질문에 대하여 지각, 관찰, 생각하는 과제들이나 스스로 활동하는 과제들은 예시에 의지한다. 이때 교육생들에게 질문할 기회와 전문가의 답변을 들을 수 있는 기회가 주어져야 한다. 예시가 실제로 목적에 부합되어야 한다면 충분한 시간이 필요하다. 한 번 보여주기 위한 시간과 인력, 자료의 소모가 다른 방법들과 비교해서 크다고 할 수 있다. 그러나 교수법적으로 통찰하고 잘 계획하면 특별한 것을 많이 얻을 수도 있다.

생태 체험 교육의 목표와 주제는 교육생들의 상태와 욕구에 따라 결정된다. 따라서 모든 예시가 교육생들에게 똑같이 받아들여질 수 없다. 예를 들어 청소년과 성인들이 선호하는 '나무 베기'가 초등학교 1학년생에게는 발전심리학적으로나 교육학적으로 부정적인 작용을 할 수 있다. 한 명 혹은 여러 명의 전문가와 함께 진행하는 것은 좋은 예시가 될 수 있으며, 때로는 전제조건이 되기도 한다. 교육자가 앞에서 설명하는 동안 전문가가 직접 작업을 하는 것이다. 예시는 교육 과정의 하나이기 때문에 작업 과정이 여러 단계로 나뉘거나 특정한 시점에서 중단될 수 있다. 이때 질문에 대한 답변이나 설명이 덧붙는다. 목표를 가지고 설정된 작업과 관찰 과제는 체험한 것의 이해와 심화를 돕는다. 교육생들이 준비가 잘 되어 있을수록 주의 깊게 예시를 따른다.

실제로 보여주는 것이 설명보다 효과적이다. 관악산.

예시를 통해 교육생들이 흥미를 느낄 수 있어야 하며, 실제로 함께 체험해본 것처럼 여길 정도로 과정을 이끌어야 한다. 또 생태 교육에서 중요한 체험 활동은 모든 감각을 자극할 수 있다. 특히 어린이들은 되도록 많은 것을 가까이서 체험할 수 있어야 한다. 원하는 사람들은 숲 관리자의 보호

헬멧을 쓰고, 전기톱의 무게를 시험하며, 의복을 만져보거나 트랙터에 올라타볼 수 있어야 한다. 그들이 나무를 베어낸 후에 베어진 부분의 신선한 냄새를 맡고 형성층의 달콤한 즙을 핥아보고, 마지막으로 잘린 가지를 함께 운반하고 가지의 끝을 작은 톱으로 잘라보는 등의 기회를 주어야 한다.

  그러나 가장 중요한 규칙은 안전이다. 예시를 위해 필요한 안전 규정을 설명하고 지키는 가운데 모둠의 크기와 연령 등이 고려되어야 한다. 형태와 활동 영역, 행동 규칙에 대한 명확한 지시가 필요하며, 최대한 안전하게 진행되어야 한다.

2
베테랑 숲해설가를 위한 생태 체험 교육 현장

생태 체험 배움터 만들기 | 많은 사람들은 숲이 교실이나 강의실보다 잘 정돈된 자리라는 것을 모른다. 사방이 벽으로 둘러싸인 곳에서 치러지는 행사에 비하면 생태 체험 교육의 교수법이 보다 많은 장점이 있음이 명백하다. 신선한 공기를 마시며 움직이고, 항상 교육의 공간이 달라지며, 대부분 여럿이 함께한다. 대그룹에서 소그룹에 이르기까지 앉고, 서고, 걷는 등 움직이다 보니 활동량도 많다. 물론 휴식 시간 없이 3시간 이상 서 있는 것은 피곤하다. 따라서 언제, 어디서, 얼마나 쉴 것인지 계획하는 것이 중요하다. 교육자는 개별적인 프로그램과 활동에 대하여 세세한 부분까지 철저하게 고려해야 한다.

자연 교육은 작고 큰 모둠 안에서 유동적으로 진행되어야 한다. 관악산.

동그라미 만들기 ― 동그라미는 시작과 끝이 없어 모두 같은 위치에 서 있는 이상적인 형태다. 생태 교육을 할 때 교육생들은 많은 부분 원형으로 서지만, 모든 교육생들이 함께 만드는 동그라미 형식은 무엇보다도 처음과 마지막에 하는 것이 좋다. 상호간의 유대를 표현해야 하는 곳에서는 항상 올바른 형식이 중요하며, 이것은 서로 잘 인식해야 하는 논쟁에 있어서도 마찬가지다. 50명으로 구성된 모둠이라도 하나의 동그라미를 형성할 수 있으며, 이것은 그만큼 더 강력한 영향을 미친다. 동그라미는 언제나 잔치나 축제와 같은 의식적인 무엇인가를 형성한다. 따라서 단지 동그라미를 만들기 위해 교육생들을 혹사시키거나 너무 자주 요구해서는 안 된다. 그러나 일단 동그라미를 만들고자 했다면 그 모양은 둥글어야 하고, 중간에 끊어지는 부분이 없어야 한다. 서로 손을 잡으면 빠른 시간 안에 동그라미를 만들 수 있다.

▲ 원은 시작과 끝이 없는 생태계를 의미한다. 북한산.
▶ 작은 모둠 안에서 체험의 기회가 많아진다. 관악산.

고정된 원형 자리 — 행사가 한곳에서 오랫동안 지속되거나 교육이 반복적으로 일정 시간 간격을 두고 진행되어야 할 경우에는 교육생들이 언제나 다시 모여서 이야기를 나눌 수 있는 고정된 장소가 필요하며, 이 장소는 원형이 좋다.

작은 동그라미 — 짧은 강연이나 설명, 예시를 할 때는 교육생들을 모둠으로 나눠 작은 동그라미를 만드는 것이 좋다. 교육생과 교육자의 거리는 모둠의 크기에 따라 결정되며, 그에 따라 목소리의 크기도 달라져야 한다. 중요한 것은 항상 모든 교육생들을 시야에 담고 있어야 한다는 점이다. 의식적으로 가장 뒤에 서 있는 사람을 향해서 말하도록 하여 어느 한 사람도 이탈자가 없도록 배려한다. 이러한 형식은 모둠 과제의 결과를 발표하거나 역할놀이를 하는 경우에 적당하다.

조직의 해체 — 쉬는 시간이나 장소를 이동할 때, 다른 모둠을 형성할 때 발생한다. 이 시간에 교육생들 둘이나 셋이 모여 이야기할 수 있는 기회가 생긴다. 어린이들은 이동하는 동안 교육자와 손을 잡고 싶어한다. 모둠 안에서는 질문하는 것을 꺼리던 교육생들도 이 순간에는 교육자에게 가까이 다가갈 수 있다. 또 교육생들은 이런 기회에 여러 사람들과 이야기를 나눌 수 있다.

공간을 이동하면 분위기를 전환할 수 있다. 홍릉수목원.

모둠의 조직과 형성 — 모둠에게 과제가 부여될 경우 전체 모둠보다는 4~5명으로 구성된 작은 모둠이 적당하다. 3명이 한 모둠을 형성할 경우 2 : 1로 편이 갈릴 위험이 있으며, 6명 이상의 모둠은 개인이 참여할 기회가 줄어든다. 과제와 교육생의 연령에 따라 개인 작업이나 파트너 작업이 더 의미가 있을 수 있다. 자유롭게 모둠이 형성될 수도 있고 우연히 결정될 수도 있으며, 모둠이나 짝을 만들기 위한 놀이를 진행할 수도 있다. 예를 들면, 교육생들에게 자연물을 나눠주고 같은 것을 가진 사람끼리 모둠을 만들게 하는 것도 방법이다.

베테랑 생태 체험 교육자의 조건 | 생태 체험 교육은 일반인들에 자연을 올바로 알리고, 생태에 관심을 보이는 사람들에게 그 중요성과 필요성을 강조할 수 있는 매우 좋은 기회다. 일반인에 다가

가기 전에 많은 지식이 필요하겠지만, 더욱 중요한 것은 전달 방법이다. 실제로 보여주면 좀더 오래 기억할 수 있고, 직접 체험하게 한다면 보다 효과적으로 이해할 수 있다. 따라서 말로 설명하고 직접 체험하여 이해하게 하는 것이 바람직한 생태 체험 교육 방식이다.

교육자는 자신이 직접 체험한 사실들을 교육생과 나눈다는 마음으로 임한다

자신이 직접 체험하지 않은 사실들을 위주로 교육하다 보면 교육생들의 관심이 저하되고, 이것은 곧 교육에 대한 흥미를 떨어뜨리는 요인이 된다. 따라서 생태 교육을 할 때 현장에 없는 사물이나 생물에 대해 설명하는 것은 되도록 삼간다.

현장에서 직접 체험할 수 있는 것들이 주요 테마가 된다. 산청학습원.

교육자가 적극적인 자세로 임하는 것이 무엇보다 중요하다

적극적인 자세는 교육생들의 흥미를 유발할 수 있는 가장 기본적인 사항 중의 하나다. 이것은 내 전공 분야가 아니라거나, 오늘의 주제는 그것이 아니니 다음 기회에 논해보자는 등 소극적인 방법으로 진행하는 것은 금물이다. 최소한 확실하지 않거나 직접 체험해보지 못한 사실들에 대해서는 함께 찾아보자거나 전문가에게 문의해보자는 등 적극적인 행동을 유발할 수 있는 답변을 주는 것이 낫다. 교육생 스스로 해답을 찾거나, 교육자가 내용을 정리하여 메일 등을 통해 교육생들과 공유할 수 있도록 하는 것도 좋다.

교육자는 교육생들을 세밀하게 관찰하고 상황을 잘 읽어야 한다

모든 교육생의 적극적인 참여를 유도하기 위해서는 주도면밀한 상황 파악이 중요하다. 한두 명이라도 낙오자가 생기면 전체 교육에 악영향을 미칠 수 있기 때문이다. 교육생 10~15명에 교육자 한 명이 함께하는 것이 적당하다. 15명을 넘어서면 교육자가 교육생들의 면밀한 반응을 관찰하기가 어렵다. 교육생이 모두 성인인 경우는 참가 인원이 늘어나도 큰 무리가 없지만, 어린아이들의 경우 참가 인원에 신경을 쓰지 않으면 성공적인 현장 교육을 장담하기 힘들다. 불가피하게 참가 인원을 제한할 수 없을 경우 보조교육자와 동행하여 교육생들을 철저하게 파악하거나 적당한 인원만큼 교육자의 수를 늘리는 것이 좋다.

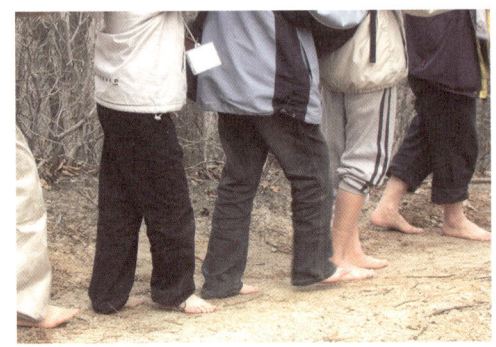

▲ ▶교육자가 먼저 신발을 벗어야 교육생들도 기꺼이 따른다. 북한산.

교육자는 흥미와 즐거움이 전부가 아님을 명심한다

교육자가 마술사나 광대가 되어서는 안 된다. 교육생들이 즐겁게 참가했다는 것에만 만족한다면 교육이 추구하는 목표에 도달하지 못한 것이다. 교육생들에게 즐거움과 흥미를 유발하는 것은 그들을 교육자가 목표하는 지점으로 인도하는 하나의 수단일 뿐이다. 단순한 흥미와 즐거움은 다른 곳에서도 찾을 수 있기 때문이다. 교육생이 관심과 흥미를 보이는 상황에 이르렀다면 교육자가 의도한 내용을 자연스럽게 전달해야 한다.

교육자는 반드시 교육생들과 직접 대화를 나눈다

일방적인 해설과 설명은 금물이다. 다양한 방법을 동원해서 교육생들이 스스로 움직이도록 노력해야 한다. 직접적인 대화로 진행하는 방법도 있고, 각종 다양한 교구를 활용하여 함께 호흡하는 방법을 강구해볼 수도 있다. 현장에서 설명이 불가피할 경우 빙 둘러앉아 토론을 하거나, 교육생 스스로 설명할 수 있도록 유도하는 것이

◀ 때로는 활동에 집중할 수 있도록 이끌어야 한다. 관악산.
▲ 아이들이 체험 활동 현장에서 발견한 식물을 구분하고 있다. 청계산.

바람직하다. 교육생들의 의견이 다 모아지면 교육자가 종합적으로 정리하는 방법이 효과적이다. 또 교육생들이 참가한 동기와 원하는 것을 미리 파악하여 교육의 주제로 설정하는 것이 좋다.

현장 교육에서는 반드시 현장에 있는 대상에 대해서만 논의한다

직접 볼 수 있고, 만질 수 있고, 들을 수 있고, 냄새 맡을 수 있고, 느낄 수 있는 대상에 대해 체험하도록 하는 것은 현장 교육만이 담아낼 수 있는 장점이다. 단순히 해설을 하는 것은 실내 교육에서도 충분하기 때문이다.

교육자는 순수한 지식 전달을 피하고, 심리적 압박에서 자유로워야 한다

어느 누구도 세상의 모든 것을 알 수는 없다. 또 교육생들은 현장 교육자의 박식함을 기대하지 않으며, 교육자의 지식 정도를 알아보기 위해 모인 사람들이 아니다. 교육자는 중계자일 뿐이며, 현장을 얼마나 생동감 있게 전달하느냐는 교육자의 꾸준한 고민과 연구에

생태 체험 교육 헌장

1. 모든 교육생에게 개인적으로 말을 건네라
교육생들은 교육자가 자신에게 말을 건네고 있음을 느끼면 진지하게 받아들인다. 따라서 가능하면 모든 교육생들과 자연스럽게 시선을 교환하는 연습을 한다.

2. 적당한 칭찬으로 참여를 유도하라
교육생을 장려하고, 권장하며, 교육생에게 뭔가 기대한다는 것을 표현하여 적극적인 참여를 유도한다. 이때 너무 한 사람에게만 집중하지 않도록 주의한다.

3. 새로운 것을 적당히 진행하라
교육 내용 중 3분의 1은 아는 내용을 심화하는 것, 3분의 1은 부분적으로 아는 것, 나머지 3분의 1은 새로운 것이어야 한다. 새로운 것은 호기심을 유발하여 효과적인 학습 동기로 작용할 수 있다.

4. 적극적인 참여를 유도하라
교육생들의 마음을 움직일수록 교육 효과가 높아진다. 교육생들의 사유와 상상력을 자극하고, 실현 가능한 과제를 제안하여 적극적인 참여를 유도한다.

5. 장시간 설명하거나 전문 용어 사용하는 것을 삼가라
설명이 길어지거나 이해할 수 없는 용어가 나오면 교육생들의 집중력이 떨어진다. 모든 내용을 교육자가 설명해야 하는 것은 아니다. 오히려 대화나 과제가 더 큰 효과를 가져올 수 있다. 부득이하게 전문 용어로 표현해야 한다면 반드시 설명을 덧붙인다.

6. 명료한 과제, 시간, 형식을 제시하라
과제를 정확하게 제시하고, 잘 짜인 계획에 따라 시간과 공간에 대한 정보를 전달해야 한다. 명확한 정보는 교육생들에게 안정성을 줄 뿐만 아니라 참여도를 높이고 교육적인 효과도 극대화할 수 있다.

7. 아웃사이더와 함께하라
교육자는 항상 전체에 시선을 두고 있어야 하며, 관심이 적은 사람들까지도 함께할 수 있도록 노력해야 한다. 산만한 교육생들에게는 특별한 과제를 내줌으로써 그들의 활동력을 이용할 수 있다.

8. 유머를 사용하라
웃음은 교육생들을 자연스럽게 풀어준다. 단, 어린이들에게 독과 같이 작용하는 조소와 유머를 혼동해서는 안 된다. 유머로 혼동된 비웃음은 되돌리기 힘든 상처를 줄 수 있다.

달려 있다. 현장 교육에서 전문 지식만을 전달하는 것은 금물이다. 교육생들은 자연을 느끼기 위해 참여한다는 것을 염두에 두고, 자신의 교육 방법에 충실하면서 진솔하게 교육을 진행하는 것이 가장 좋은 방법임을 잊지 말자.

사전 답사를 통해 모든 경우의 수를 고려하는 것은 필수적인 항목이다

교육 장소를 사전에 답사하는 것은 적합한 교육 프로그램을 개발하기 위해서도 중요하지만, 무엇보다 예상치 못한 사고나 위험을 예방한다는 차원에서 중요하다. 따라서 답사 이후 실제 교육 진행 내용 이외에 예비적으로 진행할 수 있는 활동들까지 정리해두어야 한다. 현장 상황에 따라 계획한 활동을 진행할 수 없는 경우가 많은데, 이러한 경우 교육자는 당황하고 교육생들은 교육자를 신뢰하지 못해 현장 교육이 실패로 돌아갈 확률이 높기 때문이다.

 생태 체험 교사의 걸림돌아홉

1. 교육 대상에 적합하지 않은 프로그램

7세 어린이와 17세 청소년을 교육하는 방법은 분명히 달라야 한다. 10세 미만 어린이들의 경우 숲을 체험하는 것 자체가 교육의 목적이 될 수 있으며, 많은 지식을 전달하려고 욕심부리면 안 된다. 그러나 10세 이상의 어린이와 청소년들은 종종 더 많은 것을 요구하기도 한다. 때로는 좀더 정확하게 알기를 원하거나, 숲을 이해하기 위해 생명체들의 관계성을 알고 싶어한다.

대상에 따라 다른 교육 방식이 적용되어야 한다. 관악산.

2. 많은 내용을 전달하려는 욕심

많은 것을 전달하려다 정말 중요한 것을 놓치는 경우가 있다. 프로그램에 과부하가 걸리지 않도록 계획을 세워야 한다. 중요한 주제 몇 가지로 진행하는 것이 어린이들의 관찰이나 질문에 좀더 효과적으로 접근하는 방법이다. 특히 어린이들은 주변 상황에 즉각적으로 반응한다는 것을 고려해야 한다. 나무에 대해 열심히 설명하는데 갑자기 다람쥐나 청설모가 지나간다면 어린이들의 관심은 움직이는 대상에게 집중된다.

다람쥐 등 동물들은 언제나 어린이들의 관심을 끈다.

3. 전문 용어 남발

전문가들은 자신도 모르게 전문적인 언어를 구사할 때가 있다. 그러나 일반인들은 그것을 전혀 이해하지 못하며, 어린이들은 두말할 것도 없다. 가능한 한 일반적인 언어로 표현하는 연습을 해야 한다. 부득이하게 전문적인 언어로 표현해야 한다면 반드시 부연 설명이 뒤따라야 할 것이다.

4. 등산으로 변질된 생태 체험 교육

등산하는 것처럼 가파른 산을 오르며 생태 체험 교육을 진행하는 것은 삼간다. 2km 이상 이동하면 목적한 체험 교육을 올바로 전달하기 어렵다. 육체적으로 지친 상태에서는 중요한 사실이나 재미있는 상황도 받아들이지 못하기 때문이다. 따라서 교육 장소를 미리 답사하여 짧은 거리 안에서 무엇을 설명하고 표현하며 체험할 것인지 꼼꼼히 계획을 세워야 한다. 어린이들에게 왕성한 활동이 필요하다고 판단될 때는 별도로 등산 코스를 정해두는 것이 좋다. 숲에서 진행되는 체험 교육과 등산은 분명히 다르다는 것을 어린이들이 이해할 필요가 있기 때문이다.

5. 졸리도록 지루한 설명

같은 장소에서 5분 이상 단순한 설명을 듣고 있으면 지겨워하는 것이 일반적이다. 눈을 감고 1분간 한 가지 사실만 생각하라고 했을 때, 60초 동안 단 한 가지 사실에만 집중할 수 있는 사람은 거의 없을 것이다. 특히 자연이라는 공간에서 이러한 시간을

자연물의 향기를 직접 체험하는 어린이. 애벌레 캠프.

주면 그야말로 만감이 교차한다. 긴 설명보다 짧은 설명이 효과적이며, 단순한 체험이 인상적인 설명보다 오래 기억에 남는다. 체험을 통해 느낀 감동은 경험해보지 못한 사람은 알 수 없다.

    교육생들이 새로운 것을 발견하고 관찰할 수 있도록 기회를 만들어주는 것은 교육자의 중요한 임무 중 하나다. 너무 빨리, 너무 많은 것을 설명하려는 욕심은 오히려 체험 교육을 망칠 수 있다는 것을 명심해야 한다. 이것은 자연을 바라보는 자유로운 생각과 상상력을 빼앗는 일이 될 수 있다.

6. 인간 중심적인 편견

    꽃과 나무의 아름다움은 그 이름으로 표현되는 것이 아니다. 생명체의 이름을 아는 것보다 그들의 생활 모습과 존재 가치가 중요하다. 우리는 자연을 이해하는 데 인간 중심적인 잣대를 이용하고, 선입관을 가지고 자연을 바라본다. 생태 체험 교육은 이러한 관점을 광범위하게 전환할 수 있는 기

생명체들의 관계를 이해하는 놀이. 독일 숲 교실.

회가 된다. 자연 안에서는 모든 것이 존재의 의미와 가치를 지니며, 모든 생물은 자연의 순환 안에서 고유한 역할을 담당한다. 따라서 존재한다는 것만으로 의미가 있으며, 인간의 잣대로 좋고 나쁨을 결정할 수 없다. 교육생들이 자연의 느낌을 직접 체험하고 관찰하는 가운데 자연을 이해하고, 자연을 구성하는 생명체들의 관계를 알고 이름을 익힌다면 자연에 대한 편견에서 벗어날 수 있을 것이다.

7. 단순 지식 전달자로 전락

어린이들은 함께하는 교육자의 몸가짐이나 자세 등을 보고 많은 것을 배운다. 한없이 깨끗한 도화지와 같은 그들은 교육자를 거울삼아 따라 하기를 원한다. 따라서 어린이들이 순수한 마음으로 자연에 접근할 수 있도록 돕는 것이 교육자의 가장 중요한 덕목이라 하겠다. 자연과 나는 하나라는 인식을 일깨워줄 수 있다면 생태 교육이나 자연 교육은 필요 없다. 자연과 나에 대해 노래한 인디언의 시가 있다.

'나는 땅이다. 내 눈은 하늘이며, 나의 팔과 다리는 나무다. 나는 가죽이며, 물의 깊이다. 나는 자연을 정복하고 착취하기 위해 여기 있는 것이 아니다. 내 자신이 자연이다.'

어린이들에게 부족한 것은 자연에 대한 지식이 아니다. 그들이 자연을 올바로 볼 수 있는 눈과 올바로 받아들일 수 있는 감성을 잃지 않도록 하는 것이 우리의 일이다.

생태 체험 교육의 흐름

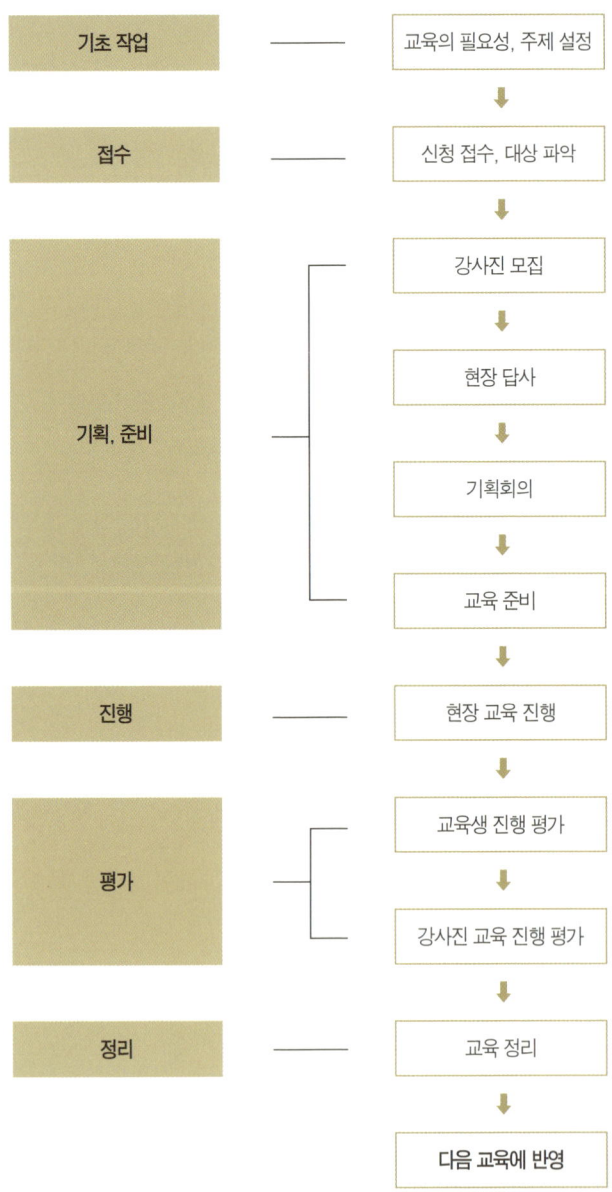

3
생태 체험 교육의 밑그림 그리기

생태 교육이 기획되고 진행되기까지 여러 가지 동기가 있을 수 있으나 지금까지는 교육자의 필요에 따라 이뤄진 경우가 대부분이다. 많은 경우 종전의 교육에서 얻지 못하는 만족감에 대한 보충이나 새롭게 드러나는 문제점들의 대안으로 나타난 것이 바로 생태 교육이다. 물론 생태 교육에 대한 인식이 점차 확장되고 수요자, 즉 교육에 참가하고자 하는 사람들이 늘어나면서 생태 교육은 급속히 보급되었다고 할 수 있다. 그럼에도 불구하고 교육자의 의지와 사명감이 없었다면 아직까지 교육 분야에서 그 위치를 찾아가기가 힘들었을 것이다. 지금까지는 일회성이거나 장기간에 걸쳐 진행되는 프로젝트 모두 교육자가 주체가 되었다. 즉 생태 교육에 대한 필요성을 느끼고 그것을 공감하는 사람들이 모여 교육을 진행하기 시작했다는 것이다. 물론 그와는 반대로 교육을 원하는 사람들이 모여 프로젝트를 형성하는 경우도 있으나 이는 상대적으로 드문 경우라고 할 수 있다. 보다 나은 효과를 얻기 위해서는 교육자나 교육생 모두 교육의 주체가 되는 방향으로 나아가야 할 것이다.

교육의 주체
— 교육자
— 교육생
— 교육 의뢰자(학부모)

생태 교육은 다양한 형태로 진행할 수 있다. 학교 수업의 일부로 진행하거나 단기간의 특별 활동으로 구분하기도 하며, 1년 혹은 몇 개월 정도 기간을 두고 진행하는 방과 후 활동으로 인식되기도 한다. 이 가운데 계획 없이 진행되는 경우는 없다. '교육'이라는 분야의 특성상 그 목적이 뚜렷하게 드러나며, 목적을 달성하기 위한 방법은 누군가에 의해 계획되어야 하기 때문이다. 따라서 교육을 준비하고 진행하는 과정 전체를 하나의 프로젝트로 놓고 볼 때, 프로젝트의 형성은 그 필요성을 인식하고 목적을 설정하는 것에서 시작된다. 프로젝트는 한 명 혹은 목적이 같은 교육자 여러 명이 모여 의견을 나누고 계획하는 과정에서 형성된다고 할 수 있다. 물론 필요성을 느끼는 이들이 모여 생각을 나누는 과정에서 교육의 목적과 주제가 설정될 수도 있다. 이 단계에서 무엇보다 중요한 것은 자세

한 활동 프로그램보다 전체 프로젝트의 주제를 설정하고 동의를 모으는 것이라 할 수 있다.

◀ 생태 체험 교육에 참가한 가족들. 북한산.
▲ 안양서초등학교와 함께 진행한 프로젝트. 북한산.

프로젝트 형성에서 중요한 질문

— 우리는 왜 모였는가? 혹은 나는 왜 교육을 진행하고자 하는가?

— 생태 교육에 대한 우리(나)의 주된 관심사는 무엇인가?

— 교육을 통해 무엇을 전달하고자 하는가?

아직까지 생태 교육은 학교 교육의 보충이나 그 일부로 이해되고 있다. 하지만 설사 그렇다 해도 교육 자체의 중요성을 낮게 평가할 수는 없다. 교육의 어떠한 분야도 소홀히 여겨질 수는 없는 일이며, 교육자는 자부심과 사명감을 가지고 임해야 한다. 교육에 대한 공감대가 형성되었다면 그 방법론에 대한 이해가 선행되어야 한다. 설계도면이 없이는 집을 지을 수 없기에 건축가는 설계도면을 그리는 법부터 배워야 한다. 생태 교육을 진행하기 위한 가장 기본적인 이해는 다음과 같다.

생태 체험 교육을 위해 기획회의를 하고 있다.

생태 체험 교육 프로젝트의 주요 테마

— 생태 체험 교육은 어떠한 형상을 가지고 있는가?

— 생태 체험 교육을 통해 어떤 목적을 어떻게 달성할 수 있는가?

— 생태 체험 교육의 진행 과정은 어떻게 흘러가는가?

— 생태 체험 교육의 구성 요소는 무엇인가?

다른 교육 분야도 마찬가지지만 특히 생태 교육은 그 활동 범위가 넓고, 방대한 정보를 전달할 수 있는 방법론이기 때문에 무엇보다 계획이 중요하며, 그 틀을 잃어버리지 않도록 주의해야 한다. 교육의 목적이나 흐름을 잃어버릴 경우 자칫하면 하나의 놀이 행사로 전락할 위험성이 있기 때문이다.

생태 체험 교육의 흐름

— 교육 대상과 그들의 요구에 따른 창의적인 아이디어 모으기

— 육하원칙과 비용을 고려한 계획 세우기

— 장소, 주제, 범위, 초대 방법, 준비물, 정보, 기타 필요한 것들 준비하기

— 계획하고 준비한 것을 실행하기

— 실행할 것과 실행한 것을 비교하고, 교육·평가하기

— 내용을 정리하고, 다른 교육자들과 정보 공유하기

생태 체험 교육 과정의 흐름 | 생태 교육은 소설이나 이야기와 같아서 그 안에는 커다란 줄기와 흐름이 있다. 교육생들을 만나자마자 활동을 시작하거나, 핵심 주제가 없이 처음과 끝이 똑같이 진행되는 교육은 만족을 줄 수 없다. 따라서 교육을 계획할 때는 소설을 쓰듯 발단-전개-절정-결말이라는 흐름을 놓쳐서는 안 된다. 하루 일정으로 진행되는 교육에서 놓쳐서는 안 되는 주요 흐름을 정리하면 다음과 같다.

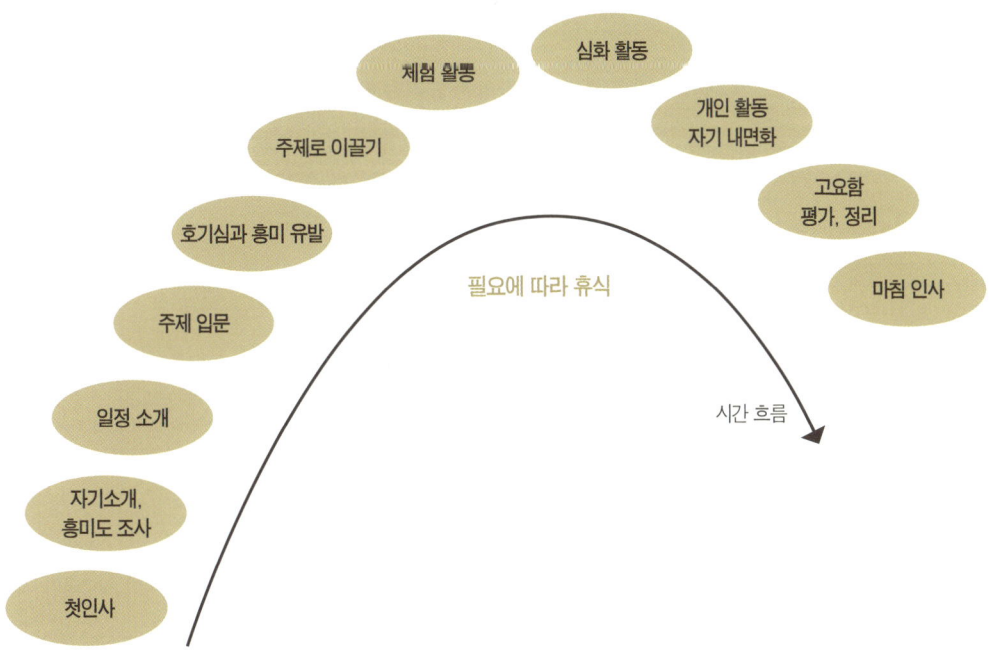

생태 체험 교육의 흐름도 : 무지개 이론

첫인사 — 교육생들과 교육자가 첫인상을 주고받는 단계로, 교육자의 첫인상은 교육생들에게 선입관을 주어 교육에도 큰 영향을 미친다. 따라서 교육자가 먼저 친근하게 다가가는 것이 좋다.

자기소개, 흥미도 조사 — 전체 원을 이루어 교육생들과 교육자가 얼굴을 마주하고 자기소개를 하며, 교육에서 바라는 것이나 자신의 관심사에 대해서 이야기한다. 이때 교육생들이 서로 이름을 알 수 있는 간단한 활동을 진행하는 것도 좋다.

일정 소개 — 교육생들은 오늘 하루 자신이 활동할 공간이나 프로그램에 대해서 궁금해한다. 간략한 정보를 제공함으로써 안정감을 주고 문제에 대비할 수 있는 여유를 주는 것이다. 이때는 자세한 설명보다 전체적인 진행 과정이나 소요 시간, 장소 등을 알려준다.

주제 입문 — 주요 활동을 시작하기 전에 그와 관련된 간단한 놀이를 진행하여 교육생들의 마음을 풀어줄 수 있다. 이때 너무 어려운 과제나 큰 동작은 피하고, 단순하지만 웃음을 줄 수 있으며 주제를 암시하는 놀이를 선택하는 것이 좋다.

호기심과 흥미 유발 — 호기심과 흥미는 교육 효과를 높이는 가장 중요한 수단이다. 특히 아이들의 관심을 끌지 못하면 교육에 집중시키기 어렵고, 이는 전체적인 흐름에도 영향을 미친다.

주제로 이끌기 — 교육생들이 외적으로나 내적으로 준비가 되었으면 이제 핵심 주제로 다가가는 과정을 밟아야 한다. 스스로 체험 활동을 하기 전에 관련된 이야기를 들려준다거나 간단한 지식을 전달하는 등 주제를 뒷받침하는 작업이 선행될 수 있다.

체험 활동 — 가장 활동량이 많은 시간으로, 무엇보다도 스스로 체험하는 과정이 선행되어야 한다. 이 단계에는 심화(좀더 깊이 있는 내용으로 들어감), 개인 활동(스스로 활동 가능), 휴식(조용한 시간), 평가(사고의 정리, 평가), 돌아봄(종결, 돌아보기), 마침 인사 등이 포함된다.

위와 같은 교육 과정의 흐름은 오랜 경험을 통해 형성된 틀이며, 현장 상황과 교육 목적에 따라 달라질 수 있다.

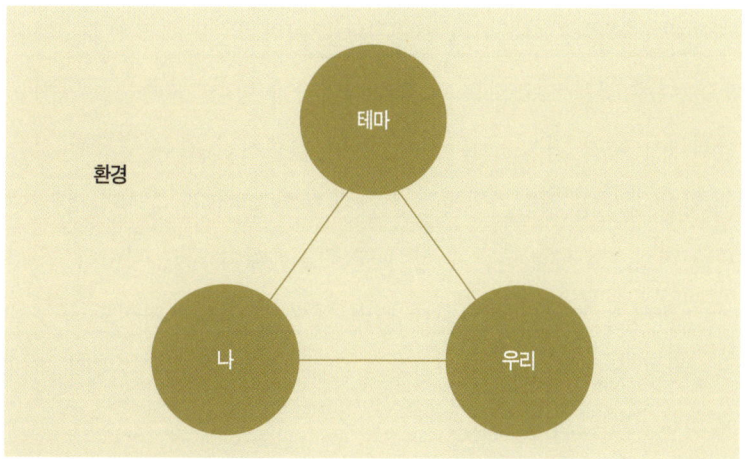

생태 교육 프로젝트의 구성 요소

4
생태 체험 교육의 기초 설계

어느 분야나 마찬가지겠지만 생태 체험 교육 또한 철저한 계획이 필요하다. 답사를 통해 무엇을 중점적으로 다룰 것인지 구상하고 구체적인 계획에 들어가야 한다. 선 그리기와 공간 구성법을 배웠으면 이제 집을 설계하는 단계로 넘어가야 한다. 교육을 설계하는 단계에서 여러 가지 중요한 요소들이 있겠지만 가장 중요한 것은 '무엇을 전달할 것인가?'라는 질문에 대한 답이다. 즉 핵심적인 주제를 바탕으로 수많은 가능성이 열리도록 해야 하는 것이다. 주제가 명확하지 않거나 산만하게 널려 있으면 교육자 자신도 무엇을 전달하려 했는지 망각하는 경우가 있다. 먼저 교육의 주제를 정하기 위한 기획회의를 해보자.

🌿 **아이디어 모으기(브레인스토밍)** | 아이디어 회의는 여러 가지 방법으로 진행될 수 있다. 개인이나 함께하는 그룹의 특성에 따라 진행 공간이나 방식 자체가 달라지기 때문이다. 대체로 신선하고 기발한 아이디어는 자유롭고 밝은 분위기에서 많이 제안된다. 또 여러 번 회의에 참가하다 보면 자연스럽게 그 방식을 익힐 수 있다. 여기서도 체험이 중요한 것이다. 좋은 아이디어를 낼 수 있는 방법은 다양하지만 여기서는 한 가지 방식을 소개하고자 한다. 혼자 교육을 진

다양한 생명들이 모여 숲을 이루듯 다양한 아이디어들이 모여 훌륭한 교육을 만들어낼 수 있다. 독일 흑림.

행하는 경우 모든 것을 스스로 생각하고 결정해야 하므로 언급하지 않는다.

교육에 대한 아이디어를 모으는 단계는 아직 뚜렷한 틀이 잡히지 않은 시작 단계다. 수없이 많이 갈라진 길 가운데 첫째로 커다란 방향을 선택하는 과정이라 할 수 있다. 따라서 첫 회의에는 교육을 진행하는 모든 이들이 함께 참가하는 것이 좋다. 함께하는 이들은 반드시 공감대를 형성해야 하기 때문이다. 공간은 익숙하거나 새로운 곳 등 회의에 참가하는 이들의 상황에 따라 결정하면 된다. 물론 밝고 편안한 분위기를 만들 수 있는 공간이어야 한다는 것을 잊어서는 안 된다.

아이디어 회의에서 중요한 것은 모두 같은 입장에서 자신의 의견을 내놓을 수 있어야 한다는 점이다. 물론 회의를 진행하는 사람이 필요한 경우도 있지만, 진행자의 역할은 시간을 조절하거나 의견 충돌을 중재하는 정도다. 회의 참가자들은 되도록 둥그렇게 앉아 서로 얼굴을 바라보고 목소리를 들을 수 있는 것이 좋다. 진행자는 메모지를 나눠주고 각자 이번 교육에서 전달하고자 하는 것들을 적게 한다. 의견은 하나가 되어도 좋고 여러 가지가 되어도 상관없으나 너무 많은 의견은 시간 관계상 어려울 수 있으므로 몇 가지 정도로 제한하는 것이 바람직하다.

또 너무 긴 문장보다는 한두 개의 단어로 간단하게 표현하는 것이 좋다. 예를 들면, '숲과 예술' '숲 산책하기' '숲의 다양함' '캠핑하기' 등 간단한 표현이 또 다른 아이디어를 낳을 수 있다. 그 자리에서 아이디어를 생각해서 제안하기는 쉽지 않은 일이다. 따라서 아이디어 회의에 대한 공지가 나가면 자신의 생각을 정리한 뒤 회의에 참가하는 것이 좋다. 물론 미처 생각을 정리하지 못한 사람이나 아이디어가 전혀 떠오르지 않는 이들이 있음을 고려해야 한다. 이러한 경우 회의 전에 생각할 기회를 줄 수도 있다. 주변을 산책한다거나 가벼운 이야기를 나누는 등 스스로 회의에 대한 준비를 할 수 있도록 돕는다.

모두 의견을 적고 나면 진행자는 큰 소리로 내용을 읽거나 칠판 등에 적는다. 다른 이들의 의견은 어떤 것들이 있는지 파악하는 것이 중요하기 때문이다. 중복되는 내용이 나오면 비슷한 것들끼리 분류해서 모아두는 것도 좋다. 한 가지 의견에 많은 이들이 동의했다는 것은 그만큼 회의 시간을 줄일 수 있다는 신호가 된다.

이제 각각의 내용에 대한 생각들을 끄집어내는 단계다. 각각의 의견을 하나씩 살펴보며 거기에서 연상되는 모든 것들을 생각해내는 것이다. 예를 들면 '숲과 예술'이라는 주제를 놓고 연상되는 것들을 돌아가면서 표현한다. 숲에서 노래하기, 전시회, 춤추기, 연극하기, 조용함, 숲의 소리 듣기 등 '예술'이라는 단어가 주는 또 다른 단어들

아이디어 회의. 독일 자연학교.

이 많이 떠오를 것이다. 이것들을 모두 적어두고 다음 주제로 넘어가 같은 방식으로 떠오르는 것들을 모아본다. 이때 주의할 것은 누가 어떤 단어를 이야기해도—설사 그것이 너무나 엉뚱하다고 느껴지더라도—비웃는다거나 무시하는 발언을 해서는 안 된다. 아이디어 회의는 모두 의견을 내놓는 자리지 그것에 대하여 옳고 그름을 판단하는 자리가 아니다. 또 엉뚱한 의견에서 뜻밖에 독창적이고 새로운 것들을 발견할 수 있다.

핵심 주제로 나아가기 | 이제 우리 앞에는 수많은 아이디어들이 놓여 있다. 위의 방식으로 모든 내용을 다 함께 검토하다 보면 그 가운데 비슷한 단어들이 많이 도출되는 것을 발견할 수 있다. 핵심 단어는 전혀 다른 내용이었으나 거기에서 파생된 단어들이 비슷한 경우가 있는가 하면, 전혀 다른 아이디어들만 제안되는 경우도 있다. 모든 경우 나름대로 긍정적으로 발전시킬 가능성이 있으므로 조금씩 주제에 가까워지고 있다는 사실에 기뻐하기 바란다.

아이디어를 내는 것은 쉬운 일이 아니다. 무엇보다도 집중력이 필요하며, 장시간으로 이어질 경우 체력적인 소모도 예상해야 한다. 중간에 휴식 시간을 갖고 새로운 분위기를 만들며 참가자들이 지치지 않도록 독려하는 것이 진행자의 역할이다. 회의를 놀이처럼 진행하는 것도 좋다. 연상되는 단어들을 나열하거나 비슷한 내용들을 모으는 놀이는 정적인 회의를 동적으로 만들어주는 촉진제가 된다. 비슷한 내용들을 모으다 보면 어떤 내용에 많은 이들이 공감하는지 자연스럽게 드러난다. 이 과정에서도 자신의 의사 표시를 소홀히 해서는 안 된다.

회의 중간에도 간단한 자연놀이를 진행한다. 독일 자연학교.

교육은 모두 함께 만들어가는 것이며, 나도 그 가운데 큰 부분을 차지하고 있다는 의무감을 가지고 임해야 한다. 다수의 의견에 따라 핵심 주제를 정하는 방법도 있지만 이 방법이 항상 옳은 것은 아니다. 소수의 의견이라도 무시할 수 없는 경우가 많으며, 이러한 경우 작은 충돌이 생길 수 있으나 최대한 참가자들의 의견을 수렴하도록 노력한다. 의견을 조정하는 방법도 여러 가지가 있다. 예를 들어 정반대 의견이 아니라면 오전과 오후 교육의 주제를 나눠 두 가지 의견을 조합할 수도 있다.

체험 교육을 준비하고 실행하는 것은 결코 쉬운 일이 아니다. 교육을 진행하는 숲은 계절이나 시간, 날씨에 따라 다양하게 변하기 때문이다. 이는 준비 과정부터 혹은 숲이 다양한 만큼 전달하고자 하는 내용이 너무 많아서 무엇을 핵심적으로 전달해야 하는지 혼선이 일어날 수 있다. 이러한 경우 명확한 주제를 가지고 현장 교육이 진행되기 어려우며, 이는 교육생들의 흥미와 참여도를 저해하는 변수가 될 수 있다. 따라서 숲에서 교육을 진행하기 위해서는 여러 차례 현장 답사를 통해 다양한 시각으로 바라볼 수 있도록 시야를 넓히는 것이 중요하다.

명확하고 간단한 주제를 가지고 교육에 임하는 데 현장 교육의 성공 여부가 달려 있다 해도 과언이 아니다. 적은 것이 때로는 더 많은 것을 함축할 수 있기 때문이다. 특히 교육생이 학생일 경우 학교 수업 내용을 보충해준다는 욕심을 버려야 한다. 현장 체험을 통해 학생들 스스로 학교 수업 내용과 연관성을 찾도록 도와주는 방법을 강구해야 현장 교육의 특수성이 살아날 수 있다.

내용 정리하기 | 핵심 주제가 정해졌다면 이제 좀더 쉽고 가볍게 나갈 수 있다. 어디로 가야 할지 방향이 정해졌으므로 어떻게 가야 할지 정하면 되는 것이다. 이 단계에서는 교육에 필요한 모든 것들을 생각해보고, 거기에 대한 의견을 나누고 결정하는 일이 남았다. 회의 중에 고려하여 결정할 사항들은 다음과 같다.

— 교육자 이름 : 누가 교육할 것인가?
— 프로젝트의 제목과 주제 : 무엇을 교육할 것인가?
— 프로젝트를 진행할 날짜와 시간 : 언제 교육할 것인가?
— 프로젝트를 진행할 장소 : 어디서 교육을 할 것인가?
— 프로젝트의 대상 : 누구를 교육할 것인가?
— 도움자 혹은 함께 일하는 단체 : 누구와 함께 교육할 것인가?
— 교육 대상자를 모으는 법 : 어떻게 교육을 알릴 것인가?
— 프로젝트에 필요한 기타 요소들

이 과정에서는 위의 내용 외에도 필요하다고 생각되는 모든 내용을 자유롭게 이야기할 수 있다. 그러나 모든 것들을 한꺼번에 결정하려고 무리하게 진행을 해서는 안 된다. 우선적으로 결정해야 할 것들과 차후에 결정해도 되는 것들을 구분하여 교육을 시작하기도 전에 지치는 일이 없도록 주의한다.

예산 짜기 | 교육은 상업적 목적으로 진행되어서는 안 된다. 그러나 아무리 좋은 교육이라도 금전적인 문제가 발생한다면 지속적으로 진행될 수 없으며, 더 나은 교육을 위해서는 투자가 불가피하다. 따라서 금전에 대한 문제는 교육의 목적과 별개로 늘 고려되어야 한다. 교육을 통해 많은 이윤을 창출하려는 목적이 아닌 소모되는 에너지에 대한 보상이 있어야 하기 때문이다. 생태 교육을 진행하기 전에 반드시 필요한 과정이 바로 예산을 잡아보는 것이다.

예산은 수입과 지출 두 가지 부분으로 구성된다. 교육자는 우선 수입 항목과 지출 항목에는 어떤 것들이 있는지 생각해보고 예상되는 금액을 적어본다. 물론 예산에서는 정확한 금액을 산출하기 어려울 수 있으나 현 시세와 교육에 필요한 항목들을 되도록 정확하고 사실적으로 나열하여 최대한 현실성 있게 예측하려는 노력이 필요하다. 1회 교육에서 예상되는 수입과 지출 항목은 다음과 같으며, 항목은 상황에 따라 추가될 수 있다.

예산은 현실 감각을 익히고 적자가 나지 않도록 하기 위해 꼭 필

수입·지출 항목의 사례

수입 항목	지출 항목
참가비 보조비(혹은 스폰서비)	숙박비 식비 재료비, 물품비 광고비 기타 지출비(우편료, 전화비 등) 인건비 교통비

요하기도 하지만, 예산을 작성하는 것 자체가 교육을 기획하는 데 도움이 될 수 있다. 예를 들어 숙박비를 예측하기 위해서는 숙박 장소를 알아보는 과정과 현장 답사 이외에 담당자와 협의가 필요하고, 재료비를 측정하기 위해서는 각 프로그램에 필요한 재료들을 검토하는 과정이 필요하다. 또 교육에 필요한 금액에 따라 참가비가 결정되며, 수입과 지출의 균형과 교육생들의 선택 사이에서 교육 내용의 전반적인 틀이 잡히기도 한다. 교육 이전에 반드시 예산을 집행해봐야 하는 것도 이 때문이다. 명심할 것은 지출 합계는 수입 합계보다 적어야 한다는 점이다.

교육 대상자 신청 접수 | 교육은 교육자가 제공하는 것이지만 교육생의 의지 없이는 진행될 수 없다. 따라서 교육은 쌍방향적인 요구에 의해 성립되며, 누가 먼저 의지를 드러내느냐에 따라 순서

가 달라진다.

우선 교육 대상이 교육을 의뢰하는 경우를 알아보자.

생태 체험 교육에서 중요한 요소 가운데 하나는 바로 '대상 파악'이다. 대상에 따라서 교육 방식이나 내용이 달라지기 때문이다. 첫 단계인 신청 접수부터 대상을 파악해두면 앞으로 진행할 교육에 대한 방향이 더욱 구체적으로 잡힌다. 누가, 언제, 어디서, 왜 생태 체험 교육을 원하며, 그들이 구체적으로 바라는 사항들이 무엇인지 파악하는 것은 교육을 준비하는 데 기본이 되며, 현장에서 직접 교육 대상을 접했을 때 대상을 파악하는 데도 효과적이다.

신청 접수는 전화와 방문 상담으로 가능하며, 이메일을 이용하거나 신청 접수 양식을 작성하면 된다. 교육 신청을 접수할 때는 다음 사항들에 유의한다.

— 교육 대상 파악 : 교육 의뢰자는 누구인가?
— 교육 목적 설정 : 왜 교육을 원하는가?
— 교육 방법 결정 : 교육 의뢰자가 구체적으로 원하는 교육 방법이 있는가?

공문 사례 1

○○○님께

숲연구소와 함께하는 '숲 체험 교실' 기획안

1. 일시 : 2005년 7월 30일 금요일 오후 2~5시
2. 장소 : 청도 운문산 자연휴양림
3. 대상 : 초등학교 4~6학년 50명
4. 체험 교육 일정의 예

시간	구분	가능한 세부 프로그램	
13:00 ~ 15:00	숲과 친구 되기	집합, 출석 체크	정리, 모둠 나누기
		서로 인사해요!	숲과 인사하기
		나는 누구일까요?	숲에 사는 생물들 알아보기
		숲 도감 만들기	나무를 관찰하는 방법과 나무에 대한 설명, 나뭇잎 비교하기
		누가 누가 멀리 뛰나!	한 발 뛰기 놀이
		숲속 보물찾기	숲에서 찾은 보물은 무엇일까?
		나무토막 퍼즐	나무토막 퍼즐
		메모리 게임	메모리 카드 놀이
		숲속 색깔놀이	숲에는 몇 가지 색깔이 있을까?
	뒷정리	하산하기	정리하기

※ 세부 프로그램은 현장 사정과 교육 대상에 따라 실제 진행 과정에서 순서와 내용이 변경될 수 있습니다.

5. 교육비 예산 내역

참가비 15,000원(50명 기준)

항목	단위 가격	단위수	단위	계	참고
강사비	200,000	2	명	400,000	전문 강사진
기획비	200,000	1	회	200,000	
진행비	100,000	1	회	100,000	
교구 준비비	50,000	1	회	50,000	
합계				750,000	15,000원(1명)

6. 연락처 : 숲연구소 ○○○ 실장(02-○○○-○○○○)

공문 사례 2

○○○ 실장님께

숲연구소와 함께하는 '숲 생태 교사 연수' 기획안

1. 일시 : 2005년 11월 30일 화요일 오전 11시~오후 3시
2. 장소 : 춘천 자연휴양림
3. 대상 : 시니어클럽 숲해설가 20~30명
4. 강의 주제와 일정

시간	구분	가능한 세부 프로그램	
10:00~12:00	이론 강의	숲 체험 교육 - 아이들에게 필요한 것은 '체험'이다! 숲 체험 교육의 기획 과정	
12:00~13:00	식사	점심식사, 이동	
13:00 ~ 15:00	현장 강의	서로 인사해요!	숲에서 아이들을 만났을 때 숲과 인사하기, 서로 인사하기, 모둠 나누기
		에코 팩 소개	숲 교육에서 활용 가능한 교구 소개
		숲속 모양 찾기	숲에 숨어 있는 모양은?
		다 함께 으싸! 으싸!	협동 프로그램
		누가 누가 멀리 뛰나!	멀리뛰기 놀이
		나무를 바꿔라!	나무 체험하기
		나무토막 퍼즐	나무토막 퍼즐
		메모리 게임	메모리 카드 놀이
		숲속 색깔놀이	숲에는 몇 가지 색깔이 있을까?
	뒷정리	하산하기	정리하기

※세부 프로그램은 하나의 예시로 제안한 것일 뿐, 현장 사정과 교육 대상에 따라 실제 진행 과정에서 순서와 내용이 변경될 수 있습니다. 더욱 많은 프로그램 소개도 가능합니다. 유의하시기 바랍니다.

5. 교육비 예산 내역

(교육생 20~30명 기준)

강사료	주강사 / 보조강사	800,000 / 400,000	
기념품 증정	에코 팩 1종	290,000	교육 후 증정
차량 이동 경비	주유비, 도로이용료 등	100,000	
합계		1,590,000	

※참고 : 교육생이 20~30명일 경우 교육비는 같습니다. 교육생이 20명 미만이거나 30명 이상일 경우 다시 한번 연락 부탁드립니다.

6. 연락처 : 숲연구소 ○○○ 실장(02-○○○-○○○○)

신청 접수 양식

생태 체험 교육 신청 양식			접수자/담당자	
교육 신청자	이름		소속, 약력	
	전화		이메일	
교육 일시	날짜		시간	
교육 장소	희망하는 곳		확정 장소	
교육생	참가 인원		성비	남 ( )명 / 여 ( )명
	연령	( )세 ( )명 / ( )세 ( )명 / ( )세 ( )명 / ( )세 ( )명		
	종전 교육 참가 여부	참가한 적이 있다 ( )명 / 처음 참가한다 ( )명		
교육 목적	왜 숲 체험 교육을 원하십니까?			
교육 방법	구체적으로 원하는 방법이 있다면 적어주세요.			
교육비	교육비 책정	원(1명)	합계	원 (명)
	교육비 입금 계좌		확인란	

참가자 정보 수집 | 어떠한 성향의 교육생을 만날지 사전에 안다면 더욱 좋은 생태 체험 교육을 기대할 수 있다. 따라서 교육자는 교육생의 성향을 파악하고 그에 따른 리스트를 작성해두는 것이 필요하다. 예를 들면 연령에 따른 분류는 다음과 같은 중요한 정보가 숨어 있다.

유치원생들에게는 무엇보다도 감각과 관련한 체험 활동 위주의 현장 교육이 매우 효과적이다. 때문에 '내가 숲에서 무엇을 어떻게 체험할까?'라는 주제로 프로그램을 계획하는 것이 좋다. 그러나 초등학생들은 자연에서 일어나는 현상에 관심이 집중된다. 예를 들면 '곤충은 어떻게 추운 겨울을 나는가?' '나무도 우리처럼 숨을 쉴까?' 등에 대한 관심을 보이는 것이다.

반면 중·고등학생의 관심은 매우 다르다. 이들의 관심은 자신과 자연(생태)의 관련성에 집중되어 있다. 이들은 매우 이기적이고 이성에 많은 관심을 나타낸다. 따라서 막연히 체험하고 자연현상을 설명하는 것으로는 이들을 만족시킬 수 없다. 숲이 자신과 어떤 관계가 있는지, 이성에 관한 내용은 사람은 물론 나무나 초본에게도 일어나는 현상이란 사실을 발견하게 해주는 것이 무엇보다도 중요하다는 사실을 염두에 두고 프로그램을 구상해야 한다.

대상에 따라 접근하는 방법이 달라진다. 북한산.

생태 체험 교육을 원하는 사람은 누구인가?

종전의 학교 교육만으로는 아이들의 감성을 깨워줄 수 없다는 것을 깨닫는 이들이 늘어남에 따라 생태 교육에 대한 관심이 갈수록 급증하고 있다. 이 시대에 생태 체험 교육을 원하는 주된 사람은 교육 관련 일에 종사하는 이들이며, 아이들의 감성을 깨워주고 더 많은 것들을 체험하게 해주려는 이들이다. 교육 현장에서 아이들을 만나는 교사들, 과외수업으로 아이들을 가르치는 학원 선생들, 아이들과 자연에서 어떻게 놀아야 하는지 모르는 학부모들이 대부분이다.

이에 반해 아직까지 아이들 스스로 교육의 필요성을 느끼고 찾는 경우는 드물다. 그들에게는 교육을 선택할 기회가 적고, 정보의 양이 턱없이 부족하기 때문이다. 그러나 생태 교육에 참가해 본 아이들 가운데 대다수가 다시 한번 참가하고 싶다는 반응을 보인다. 그밖에도 가족 단위로 활동에 참가하는 경우나 학급 전체가 참가하는 경우도 있으며, 노인이나 장애우 등으로 그 영역이 확대되는 추세다.

교육생은 대부분 어린이들이지만 신청자는 학부모와 교사들이 주를 이룬다. 숲을 오감으로 느껴보는 놀이. 북한산.

광고와 모집하기 | 다음으로 교육자가 교육 대상을 미리 정해놓고 교육생을 모집하는 경우에 대해서 알아보자. 이러한 경우 가장 중요한 것은 내가 교육하고자 하는 대상을 분명하게 설정하고, 그 대상을 어디에서 어떻게 만날 수 있는지 파악하는 것이다. 여기서 대상을 설정하는 것은 교육자들이 회의를 통해 결정될 수 있는 사항이므로 길게 언급하지 않는다. 다만 대상에 대한 분명한 이해는

사전에 교육자가 알아두어야 할 사항이며, 앞에서 소개한 '교육 대상에 따른 구체적 접근법'(38~40쪽)을 참고하면 된다.

그렇다면 내가 진행하고자 하는 교육을 잘 알리고, 교육 대상을 효과적으로 모집하는 방법에는 어떠한 것들이 있을까? 이것은 일반적으로 '광고'라 일컫는 분야에 속하는 것으로, 여기서 교육은 상품이 되고 교육생들은 소비자가 되며 교육자는 자신의 상품을 소비자에게 알리고 참가하도록 유도하는 사람이다.

광고의 주된 목적은 상품을 판매하는 것이다. 소비자의 이목을 끌고 그들의 구미에 맞게 포장하여 지갑을 열도록 만드는 과정이므로, 소비자(교육생)의 성향을 파악하는 것이 중요하다. 그들이 원하는 것을 알아야 정확한 상품 판매 전략을 세울 수 있기 때문이다. '교육'을 상품화하여 시장에 내놓자는 것이 아니다. 다만 종전에 통용되는 개념을 익히고 그것을 잘 활용하면 좋은 교육을 보다 효과적으로 알리고 많은 이들에게 제공할 수 있을 것이다.

광고에는 어떤 것들이 있을까? 우리는 매일같이 수없이 많은 광고와 만나고 있다. TV나 라디오를 켜면 프로그램 사이에서 흘러나오고, 신문이나 잡지의 지면마다 넘쳐나며, 거리의 간판이나 버스에서도 볼 수 있다. 광고와 홍보 사례들을 정리해보면 다음과 같다.

— TV나 라디오 광고, 기사

— 신문·잡지 광고 : 기사(기자가 작성), **보도자료**(광고자가 작성)

— 플래카드, 간판 광고

— 브로슈어나 광고지, 안내지

— 인터넷, 웹사이트, 메일 광고

— 자동차, 자전거, 옷 등에 인쇄하기

— 전시회, 시연 : 실제로 체험하게 하거나 보여주기

— 공공 기관 등의 게시판 이용

— 전화 판매

— 입소문

— 무료 참가권이나 상품권 증정

— 공개 강좌

교육자는 위의 사례들 가운데 한 가지 혹은 여러 가지를 선택하여 광고할 수 있다. 대체로 광고는 많든 적든 비용이 필요하다. 특히 매체를 활용할 경우 많은 비용이 들며, 간단한 안내지를 만들어도 배포 인력과 인쇄 비용은 무시할 수 없다. 하지만 내가 준비한 교육에 보다 많은 이들이 관심을 가지고 참여할 수 있다는 것을 고려하면 적은 비용이라도 광고를 하는 것이 좋다. 또 교육이 한 번에 끝나는 것이 아니라 여러 번 진행되는 경우 다음 교육을 위해서 투자한다고 생각하고 최대한 많은 이들에게 알릴 수 있는 방법을 고안하는 것이 중요하다. 물론 광고 비용이 턱없이 비싸 교육비로 감당하기 어려운 상황이라면 다른 방안을 생각하는 것이 낫다. 항상 적정한 선을 찾아 그것을 유지하는 것이 중요하다.

광고하는 방법을 정하는 과정에서 고려할 것은 어디에 가면 내가

교육생 모집을 위한 대표적인 광고 방식

광고 방식 1 : 보도자료

매일 신문에 나는 수많은 기사들 중에는 기자들이 직접 취재해서 작성하는 것도 있지만, 보도자료를 통해 입수한 정보로 기사화되는 것도 있다. 이처럼 신문이나 잡지에 기사를 싣기 위해 정부 기관이나 정당, 기업체 등에서 언론에 제공하는 것을 '보도자료'라고 한다. 보도자료는 자료를 제공하는 사람이 작성하며, 특정한 사실이나 정보 등을 기사화하는 것이 목적이다. 보도자료를 통해 기사화된 광고는 일반 광고와 달리 대중에게 거부감을 덜 주기 때문에 때로는 직접 광고보다 효과적으로 작용할 수 있다. 그러다 보니 기자들은 매일 수없이 많은 보도자료를 받는다. 이윤을 목적으로 하지 않는 민간 단체나 각종 행사들은 그 의미를 살림과 동시에 많은 이들에게 정보를 제공할 수 있다는 점에서 보도자료를 많이 활용한다. 그러므로 수많은 보도자료들 가운데서 나의 정보가 살아남게 하기 위해서는 일정한 형식에 따라 작성하고, 정확한 정보를 효과적으로 제공하는 것이 중요하다.

광고 방식 2 : 광고지

일반적으로 많이 쓰이는 방법 가운데 하나가 바로 광고지를 만드는 것이다. 광고지는 상대적으로 적은 비용을 들여서 교육의 목적과 특성에 맞는 디자인과 내용을 담을 수 있다는 점에서 유용하다. 특히 내가 전달하고자 하는 내용을 마음껏 표현할 수 있기 때문에 각자의 개성을 살리면서 긍정적 이미지를 전달하는 방법이다. 그렇다고 무턱대고 생각나는 대로 광고지를 만들 수 있다는 것은 아니다. 광고지를 만드는 데도 효과적으로 표현하는 방법이 있으며, 그것은 평소에 다른 안내지를 유심히 관찰해보면 알 수 있다.

안내지를 만드는 데 있어서 가장 중요한 것은 컨셉트다. 알리고자 하는 것이 무엇인지, 그 대상이 누구인지 파악하는 것은 광고 방식에 상관없이 가장 기본적이고 중요한 내용이며, 그것에 따라 안내지의 분위기와 내용이 달라진다. 또 광고지는 많은 정보를 제공하기보다는 중요한 것들을 명확하게 표현하는 것이 중요하다. 사람들은 대부분 광고지가 주는 첫 이미지를 보고 계속 읽을지 여부를 판단한다. 텍스트가 많거나 복잡해 보이는 디자인 등은 읽기도 전에 피곤함을 느끼게 하며, 금방 지루하게 만든다. 따라서 광고지는 중요한 것이 한눈에 들어올 수 있도록 너무 복잡하지 않은 디자인이 포인트다. 광고지의 표지나 중앙에는 관심을 끄는 것이 배치되어야 하며, 이때 문장보다는 사진이나 그림이 훨씬 더 빨리 두뇌에 인식된다.

광고지를 만드는 것만큼 중요한 것이 바로 광고지를 전달하는 것이다. 광고지를 전달하는 방법에도 수없이 많은 경우의 수가 있다. 그러나 가장 중요한 것은 어디에 가면 나의 소비자를 찾을 수 있는지 정확하게 파악하여 그곳에 광고지가 배부되도록 해야 한다는 것이다.

원하는 대상을 정확하게 만날 수 있느냐는 것이다. 예를 들어 유아를 대상으로 교육하고자 한다면 중·고등학교보다는 유치원을 상대로 광고를 하는 것이 좋다. 물론 보다 많은 이들에게 알리면 좋겠지만 그만큼 비용이 추가된다는 사실을 잊어서는 안 된다. 이때 주의할 것은 교육생과 교육 의뢰자가 같지 않을 수 있다는 점이다. 유아의 경우 그들이 아무리 교육을 원한다고 해도 '생태 교육'이라는 단어조차 이해하지 못하는 경우가 대부분이므로 부모의 동의나 의지가 없으면 신청하기 어렵다. 따라서 교육생은 유아나 초등학생이라 해도 교육을 직접 선택하고 신청할 수 있는 학부모나 교사를 대상으로 광고하는 것이 더욱 효과적이다. 이 정도로 대상과 방법이 좁아지면 이제 실행하는 일만 남았다.

5
성공적인 생태 체험 교육을 위한 11단계 실전 전략

1단계 : 생태 체험 교육자의 구성 | 강사진은 사전에 구성되는 경우와 사후에 구성되는 경우로 구분될 수 있다. 사전에 구성되는 경우는 강사진이 결정된 이후 그의 결정에 따라 교육 대상이 정해지는 것이고, 사후에 구성되는 경우는 교육 요청이 들어왔을 때 대상에 따라 강사진의 구성이 달라지는 것이다.

그렇다면 생태 체험 교육자는 누구인가? 체험 교육은 내용이 대부분 교육생들을 중심으로 진행되지만, 선두에서 교육을 이끌어가는 사람은 바로 교육자(강사)다. 따라서 교육자는 교육의 전반적인 사항들을 모두 파악하고 있어야 함은 물론이고, 교육생을 직접 대하고 교육을 진행함에 있어서 가장 바탕이 되는 교육 철학과 더불어, 교육의 목표와 각 단위 프로그램들의 연관성을 간과해선 안 된다. 생태 체험 교육자가 교육을 준비하면서부터 마칠 때까지 항상 염두에 둬야 할 사항은 다음과 같다.

— 교육 대상 파악 : 교육생들의 주변 환경, 감정 상태, 원하는 것들까지.
— 교육 현장 파악 : 현장의 자세한 사항에서 교육 당일 날씨 파악까지.
— 교육의 목적 : 왜 생태 체험 교육을 하는가? 무엇을 전달하고자 하는가?
— 교육의 방법 : 어떻게 교육할 것인가? 효과적이고 적절한 방법은 무엇인가?

강사진은 다양한 경로를 통하여 모집될 수 있다. 주도적으로 진행하는 사람이 필요한 만큼 보조강사들을 모집할 수도 있고, 진행자들의 합의하에 주강사가 뽑히거나 자신의 역할들을 나눠 진행할 수도 있다.

생태 체험 교육은 말 그대로 교육생들에게 직접 자연을 체험할 기회를 주어야 하므로 다수가 동시에 활동하기는 어렵다. 교육은 대부분 작은 모둠으로 나뉘어 진행된다. 한 모둠은 10~15명이 적당하며, 모둠별로 주강사 한 명과 보조강사와 진행자 한 명이 팀을 이루는 것이 좋다. 물론 상황에 따라서 혼자 20명 이상을 교육해야 하는 경우도 있겠지만, 이러한 상황에서는 교육적 효과를 기대하기 어려우므로 피한다.

소수의 인원으로 구성된 모둠에서는 좀더 개인적인 체험이 가능하다. 나무카드 퍼즐을 맞추는 모둠. 불암산.

주강사 — 주강사는 현장 답사부터 교육 진행, 정리까지 교육을 책임지고 총괄하는 사람을 말한다. 주강사는 최소한 교육 일주일 전에는 현장 답사를 다녀와야 하며, 프로그램 기획회의를 주재하고, 교구와 교재 준비 상황을 점검하며, 보조강사나 진행자들과 수시로 연락해서 교육의 전반 사항들을 확인한다. 뿐만 아니라 교육이 끝난 후 평가회의를 주재하고, 평가 내용을 정리하여 다음 교육에 반영할 수 있도록 한다.

보조강사와 진행자 — 보조강사와 진행자는 답사에서 교육 진행, 정리까지 주강사와 함께 교육을 진행하는 사람을 말한다. 이들 역시 최소한 교육 일주일 전에는 현장 답사를 다녀와야 하고, 프로그램 기획회의에 참가해야 하며, 교구와 교재를 구체적으로 준비하여 교육이 원활히 진행될 수 있도록 돕는다. 또 교육 예산을 집행하고 결산하는 등 세세한 업무를 맡는다. 교육 당일에는 주강사를 보조하여 교육을 진행하고, 교육 내용을 기록·촬영한다. 교육이 끝나면 교구와 교재를 정리하고, 평가회의에 참가하며, 기록지를 작성하여 다음 교육에 반영할 수 있도록 한다.

2단계 : 현장 답사 | 생태 체험 교육에 있어서 현장 답사는 반드시 필요한 사항이다. '자연'이라는 공간은 실내와 달리 계절과 시간에 따라 매우 다양하게 변하며, 현장 상황에 따라서 교육 내용이

달라질 수 있기 때문이다. 따라서 아무리 잘 아는 현장이라 해도 답사는 필수적이며, 현장 답사를 통해 활동 프로그램을 기획하고 준비하는 것이야말로 안정적이고 현장 교육을 성공적으로 수행할 수 있는 밑그림이 될 뿐 아니라, 현장에서 교육을 담당하는 사람이 심리적 안정과 자신감을 가질 수 있는 유일한 수단이다. 또 교육자는 교육생들의 안전과 현장 교육의 성공을 위해서도 교육 현장에 대해서 누구보다 완벽한 그림을 머릿속에 가지고 있어야 한다. 교육의 목적이 정해져 있을 경우, 목적에 맞는 현장을 찾기 위해 여러 곳을 방문하고 비교·분석해서 결정한다.

현장 답사의 3단계 체크 포인트

1. 현장 답사 전에 준비할 것

— 교육 대상을 파악한다

앞서 이야기한 바와 같이 교육 대상은 교육자가 정하는 경우와 신청 접수를 통하여 구성되는 경우가 있다. 두 경우 모두 답사 이전에 교육 대상이 확정되어야 하며 교육생 연령, 참가 인원, 종전 교육 참여 빈도, 교육 의뢰 시간, 교육 목적 등 교육생에 대한 전반적인 사항을 파악해야 한다.

— 교육 현장을 선정한다

교육 현장은 되도록 교육을 의뢰한 측에서 희망하는 지역으로 선정하고, 특별히 희망하는 현장이 지정되지 않았을 경우 교육생들의 거주지에서 가까운 곳을 선정하는 것이 좋다. 자신과 가까운 주변 환경을 체험하는 것은 생활 속에서 자연을 느끼도록 해주며, 그것이 삶의 변화를 유도하는 동기가 되기 때문이다. 목적에 따라 특별한 교육 현장이 선정될 수 있다.

— 현장에 대한 사전 정보와 자료를 입수한다

교육 현장의 자연, 역사와 문화적 특성 등을 지도나 책자를 통해 정리한다.

— 교육 목적에 적합한 내용들을 대략적으로 설정한다

주제와 같이 특별히 강조할 점들을 대상의 수준과 교육 목적에 맞춰 구상한다.

2. 현장 답사할 때 준비할 것

필기도구, 답사 장소에 대한 지도와 정보, 식물도감 정도는 지참하는 것이 좋다. 답사의 전반적인 내용을 꼼꼼히 기록하는 것은 물론이고, 현장을 스케치하거나 촬영할 수 있으면 더욱 도움이 된다. 현장 답사를 할 때는 다음 사항들을 염두에 둬야 한다.

— 교육 현장은 어떤 곳인가?

— 교육생들이 찾아오는 데 문제는 없을까?
— 교육 현장의 문화·역사·자연 환경적인 특징은 무엇인가?
— 교육생들에게 교육 현장을 어떻게 소개할 것인가?
— 전체적인 숲의 모습과 지형은 어떤가?
— 세부적으로 어떠한 수목과 초본류, 동물들이 살고 있는가?
— 현장의 특수성은 어떠한 것이 있는가? (자연 환경, 역사, 문화 등에 대한 긍정적·부정적 사실을 모두 포함)
— 체험 교육이 실시되는 보행로는 얼마나 되는가?
— 주변에 사람이 많아 교육에 지장을 받지는 않는가?

교육자는 교육 장소를 따라 가면서 육안으로 관찰되는 수종들을 파악하고, 작은 들풀들을 관찰하면서 현장 점검을 한다. 전체적으로 유난히 눈에 많이 띄는 수종과 들풀, 특정한 장소에 많이 분포하는 수종과 들풀들을 정리하고, 왜 그런 현상들이 나타나는지 생각해본다. 그것은 자연적인 환경 조건 때문일 수도 있고, 인위적으로 조성된

현장 지형의 세부도. 인왕산.

것일 수도 있다. 지형에 따라 식생을 분명하게 구분 지을 수 있는 경우가 많은데, 습한 곳과 건조한 곳, 북사면과 남사면에 따라 식생은 다르게 나타낸다. 계속해서 조사를 하다 보면 해발고도에 따른 식생의 변화를 관찰할 수 있고, 모암母巖에 따라 식물상이 달라지는 것도 발견할 수 있다. 현장 답사 기록지를 작성하며 세세한 부분까지 답사하는 것이 좋다.

현장 답사 기록지 양식은 다음과 같다.

현장 답사 기록지

답사 일시	날짜		시간	
답사 장소	구체적인 장소명		기록자	
접근 방법 (교육장까지 가는 방법)	대중교통	버스, 지하철, 도보	자가용	주차 가능 여부, 주차료
답사 과정 (이동 경로)	각 지점명	답사 내용	프로그램 아이디어	참고 자료
자연 환경	식물상		동물상	
기타 사항	메모			

3. 현장 답사 후 작업할 것

현장 답사를 하고 나면 답사를 통해 얻은 정보를 정리하는 과정이 필요하다. 여러 명이 함께 답사했을 경우 각각의 기록들은 교육을 기획하는 단계에 있어서 기본적인 자료가 되므로 빠뜨리지 않도록 주의한다. 뿐만 아니라 회의를 통하여 기록들을 공유하는 작업이 필요하다.

현장 답사 후에는 교육 장소에 대하여 평가하는 시간을 갖는다. 생태 체험 교육은 현장에서 진행되는 교육이기 때문에 현장 상황이 중요한 요소로 작용한다. 따라서 참가 인원과 비교해보았을 때 체험 교육을 실행할 수 있는 장소로 적합한지 검토하는 작업이 필요하다. 교육장으로 적합하지 않다고 판단되면 어떻게 진행할 것인지 고민해야 한다. 장소가 적합하지 못하면 아무리 좋은 프로그램을 준비해도 교육생의 참여 의지를 저하시킬 수 있기 때문이다. 교육을 진행하기 불가능한 장소로 판단될 경우 교육 의뢰자와 장소를 조정하는 것까지 생각해야 한다.

3단계 : 생태 체험 교육 | 생태 체험 교육에 있어서 핵심이 되는 과정 가운데 하나가 바로 기획 단계다. 기획은 전체적인 흐름부터 작은 활동들까지 하나의 이야기를 쓰는 과정이라고 할 수 있다. 따라서 기획과 준비가 잘 되어야 현장에서 교육생들에게 주고자 하는 교육의 목적을 달성할 수 있다. 혼자서 교육을 진행하는 경우가 아니라면 일반적으로 기획회의를 거친다. 기획회의는 주강사와 보조강사를 비롯한 진행자 모두 참가해야 한다. 주강사는 회의를 진행하고 현장 답사를 통하여 얻은 자료들을 검토하면서 교육 목적에 얼마나 효과적으로 적용할 수 있는지 고려하여 주제에 접근하는 과정을 정리한다. 기획회의는 큰 주제부터 활동 프로그램 설정까지 세부적인 사항들을 정하고 공유하는 과정이다.

주제를 분명히 하라

교육의 발생 단계부터 주제가 설정되는 경우도 있으나, 기획 단계 전에 주제가 분명하게 드러나지 않는 경우도 많다. 주제가 명확하지 않은 경우에는 활동 프로그램을 기획하기 전에 주제를 분명히 하는 것이 좋다. 가장 큰 틀인 주제 안에서 세세한 단위 프로그램들이 나올 수 있고, 단위 프로그램들이 커다란 틀 안에서 연계성을 가지고 움직일 수 있기 때문이다. 주제를 선정하는 것은 교육의 방향을 선정하는 것과 같다. 주제 선정에 있어서 특별한 정답은 없다. 단지 가장 주의할 것은 그 내용들이 반드시 현장에서 확인 가능한 것들이어야 한다는 점이다. 교육자는 너무 많은 것을 전달하려는

동물원 프로그램인 '동물과 보내는 자유 시간'에 참가한 어린이들. 독일.

욕심을 버려야 한다. 현장에서 확인할 수 없는 내용을 교육하려는 것은 무의미하며, 단순히 많은 것을 전달하려다가 더 큰 것을 잃어버릴 수도 있다. 지금까지 주제가 드러나지 않았다고 해도 계절이나 교육 시간, 교육 장소의 자연 환경, 교육생들이 종전 교육에서 배운 내용들을 바탕으로 선정하면 된다.

독일 자연학교의 교육 주제 사례

- 아이들을 위한 체험의 날
- 겨울 숲으로 떠나는 여행
- 여성 – 힘 – 자연
- 봄의 신비로운 숲
- 봄 숲의 유치원
- 자연 체험 – 농촌학교
- 감성으로 체험하는 숲
- 오후에 체험하는 숲
- 모든 고양이는 밤에 회색이다
- 아이들과 자연에서 함께하는 하루

- 자연 교육적 활동의 날
- 컴퓨터와 자연 체험
- 들판, 숲, 초지 산책
- 불가 주변에서
- 아이들과 자연 체험
- 가을 숲을 발견하는 여행
- 봄 숲의 새들
- 자연과 함께 그 안에서 체험하기
- 봄의 등산
- 숲에서 벌이는 생일잔치
- 자연 교육의 심화
- 우리는 숲을 알아가요
- 나는 인디언
- 정신지체아와 함께하는 자연 교육
- 숲을 통과하는 물의 여행

전체적인 흐름을 설정하라

생태 체험 교육을 성공적으로 이끌어나가는 지름길은 교육 의뢰자나 교육생들과 사전에 많은 이야기를 나누는 것이다. 교육의 성공 여부는 사람에 따라서 다르게 이해할 수 있으며, 교육자 본인이 만족할 만한 교육을 했다고 해도 교육생들이 만족하지 못한다면 문제가 생길 수 있기 때문이다. 그러므로 교육자와 교육생, 교육 의뢰자가 모두 만족할 수 있는 교육이 진행되려면 정확한 의사 소통이 필수다. 이 과정에서 주의할 점은 생태 체험 교육이 학교 교과 내용을 보충한다는 식의 접근을 피해야 한다는 것이다. 생태 체험 교육은 학과 내용을 이해하는 바탕을 마련해주는 계기라고 할 수 있는데, 교육생들이 생태 체험 교육을 과외수업이라고 느낀다면 즐거워야 할 교육이 또 다른 스트레스로 작용할 위험이 있다. 교육 의뢰자들이 이러한 사실을 인식할 수 있도록 정확히 설명해야 한다. 앞서 이야기한 바와 같이 생태 체험 교육의 흐름을 설정하는 것은 이야기의 줄거리를 쓰는 일과 같다. 주제를 선정했다면 그 주제에 따라 시간 순으로 어떠한 방향으로 나아갈 것인지 커다란 흐름을 잡아가야 한다. 여기에는 소설 기법 가운데 하나인 발단-전개-절정-결말의 4단계 흐름을 이용하는 것이 좋으며, 가장 핵심적인 내용이 어느 부분에 들어갈 것인지 선정하는 것이 중요하다. 앞에서 소개한 '생태 체험 교육 과정의 흐름'(127~129쪽)을 참고하여 실제로 설정해보자.

단위 프로그램을 개발하라

전체적인 흐름이 완성되었다면 답사 기록이나 스케치, 사진 등을 바탕으로 어느 지점에서 어떠한 교육을 할 것인지에 대한 단위 프로그램 개발에 들어간다. 기획회의에서 논의되고 개발된 프로그램들은 '단위 프로그램 기획서'의 양식에 따라 정리한다. 단위 프로그램들을 개발하기 전에 자유로운 분위기에서 아이디어 회의를 하면 더욱 다양한 프로그램들이 탄생할 수 있다. 아이디어는 뜻하지 않은 곳에서 나올 수 있기 때문이다. 주제 선정 단계에서 아이디어 회의를 거쳤다면 그 내용을 바탕으로 새로운 아이디어들을 창출할 수도 있다.

단위 프로그램 기획서

프로그램 제목		작성자	
		진행 시간	

프로그램 목표		대상	
		참가 인원	
		준비 사항	

프로그램 개요		프로그램 성향 분석	감성	관찰	실험 실습	토론	활동
			감성				
			관찰				
			실험 실습				
			토론				
			활동				

진행 방법	내용
시작	
진행	
마무리	
참고 자료	관련 문헌 참고 사항

숲 생태 탐방 참관 기록지

교육 일시		교육 장소	
교육 의뢰인		기록자	

세부 프로그램 참관 기록

일시	월 일 시 분 ~ 시 분		장소					
제목			방법	감성	관찰	실험 실습	토론	활동
학습 목표				감성				
				관찰				
				실험 실습				
준비물				토론				
				활동				

과정	내 용	참고
발단		
전개		
정리		
평가		

🌳 **4단계 : 자료집, 교구 제작** | 단위 프로그램들을 기획하는 과정에서 진행상 필요한 정보와 교구들이 드러날 것이다. 다음 단계에서는 이러한 자료들을 정리하고, 필요한 교재와 교구를 제작한다. 교육 중에 그림이나 표, 자세한 정보를 전달할 부분이 있다면 자료집을 제작하는 것이 효과적이다. 대상에 따라 많은 글이나 그림이 주가 되어 구성될 수 있으며, 자료집이 활동 프로그램에 적극적으로 활용될 수 있어야 한다는 것을 간과해선 안 된다.

나무토막 퍼즐 교구를 활용한 교육. 홍릉수목원.

교재나 교구를 제작할 때 염두에 둘 점은 되도록 환경 친화적인 제품을 사용해야 한다는 것이다. 체험 환경 교육의 궁극적인 목표는 '친환경적인 의식을 통해 친환경적으로 살아갈 수 있는 사회인을 배양하는 데 있다'는 것, 큰 실천은 반드시 작은 실천들이 모여 이뤄지는 것임을 명심해야 한다.

🌳 **5단계 : 시연, 리허설** | 단위 프로그램들이 기획되고 자료집과 교구가 제작되었다면, 각각의 사항들이 전체적인 흐름에 맞는지 확인하는 단계가 필요하다. 이것은 간단한 시연이나 리허설을 통해서 확인할 수 있다. 시연은 현장 상황을 예상하여 연습하는 과정이므로 실제 교육할 현장에서 진행한다면 최상이겠지만, 실내에서라도 간단하게 시연을 해보는 것과 그렇지 않은 것은 엄청나게 다르다. 교육자는 시연을 통하여 준비 사항들을 점검할 수 있고, 현장에서

뜻하지 않게 벌어질 수 있는 상황들에 적절히 대처할 방안을 미리 마련할 수 있다.

6단계 : 교육생과 만남 | 고민하고 준비하던 날들이 지나고 실제로 교육생들을 만날 시간이 왔다. 교육자는 교육 당일 교육생보다 먼저 현장에 가 있어야 한다. 여러 번 강조했듯이 자연이라는 현장 상황은 시시각각 변할 수 있으며, 교육생이 도착하기 전에 시설물 등을 설치해야 하기 때문이다. 아무리 꼼꼼히 확인했다고 해도 모자라는 부분이 생기게 마련이다. 실수를 줄이기 위해서라도 교육자는 항상 준비하는 사람이 되어야 한다.

교육생들이 도착하면 교육자는 반갑게 그들을 맞아들인다. 교육은 교육자와 교육생의 '관계' 안에서 이뤄지는 것이므로 편안한 분위기에서 진행되어야 교육 효과도 높다. 연령층이 어릴수록 좀더 가깝게 다가가는 것이 좋으며, 그들에게 긍정적인 첫인상을 심어줘야 한다. 한 사람씩 얼굴을 익혔으면 가장 먼저 교육이 진행될 지점으로 안내한다. 처음 모이는 지점은 전체 인원이 모이기 적당한 크기여야 하며, 모두 집중할 수 있을 정도로 조용해야 한다. 이때는 전체 원을 만들어 서로 얼굴을 바라볼 수 있도록 하며, 교육생 모두 소중한 존재임을 느끼도록 한다.

이 시점에서는 교육을 진행할 사람들을 공식적으로 소개하고, 교육생들의 간단한 자기소개와 함께 일정을 안내한다. 앞으로 어느

◀ 현장에 미리 교구를 배치해 두는 준비가 필요하다. 야생동물과 멀리뛰기.
▲ 교육은 원을 만들어 자기소개를 하면서 시작된다. 독일 자연학교

정도 걷는지, 길이 매우 험한지 아니면 쉽게 오를 수 있는 곳인지, 대략 몇 시면 이 교육이 끝날지 간단한 정보를 준다.

이때 활동 프로그램의 내용을 하나하나 구체적으로 설명하는 것은 좋지 않다. 현장 교육은 반드시 처음 계획한 내용대로 진행된다는 보장이 없으며, 미리 내용을 다 알고 나면 호기심을 유발하는 데 어려움이 있고, 놀라움이나 신비로움, 갑작스러운 재미의 요소들에 대한 흥미가 저하될 수 있기 때문이다. 자기소개를 할 때는 서로 이름을 알고 어색한 분위기에서 벗어날 수 있도록 놀이를 준비하는 것도 좋다.

7단계 : 시간에 따른 진행 | 첫째, 준비 단계다. 교육 하루 전날 전화나 메일로 만나는 장소와 시간을 명확하게 공지하는 것으로, 교육생들의 성향을 파악하는 데 도움이 된다. 이는 교육생이 시간이나 장소, 날짜를 착각하는 실수를 방지하고, 교육자가 얼마나 꼼

꼼하게 신경 쓰고 준비하며 관심을 갖고 있는지 교육생들에게 전달할 수 있다. 그리고 계획한 내용을 진행하기 위해 각종 필요한 준비물이나 교구들을 점검한다. 체험 교육이 진행되는 장소에 교육생들과 만나는 시간보다 빨리 도착해서 점검하는 노력이 필요하다.

둘째, 입문 단계다. 교육생들이 집합 장소에 모두 모였다면 먼저 교육자에 대한 소개와 더불어 교육생들이 간단하게 소개할 수 있는 프로그램을 진행한다. 소개가 끝나면 그날 진행할 내용을 간단히 설명한다. 이때 교육생들이 조금 긴장하고 기대할 만한 내용을 소개한다면 교육을 진행하는 데 많은 도움이 된다. 교육생들이 적극적인 자세로 참여할 수 있기 때문이다. 입문 단계에서는 주의와 주목을 끄는 활동이 필요하다.

셋째, 메인 단계다. 이번 교육을 통해 꼭 전달하고자 하는 활동을 하는 것으로, 준비한 테마와 활동에 집중해야 하는 단계라 할 수 있다. 물론 교육생들은 진행되는 상황이 입문 단계인지 메인 단계인지 알 필요가 없다. 전체 교육 활동이 끝나가면서 무엇을 전달하려 했는지 조금씩 파악할 수 있다면 그 교육은 성공한 것이다. 메인 단계에서 중요한 것은 교육생들이 함께 생각하고 체험하고 뭔가 발견해가는 프로그램으로 구성하는 것이다. 일방적인 설명이나 체험으로 이해를 구하는 식의 교육이 되어서는 안 된다. 그것은 현장 교육이 담고 있는 영역만으로 볼 수 없다. 메인 단계는 가장 집중할 수 있는 시간이므로 지식 전달이 꼭 필요하다면 가볍게 설명하는 것도 좋다. 특히 어린이들은 크기나 수에 대한 개념에 약하므로 항상 분

◀ 나무 소리를 듣는 어린이.
불암산.
▲ 공작놀이를 하는 어린이.
관악산.

명하고 정확하게 설명해야 한다. 예를 들어 1m²의 숲 토양을 설명한다면 준비한 줄이나 노끈으로 현장에서 확인시킨다. 또 감각 체험을 많이 하는 것이 좋다. 사전 준비가 되었다면 나무에서 나는 소리를 청진기로 듣거나, 새소리를 경청하거나 사물을 만지고 수집하는 등의 교육을 진행한다.

넷째, 정리 단계다. 교육생들과 그동안 체험하고 경험한 사실들을 정리하는 것으로, 사실상 모든 체험과 경험을 나눌 만한 시간적인 여유가 부족하고, 교육생들이 그만큼 인내하지 못하는 단계이기도 하다. 몇 시간 동안 함께 체험하고 경험한 후에는 육체적으로 많이 피로해지기 때문이다. 따라서 정리 단계는 분명하고 짧게 전달하며, 서로 체험한 것을 공유할 수 있도록 유도한다. 예를 들어 공동의 담화나 경험한 것을 논의할 수 있는 장을 마련한다거나, 혼자서도 충분히 숲을 탐구할 수 있다고 격려해준다. 그리고 교육자 스스로 교육을 평가하는 평가 단계가 남아 있다. 계획한 무엇이 잘 진행되었으며 무엇이 실패로 돌아갔는지, 계획한 대로 진행되지 않은 활동이 있다면 그 원인을 정확하게 분석해야 한다. 이것은 다음 교육을 위해 매우 중요한 과정이다.

물론 위와 같은 단계를 도식적으로 적용해서는 안 된다. 계획된 일정의 마지막에는 반드시 절정을 둔다. 인상 깊은 마지막은 현장 교육 전체에 효과적으로 작용하기 때문이다. 그리고 효과적인 결론을 내리도록 도와주고 실행할 수 있는 측면을 보여준다. 예를 들면 자동차 사용을 줄이는 것이 숲을 보호하는 한 가지 방법이란 것을 암시한다든지, 숲의 복합적인 연관성을 깨닫게 함으로써 숲이 하나의 생활 공동체란 것을 인식시킨다. 혹은 우리가 사용하는 제품들 중 환경에 반하는 물건들이 많은데, 우리의 의지만 있다면 충분히 친환경적인 목재 등으로 대체할 수 있다는 것을 알려준다. 더 많은 정보를 얻기 원한다면 각종 관련 사이트나 직접 활동할 수 있는 사회·환경 단체의 연락처를 주는 것도 바람직한 방법이다.

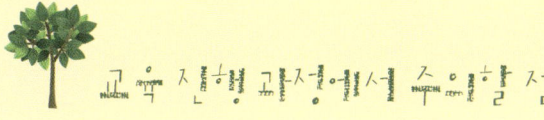
교육 진행 과정에서 주의할 점

1. 오감을 활용하여

생태 체험 교육은 '야외'라는 현장의 특성을 살려 교실에서는 할 수 없는 활동들로 구성해야 한다. 따라서 생태 체험 교육은 오감을 최대한 활용하여 직접 느끼고 체험할 수 있는 방법으로 진행한다. 교육생들이 자연을 눈으로 보고, 코로 냄새를 맡으며, 온몸으로 느끼도록 유도하는 것이 좋다.

2. 순발력을 발휘하여

생태 체험 교육은 현장에서 진행되다 보니 돌발 상황에 노출되어 있다. 심지어는 처음 계획한 것과 완전히 다른 방향으로 나갈 수도 있다. 따라서 교육자는 순간순간 일어나는 상황들을 잘 파악하여 그에 맞는 대처 방안을 모색하는 순발력이 필요하다. 이러한 경우 중요한 것은 체험 활동을 통하여 무엇을 주고자 하는지 확실히 알고, 그 안에서 중심을 잡고 진행해야 한다는 점이다. 전달하고자 하는 내용이 확고하다면 작은 실수들은 그다지 문제가 되지 않을 것이다.

3. 때로는 연기자처럼

생태 체험 교육은 교육생들이 중심이 되어 그들이 직접 체험하는 과정을 중요시하는 교육이다. 그러나 이것은 그들을 방관하며 내버려두는 것과는 전혀 다른 의미이며, 교육자가 그들을 이끌어가는 리더로서 역할을 바로 할 때 교육이 원활히 진행되고 교육을 통해 얻고자 하는 목적을 이룰 수 있다. 생태 체험 교육자에게 필요한 자질 중 가장 중요한 것도 리더로서 '자신감'이다. 100% 자신감이 없다고 해도 자신감이 있는 것처럼 연기할 수 있어야 한다. 교육생들은 언제나 교육자를 응시하고 있다. 비록 교육생이 전혀 집중하지 않는 것처럼 산만해 보일지라도 그들은 교육자의 행동을 하나하나 주시하고 있다는 사실을 잊어서는 안 된다. 교육자가 자신감 없이 우왕좌왕한다면 교육생들에게 믿음을 얻기 힘들고, 믿음이 없는 교육은 효과를 기대하기 어렵다.

4. 흥미를 유발하여

자연이라는 공간은 벽이나 문이 없는 교실이다. 따라서 실제로 현장에서 교육을 진행하다 보면 교육생들을 집중시키기가 쉽지 않다. 특히 호기심 많고 산만한 어린이들과 함께 교육을 진행하면 그들을 집중시키는 데 모든 에너지를 소모해 막상 전달하고자 하는 내용의 근처에도 가기 힘든 경우가 있다. 자연과 접할 기회가 없는 아이들일수록 주변에서 볼 수 없는 신기한 것들이 시도 때도 없이 등장하며, 이러한 경우 교육은 뒷전이고 자신이 원하는 것만을 하고자 한다. 이럴 때 필요한 것이 바로 흥미 유발이다. 교육생의 호기심을 자극할 수 있는 요소들을 발견하는 것 또한 교육자의 역할이다. 끊임없이 그들의 관심을 이끌어내도록 노력해야 하며, 그들이 다른 것에 관심을 보인다면 그 관심을 활용하여 또 다른 내용을 전달할 수 있어야 한다.

준비한 내용을 모두 전달하려는 욕심보다는 교육생들의 관심을 활용하여 깊이 있는 내용을 전달하는 것이 낫다. 그러나 교육에 있어서 흥미가 주가 되어서는 안 된다. 흥미를 유발하는 것은 다음 단계로 나아가기 위한 발판이지 흥미 자체가 목적이 될 수 없으며, 흥미만을 중요시하고 다음 단계로 이어지지 않는다면 그 역시 교육 목적을 달성하지 못하는 경우가 될 수 있다.

5. 교육생들의 수준에 맞게

생태 체험 교육의 기획 단계에서 전체적인 흐름을 설정할 때, 대상에 따라 수준을 달리하여 내용을 구성해야 한다는 것을 언급했다. 이것은 진행 단계에서도 마찬가지여서 교육생들의 수준에 따라 그들이 이해할 수 있는 계기를 마련해준다는 정도로 진행하는 것이 좋다. 아이들에게는 훌륭한 연설가보다 함께 놀아주는 선생님이 큰 영향을 미치며, 반대로 어른들과 함께 아무런 설명 없이 놀이만 진행하다 보면 공허함을 느낄 수 있다. 교육생들의 수준에 맞게 자연을 체험하고 알아갈 수 있는 기회를 마련하는 것이야말로 현장 교육의 역할이다.

8단계 : 생태 체험 교육 평가 | 교육이 끝나면 전체적인 평가 단계에 들어가야 한다. 평가 단계는 교육의 효과를 측정하는 데 효율적인 방법이 된다. 평가 단계에서 중요한 것은 대상에 맞는 평가 방식을 선택해야 한다는 점이며, 교육생들에게 일방적으로 평가를 요구해서는 안 된다. 평가서가 아무리 훌륭해도 평가하는 사람의 의지가 없다면 평가 내용이 엉뚱하게 나올 수 있기 때문이다. 정확한 평가를 위해서라도 평가 단계는 철저하게 계획되고 준비되어야 한다. 여기서는 교육생과 교육자가 평가하는 방법을 각각 소개한다.

교육생 평가 — 생태 체험 교육에서 가장 중심에 있는 사람은 바로 교육생들이다. 따라서 교육생들의 반응이야말로 교육자가 주의 깊게 관찰해야 할 사항이며, 교육자는 그들의 목소리를 귀담아들어야 한다. 교육생의 평가가 교육적 효과를 측정해볼 수 있는 바탕이 됨에도 불구하고 교육생 평가 단계를 그냥 지나치거나 교육자가 독단적으로 판단하는 경우가 대부분이다. 이처럼 평가 단계를 생략할 경우 교육자는 자신의 교육 방식을 되돌아볼 기회를 잃고, 다음 교육을 기획할 때도 오류를 범할 수 있다. 교육자는 평가를 통해 자신의 문제점이나 개선 방향을 찾을 수 있으며, 그것을 통해 수정할 사항들을 파악하고 향후 교육의 방향을 잡는 노력을 해야 한다. 이러한 과

교육을 마치고 평가하는 시간.
독일 자연학교.

정을 통해 교육자 스스로 발전할 수 있는 바탕을 마련하는 것이다.

평가 주체, 즉 교육생의 연령과 배경 지식, 환경에 따라 다른 평가 방식을 연구·개발해야 한다. 예를 들어 초등학생에게 어려운 어휘를 사용하는 것은 금물이다. 그들이 이해할 수 있는 범위 안에서 평가지를 제작하지 않으면 질문을 이해시키는 데 또 다른 노력이 필요하다.

또 단순히 평가지를 나눠주고 작성하도록 하는 방식은 지양해야 한다. 교육생이 많거나 일일이 대화할 수 없는 상황이라면 간단한 양식을 작성해야겠지만, 되도록 그들과 직접 대화를 나누는 방식이 적당하다. 반면에 성인을 대상으로 하는 교육이었다면 평가지 작성이 효율적일 수 있다. 익명성이 보장되어 정확한 평가 작업이 이뤄지기 때문이다. 여기서 주의할 점은 평가의 목적을 명확하게 전달하여 교육생 스스로 평가에 참여하도록 해야 한다는 것이다. 자발적인 참여야말로 가장 좋은 평가 방법이다.

생태 체험 교육자 평가 — 교육생 평가 이외에 교육자 스스로 평가하는 시간이 필요하다. 교육생들은 현장 활동 당일에 자신이 체험한 것들에 대해서만 평가할 수 있는 반면, 교육자는 준비 과정부터 진행 상황까지 교육의 목표와 내용 전체를 평가할 수 있다. 우선 교육을 준비하고 진행한 모든 이들이 개인적으로 자체 평가의 시간을 갖는다. 이 시간 동안에는 스스로 생각을 정리할 수 있어야 하지만, 시간적 차이를 너무 오래 두면 현장의 생생함을 잃어버릴 수 있으므로 교육이 끝난 직후 생각을 정리하여 기록하는 것이 좋다. 자체 평가가 끝나면 전체 평가회의를 통하여 자신이 평가한 내용들을 나눈다. 내가 발견한 긍정적 혹은 부정적 요소들 이외에 다른 이들의 생각을 듣고 나면 그 내용이 더욱 풍부해진다.

평가하는 과정에서는 다음 사항들을 염두에 둔다.

① **교육의 목적은 달성되었는가?**
— 처음 기획 단계에서 이루고자 한 교육의 주제와 방향은 적합했는가?
— 교육의 목적에 부합하여 교육이 진행되었는가?
— 교육생들의 반응은 어떠했는가?

② **전체적인 흐름은 어떠했는가?**
— 교육 의뢰 단계부터 준비, 진행, 평가 단계까지 전체적인 흐름을 시간순으로 돌아본다.

③ **세부적인 프로그램들을 실제 현장에서 진행했을 때 실현 가능했는가?**
— 교육의 주제와 개별 프로그램들의 연관성이 있었는가?
— 개별 프로그램의 진행 과정에서 어려웠던 점은 무엇인가?
— 많은 준비에도 불구하고 진행하지 못한 것들은 무엇인가?
— 미처 예상치 못한 돌발 상황에는 어떠한 것들이 있었는가?

④ **교육의 긍정적 · 부정적 평가**
— 이번 교육에서 발견한 나(우리)의 긍정적인 면은 무엇인가?
— 다음 교육에서 꼭 개선해야 할 점은 무엇인가?

강사진 평가서

숲 체험 교실 강사 평가서		작성자	

※아래 문항에 따라 답변란에 해당되는 번호를 표시하십시오.
① 전혀 아니다 ② 아니다 ③ 보통이다 ④ 그렇다 ⑤ 매우 그렇다

구분	질문	답변
전체 평가	1. 교육의 목적을 달성했습니까?	
	2. 교육의 주제는 잘 표현되었습니까?	
	3. 대상 파악은 정확했습니까?	
	4. 스스로 수업 준비를 열심히 했습니까?	
	5. 스스로 수업을 성실하게 진행했습니까?	
	6. 교육 내용의 전달 방식이 적합했습니까?	
	7. 전체적으로 이 수업 진행에 만족했습니까?	
	8. 평가 방법은 적절했습니까?	
교육생 평가	9. 교육생은 교육에 성실하고 적극적으로 참여했습니까?	
	10. 교육생은 전체적으로 교육에 집중했습니까?	
교구·교재 평가	11. 교구와 교재는 교육 내용에 적절했습니까?	

※단위 프로그램별 평가 내용을 기록하십시오.

세부 평가	프로그램명	프로그램 평가 기록

※다음 사항에 대해 자신의 의견을 쓰시기 바랍니다.
1. 이번 교육에서 가장 좋았던 점
2. 이번 교육에서 발견한 개선점

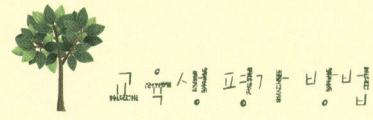

1. 놀이를 통해 평가하기

 대상에 관계없이 놀이나 작은 활동을 통해 간단하게 평가할 수 있는 방법들이 있다. 일반적으로 평가는 깊은 사고를 요구하고 객관성을 유지해야 하며 타인을 평가해야 한다는 측면에서 평가자에게 긴장감이나 지루함을 느끼게 할 수 있으며, 자칫하면 그것 자체가 스트레스로 작용할 수 있다. 작은 놀이 활동을 통해 평가하면 즐거움을 주고 누군가를 평가해야 한다는 부담감을 줄임으로써 편안한 마음으로 평가할 수 있다. 평가를 위한 놀이를 몇 가지 소개하면 다음과 같다.

 그림으로 표현하는 교육 평가 : 함께한 교육 활동들의 제목이 적힌 종이를 바닥에 늘어놓는다. 이때 그림이나 사진 등을 활용하여 프로그램을 표현하는 것도 좋은 방법이다. 교육생들에게 필기도구를 나눠주고 각 종이에 날씨로 자신의 평가 내용을 그리도록 한다. 예를 들어 해 뜨는 날은 매우 좋았다는 의미이고, 구름이 낀 날은 보통이었다는 의미, 비가 오는 날은 그저 그랬다는 의미이며, 천둥 치는 날 아주 나빴다는 표현이 될 수 있다.

 한 줄로 늘어서기 : 큰 나무 두 그루를 중심으로 중앙에 선을 긋는다. 그 선이 '보통'을 의미하고, 왼쪽 나무로 갈수록 긍정적 평가이며, 오른쪽 나무로 갈수록 부정적 평가임을 알려준다. 교육생들에게 신호를 보내면 자신이 생각하는 평가 위치에 가서 서도록 한다.

 의자를 이용한 평가 : 실내에서 평가하는 경우 의자를 활용할 수 있다. 의자 위에 올라서면 매우 좋았다는 의미, 의자에 앉아 있으면 보통이었다는 의미, 의자 아래 내려서거나 바닥에 앉으면 나빴다는 의미임을 알려주고, 각 프로그램이나 전체 내용을 상기시키면서 몸을 움직여 평가하도록 한다.

2. 대상에 따른 평가 방법

교육생이 어린이일 경우

아래의 질문들을 통해 아이들의 반응을 살피고 기록자가 정확하게 파악하여 기록한다.

그림으로 평가하기. 독일 자연학교.

- 오늘 하루 동안 선생님과 숲에서 했던 놀이들은 어땠나요?
- 오늘 함께한 놀이들 가운데 가장 기억에 남는 놀이는 무엇인가요? 그 이유는 무엇인가요?
- 오늘 함께한 놀이들 가운데 가장 재미없었던 놀이는 무엇인가요? 그 이유는 무엇인가요?

  (아이들이 프로그램들을 일일이 기억하지 못한다면 교육자가 그날 진행한 놀이들을 시간에 따라 하나씩 설명해주면서 정리하는 것도 좋다.)

- 다음에 또 선생님과 만난다면 그때는 어떠한 놀이들을 하고 싶은가요?
- 오늘 만난 식물과 동물 가운데 가장 기억에 남는 친구는 누구인가요?

교육 의뢰자와 교육생이 성인일 경우

성인을 대상으로 한 평가의 경우 교육생들에게 질문지를 나눠줄 수도 있다. 또 아이들을 대상으로 한 교육이라도 교육 의뢰자가 성인일 경우에는 질문지로 평가하도록 유도할 수 있다.

교육생 대상 설문지 양식

숲 체험 교육 설문지

숲 체험 교실에 참여하신 여러분, 수고하셨습니다. 오늘 교육에 대한 의견을 듣고자 합니다. 여러분의 의견은 앞으로 숲 체험 교실의 질을 높이는 데 매우 중요한 역할을 합니다. 잠시 시간을 내어 아래 항목에 표시(○)하고, 숲 체험 교실에서 느낀 여러 가지 의견을 적어주세요.

저는 (남자 / 여자)이며 (세)입니다.

1. 숲 체험 교실이 얼마나 흡족했습니까?

매우 나빴다	나빴다	보통이다	좋았다	매우 좋았다

2. 숲 체험 교실 준비는 어느 정도 만족했습니까?

매우 나빴다	나빴다	보통이다	좋았다	매우 좋았다

3. 오늘 함께한 활동들에 대한 평가를 아래 칸에 표시해주십시오.

교육 활동명	매우 나빴다	나빴다	보통이다	좋았다	매우 좋았다

4. 어떤 활동이 가장 좋았습니까? 그 이유도 적어주세요.

5. 어떤 활동이 가장 나빴습니까? 그 이유도 적어주세요.

6. 다음에 다시 숲 체험 교실에 참가한다면 어떤 점들을 원하십니까?

7. 숲 체험 교실의 발전을 위해 좋은 의견을 적어주세요.

설문에 응해주셔서 감사합니다.

🌳 **9단계 : 도구와 물품 정리** | 생태 체험 교육은 대부분 현장에서 실시되고 체험을 중심으로 한 교육이기 때문에 간혹 많은 교구들이 필요하며, 사용한 교구들이 망가지기도 한다. 따라서 교육이 끝남과 동시에 교육 진행 과정에서 사용한 교구와 물품들을 정리하는 것이 물품의 수명을 유지하는 방법이다. 교구의 정리 단계에서는 현재 가지고 있는 물품들을 정확하게 파악할 수 있고, 이러한 자료들은 다음 교육을 준비할 때 시간과 노력을 현저하게 줄이는 데 도움이 된다.

🌳 **10단계 : 기록, 사진 정리** | 정리 단계에서 가장 중요한 것이 바로 자료 정리다. 누구나 시간이 흐르면 어느 정도 기억이 지워지게 마련이고, 머리로 기억하는 것에는 한계가 있으므로 매번 꼼꼼하게 기록해둬야 한다. 이때 교육의 내용을 기록하는 것은 기본이고, 진행 과정에서 발견된 문제점이나 평가회의의 내용까지 모든 것을 기록해두는 것이 좋다. 뿐만 아니라 이번 교육을 통해 얻은 새로운 아이디어나 교육 방식들을 상세하게 기록하고 정리해두는 것은 계속해서 새로운 자료를 만들어내는 데 도움을 주며, 다음에 비슷한 교육을 실시하는 교육자들을 위해서도 유용한 기초 자료가 된다.

11단계 : 평가 내용 정리 | 평가회의는 단순히 그날 교육의 진행 과정을 반성하는 자리가 아니다. 평가 단계에서 논의된 내용들은 다음 교육에 반영될 때 가장 빛을 발한다. 따라서 평가 내용을 정리하고 기억하여 다음 교육에 반영하는 과정을 꾸준히 하는 것이야말로 생태 체험 교육자로서 발전하는 지름길이라고 할 수 있다.

6

모둠 활동을 통한 생태 체험 교육

우리 교육도 이제 획일적인 대량 생산 교육에서 다양성을 추구하는 방향으로 나아가고 있다. 중앙집권적 사회가 지방분권적 사회로 변화하며 지역사회가 발전하는 것과 맥락을 같이하는 것이다. 교육자 한 사람이 많은 아이들을 동시에 만나는 것보다 소수의 아이들로 나누어 활동하는 '모둠 활동'을 지향한다. 모둠 활동의 장점은 무엇보다 개인의 개성과 다양성을 인정하고 발전시킬 수 있다는 것이다. 다수 안에서 잠자고 있던 개인의 능력이 좀더 발휘될 기회를 가지며, 이러한 특성들이 모이면 모둠 자체의 특성으로 발전될 수 있다. 모둠 활동은 소수의 인원이 팀을 이뤄 활동하기 때문에 다른 이들을 더욱 존중하고, 그룹 안에서 협동심을 키우는 데 좋은 환경을 제공한다. 내가 소중한 만큼 다른 이 역시 소중하다는 것을 깨달

활동을 통해 자연스럽게 모둠을 나눈다. 남산.

고, 그들과 더불어 살아가는 법을 배운다.

생태 체험 교육은 많은 부분 개인의 체험을 중요시한다. 그러나 개인 활동만으로는 체험에 한계가 있을 수 있고, 소수의 인원이 함께 활동하며 서로 체험을 나누면 그것이 배가 될 수 있다. 따라서 모둠을 나누어 활동하는 것이 효과적이지만, 이것이 개인 활동이나 전체 활동을 배제한다는 의미는 아니다.

모둠 나누기는 다양한 의도로 실시될 수 있다. 많은 경우 사전에 계획된 활동 프로그램의 원활한 진행을 위해 작은 단위의 모둠이 구성되지만, 상황에 따라서 분위기를 전환하거나 계획되지 않은 활동을 위해 모둠을 나눠야 하는 경우도 있다. 따라서 교육자는 예상치 못한 상황에 대비하여 모둠을 나눌 준비를 해야 한다. 그러나 갑작스럽게 발생하는 상황은 지양해야 하며, 그러한 상황이 오기 전에 교육의 목적에 따라 모둠을 탄력적으로 운영할 수 있는 기술이 필요하다.

모둠을 나누려는 교육자는 사전에 교육생들을 파악해야 한다. 교육 이전에 연령과 성별에 따라 모둠이 구성될 수도 있고, 교육 당일의 전체 분위기에 따라 현장에서 모둠이 구성될 수도 있다. 여기에서 주의할 점은 모둠을 나눔으로써 더욱 긍정적 효과를 얻을 수 있어야 한다는 것이다. 예를 들어 초등학교 고학년부터 중학생의 경우 타인에 대한 관심이 높으면서도 남자아이들과 여자아이들의 충돌이 잦은 편이며, 끼리끼리 모이려는 현상이 두드러진다. 때로는

🌱 놀이를 통한 모둠 나누기 사례

자연물을 활용하기

생태 교육은 자연 안에서 활동하는 교육이기 때문에 자연물과 많은 접촉이 가능하다. 이때 주변에 널려 있는 자연물을 활용하여 모둠을 나눌 수 있다. 교육생들은 원으로 서서 뒷짐을 진다. 교육자는 사전에 원하는 모둠의 수만큼 자연물의 종류를 달리하여 수집해둔다. 예를 들어 15명을 세 모둠으로 나눌 경우 솔방울 5개, 돌멩이 5개, 나뭇잎 5장을 준비하면 된다. 교육생들의 손에 자연물을 하나씩 나눠주고 뒷짐 진 채 같은 자연물을 가진 사람들끼리 만나게 한다.

같은 자연물 찾기로 모둠을 나눈다. 스위스 자연학교.

이때 나의 것을 다른 사람에게 보여줘서는 안 되며, 손으로 만져지는 촉각을 활용하여 같은 사물을 찾아야 한다. 만약 교육자가 특정한 교육생들을 같은 모둠이나 다른 모둠에 넣고자 하는 의도가 있다면 자연스럽게 같은 자연물이나 다른 자연물을 나눠주면 된다.

몸을 움직이기

특정한 계획이나 의도가 필요 없는 모둠 나누기의 경우 교육생들을 무작위로 섞어서 모둠을 나눌 수도 있다. 숲에 널려 있는 나무들 가운데 몇 그루를 정하여 표시해두고 한 나무에 정해진 인원수 이외에는 서지 못하게 한다. "바꿔!"라는 신호와 함께 재빨리 다른 나무로 이동시키는데, 나무의 숫자를 점차 줄여가면서 최종적으로 모둠 구성원 숫자를 맞출 수도 있다. 이러한 방식은 교육생 스스로 결정했거나 운명에 의해 모둠이 구성되었다는 느낌을 주기 때문에 교육생들의 불만이 적다.

이름으로 나누기

이름의 앞 자음이 같은 이들끼리 모둠을 나눌 수도 있다. 그러나 이러한 경우에는 사전에 이름을 모두 파악하여 모둠원의 수가 적절히 분배될 수 있는 상황이어야 하며, 혼자 남는 경우를 대비하여 혼선을 막아주어야 한다.

서로 손을 잡는 것조차도 어색해하고 거부할 정도로 마찰이 빚어질 수 있다. 따라서 이러한 경우 모둠을 나눌 때는 교육자의 강요가 아닌 자연스럽게 모둠이 구분되는 것처럼 사전 준비가 필요하다. 누군가의 강요에 의해 원치 않는 모둠에 들어갈 경우 처음부터 마음을 닫고 활동에 참여하지 않을 수 있기 때문이다.

🌱 **모둠 규칙 정하기** | 앞서 이야기한 바와 같이 모둠 활동을 통해 개인 활동에서 얻을 수 없는 '협동심'이나 '배려하는 마음' 등을 배울 수 있다. 특히 교육 당일에 처음 만나 모둠이 구성되는 경우 다른 구성원에 대한 이해가 더욱 필요하다. 그러나 이것은 단시간에 이뤄지기 어렵고, 교육자의 강요에 의해 형성되는 것도 아니다. 초등학생 이상이 되면 학교나 가정 등에서 사회적 활동을 통해 타인과의 관계를 배운 상태라고 할 수 있다. 여기서는 교육생들이 모둠 안에서 지켜야 할 것들에 대해 알고 있다는 전제하에 모둠 내의 규칙 만드는 법을 소개한다.

우리는 거미줄처럼 수많은 관계를 맺으며 살아간다. 관악산.

여러 사람이 모일수록 그룹 안의 규칙은 중요하다. 모두 생각하는 바와 요구가 다르기 때문이다. 따라서 모둠의 규칙을 정하고 그것을 공유하는 과정이 필요하며, 이러한 과정을 통해 보다 쉽고 효과적으로 모둠이 운영될 수 있다. 특히 지속적인 교육을 진행하며 교육생들이 반복적으로 만나야 하는 경우 교육생 스스로 규칙을 정하고 행동할 수 있도록 기회를 주는 것이 필요하다. 즉 규칙은 누군가에 의해 일방적으로 강요되어서는 안 되며, 규칙을 지킬 사람들 스스로 항목과 범위를 정해야 한다. 이를 위해서 토론의 과정이 필수적이다.

교육자는 교육생들이 원활한 토론을 할 수 있도록 도와주는 역할을 해야 하며, 자신의 의견을 강요하거나 의도적으로 이끌어가서는 안 된다. 모둠 안에서 지켜야 할 규칙들이 교육생들의 입에서 나올 수 있도록 질문을 던지는 방법을 활용하는 것이 좋다. 우선 모든 의견들을 전지나 칠판에 적고 그 가운데 지켜야 할 것들을 선정하면 된다.

하나의 문장 만들기. 독일 자연학교.

모둠 규칙은 '허물없이 친하게 지내기, 상대방을 배려하기, 내 의지로 활동하기, 시간을 정확하게 지키기, 고운 말 쓰기' 등이 있다.

규칙을 정하고 나면 모둠이 함께 할 수 있는 과제를 부여하여 구성원들의 결속을 다진다. 예를 들어 자연물을 활용하여 하나의 작품을 만들게 하거나 전체가 각자의 몸을 활용하여 하나의 조형물을 만들게 할 수 있다. 또 단어들이 적힌 종이들을 바닥에 흩어놓고 하나의 문장을 만들게 할 수도 있다. 단체 활동이라면 어떤 것이라도 좋으나 첫 단계부터 너무 어려운 과제를 주어서는 안 된다.

역할놀이 | 인간은 사회적 동물로 시시각각 수많은 사회 안에 속해 각자의 역할을 하며 살아간다. 특히 모둠 활동에서는 개인의 성격에 따라 역할이 정해지는 경우가 많다. 따라서 자신이 어떠한 위치에 있으며, 어떠한 역할을 할 수 있고 해야 하는지 알아가는 과정은 매우 중요하다.

먼저 자신에 대해서 알아가는 과정이 필요하다. 이것은 다른 이들이 평가해주는 것과 달리 자기 내면에 잠재한 것까지 드러낼 수 있다는 점에서 개인을 알아가는 데 유용하다. 교육생들에게 종이와 필기도구를 나눠주고 지금 자신의 역할을 모두 적게 한다. 예를 들어 학생, 직장인, 엄마나 아빠, 동생이나 형, 여자친구 혹은 남자친구 등을 들 수 있다. 이때는 충분한 시간을 주어 최대한 많은 것들을 생각해내고, 작은 역할이라도 모두 적도록 한다. 이러한 활동을 통해 나는 얼마나 다양한 역할을 하며 살아가는지 자신의 삶을 돌아볼 수 있다.

인간은 자신의 역할에 따라 행동을 달리하므로 역할은 행동의 가능성을 이야기해준다. 내가 어떠한 역할을 하며, 또 하고 싶은지 파악하는 것은 나의 행동 방향을 보여주는 거울이 된다.

모둠 안에는 모둠원의 수 이상으로 많은 성격들이 존재한다. 개인의 성격 이외에도 여럿이 모임으로써 발생하는 성격들이 있기 때문이다. 그러한 성격들을 함께 파악하고 공유한다면 서로 이해하는 데 많은 도움이 될 것이다. 모둠 구성원들은 우리 안에 어떠한 성격들이 있을 수 있는지 돌아가며 이야기한다. 이때도 교육자는 한 발 물러서서 전체의 의견을 듣고 정리해주는 역할을 한다.

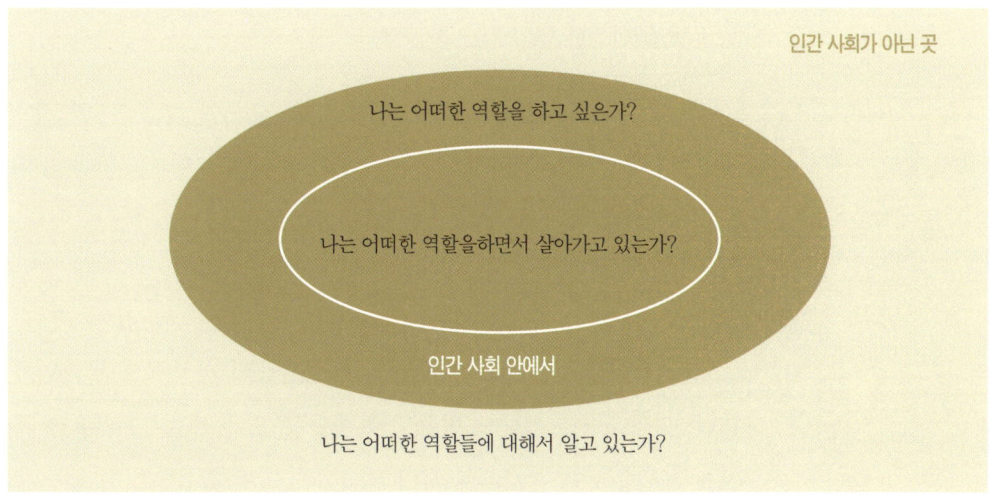

모둠 안에서 나의 역할 찾기

질문 : 모둠 안에는 어떤 성격이나 특성을 가진 사람들이 존재할까?

답변 사례

— 자의식, 자신감이 강한 사람

— 신뢰할 수 있는, 진짜 믿을 만한 사람

— 유연성, 적응력이 뛰어난 사람

— 자연과 교감이 잘 되는 사람

— 자연에 대해 많이 아는 사람

— 전문 지식이나 능력이 있는 사람

— 건강에 대해 관심이 많은 사람

— 시간 관리를 잘하는 사람

— 분명하게 표현하는 사람

— 감정 이입 능력, 타인에 대한 이해심이 많은 사람

— 책임감이 강한 사람

— 비판 능력이 뛰어난 사람

— 개방적인 사람

— 연대감, 협동심을 잘 이끌어내는 사람

— 아이디어가 풍부한 사람

위의 특성들이 나열되면 개인의 특성을 좀더 세부적으로 파악해 본다. 모둠 구성원들에게 발표된 특성들을 모두 적고, 그 가운데 자신의 특성을 %로 표시하게 한다.

개인의 특성을 %로 표시한 예

자의식, 자신감　　　　70%

신뢰도　　　　　　　　60%

유연성, 적응력　　　　0%

그리고 모든 구성원들이 자신의 특성을 사고 파는 시장을 열어본다. 자신의 특성 가운데 많은 부분을 다른 사람에게 일정 부분 팔고, 다른 사람의 특성 가운데 일부분을 내가 구입할 수 있다. 거래는 1 : 1로 이루어지며 얼마나 사고 팔지는 자유롭게 정하는 물물교환 형식이다.

　이러한 과정은 모둠 안에 누가 어떤 특성이 많은지 알 수 있는 기회가 되며, 내게 부족한 부분을 다른 사람이 채워줄 수 있다는 의미가 있다. 또 누구나 모든 성질을 100% 다 가질 수는 없다는 사실을 깨닫고, 자신에게 부족한 것을 채우는 즐거움도 느낄 수 있다.

　성격을 파악했으면 이제 그 모둠 안에 어떤 사람들이 모일 수 있는지 알아본다. 이것은 일반적으로 모둠 안에 존재할 수 있는 역할들에 대해서 알아보는 과정이다. 이러한 과정을 통해 모둠 안에서 현재 자신의 역할과 자신이 추구하는 역할의 관계를 확인해볼 수 있다.

　다음은 모둠 안에 모일 수 있는 사람들을 알아보기 위한 질문과 답의 예다.

질문 : 모둠 안에 어떤 역할을 하는 사람들이 있는가?

답변 사례

— 조용한 사람
— 수다쟁이
— 항상 늦게 오는 사람
— 항상 정시에 오는 사람
— 피에로와 같은 광대
— 관중
— 방해하는 사람
— 대답만 하는 사람
— 비관론자
— 낙관론자
— 혼자 머물기 좋아하는 사람
— 함께 머물기 좋아하는 사람
— 불량 청소년
— 모범생
— 집에 가고 싶어하는 사람
— 지루해하는 사람
— 앞서 나가는 선구자
— 따라오는 사람
— 수동적인 사람
— 능동적인 사람
— 멀리서 바라보는 사람
— 투덜대는 사람
— 질문이 많은 사람
— 충직한 사람
— 많이 아는 사람
— 결단력이 있는 사람
— 꿈꾸는 사람
— 중간에서 따라가는 사람
— 생산하는 사람
— 소비하는 사람

이와 같이 다양한 역할들이 파악되면 그 가운데 자신은 어떠한 역할을 하며, 어떠한 역할을 하고 싶어하는지 생각해본다. 이때 중요한 것은 자기 자신을 위해서 솔직해져야 한다는 점이다. 다른 사람에게 보여주기 위한 것이 아니라 나를 돌아보는 과정임을 강조하고, 원하는 사람에게 발표할 수 있는 기회를 준다. 청소년이나 어른들의 경우에는 토론으로 이끌 수 있다.

자신에 대해 알아보았다면 그러한 역할들이 모둠 안에서 어떻게 작용하는지 알아본다. 모둠별로 3~4군데 묶인 밧줄을 하나씩 주고 모둠 구성원들이 밧줄을 양손으로 잡게 한다. 과제는 밧줄에서 손을 떼지 않고 다 함께 힘을 모아 묶인 부분을 푸는 것이다. 이때 다양한 역할 가운데 자신이 하고 싶은 역할을 한 가지 선택하여 그 역할에 따라 행동하도록 한다. 역할은 부정적일 수도 있고 긍정적일 수도 있다.

밧줄 풀기 프로그램. 독일 자연학교.

역할에 따른 행동의 예

— 조용한 사람 : 말하지 않고 가만히 있다.

— 수다쟁이 : 계속 떠든다.

— 방해하는 사람 : 밧줄을 풀지 못하도록 방해한다.

— 능동적인 사람 : 밧줄을 풀기 위해 다른 사람을 설득하여 풀어낸다.

이 활동은 모둠 간의 경쟁이 아니며, 각자의 역할에 따라 밧줄이 풀리는 과정을 알아보는 기회를 주는 것이다. 밧줄이 다 풀어지면 정반대 역할을 하여 밧줄을 다시 묶어보게 한다. 활동이 끝나면 각자 느낀 것들을 나눌 수 있도록 시간을 준다.

모둠 내 갈등 해소를 통한 교육 효과 | 아무리 이상적인 사회라고 할지라도 갈등은 발생하게 마련이다. 갈등은 두 가지 이상의 상반되는 경향이 거의 동시에 존재하여 어떤 행동을 할지 결정하지 못하는 것을 말하는데, 이처럼 의사 결정 과정에서 선택을 둘러싸고 곤란을 겪는 상황을 개인적 갈등이라 한다. 모둠 내에서 발생하는 갈등은 둘 이상의 행동 주체 사이에서 상호 이해나 목표가 상충하거나 희소가치의 획득을 둘러싸고 서로 다투는 현상이라고 정의할 수 있다.

갈등이 발생할 수 있는 여러 가지 원인 가운데서 가장 주된 원인은 이해관계의 충돌이다. 나의 욕구와 다른 사람의 욕구가 충돌하여 상충될 수 없는 경우 갈등이 생기기 시작하며, 모두 만족하지 못하는 상황이나 비교가 불가능한 상황 혹은 어떠한 결과가 생길지 모르는 불확실함으로 발전된다. 과거에는 갈등을 부정적으로만 바라보고 갈등의 해소가 집단의 성과를 개선하는 길이라 여겼으나, 현대에 들어 갈등이 조직을 발전시키는 데 추진력이 될 수 있다는 주장이 제기되었으며, 집단의 목표를 달성하기 위해 긍정적인 갈등은 조장하고 부정적인 갈등은 제거해야 한다는 의견이 지배적이다. 그러나 어떠한 의견이 맞다고 판단하기는 어려우며, 개인에 따라서 받아들여지는 정도가 다르다. 경우에 따라서는 같은 현상도 어떤 이에게는 갈등이 되지만 다른 이에게는 사소한 일로 여겨진다.

갈등을 해결하는 방법 역시 다양하나 갈등 주체가 서로 합의를 하거나 한쪽이 포기하는 경우 혹은 모두 포기하는 경우로 요약될 수 있다. 물론 한쪽이 원치 않는 포기를 하는 경우 외부적으로는 갈등이 해결된 것으로 보일 수 있으나 이것은 또 다른 갈등이 시작될 수 있는 잠재적 갈등 상황으로 봐야 한다. 따라서 갈등을 해결하기 위해서는 각 주체가 동의하는 결정 과정이 필요하며, 이러한 과정에서 설득과 흥정, 타협 혹은 새로운 책략 등이 발생한다.

모둠 안에서 갈등이 발생하기 전이나 발생한 후에 토론을 통하여 갈등의 해결 방법을 찾아낼 수 있으며, 함께 찾아낸 방법을 통해 갈등을 해결해나갈 수 있다.

갈등 해결 방법의 예

— 서로 과제를 주거나 책임을 지게 한다.

— 모두 승인한 규칙을 정한다.

— 관점을 달리해서 바라보게 한다.

— 다수결의 원칙에 따른다.

— 계약이나 협약을 분명히 한다.

— 서로 눈높이를 맞춘다.

— 진심을 표현한다.

— 동일한 권한을 가지고 토론한다.

— 자신의 감정을 말로 표현한다.

— 그 상황에서 벗어나본다. : 제3자의 입장에서 바라본다.

— 긍정적인 면을 더욱 강하게 표현한다. : 긍정적으로 해결하려 노력한다.

— 문제의 초점을 잃지 않는다. : 무엇이 놓여 있는가?

— 결과를 예측해본다.

— 더욱 객관적인 관점을 유지한다.

— 감정이 상하지 않도록 의식화 혹은 예법화한다.

— 유머 감각을 갖는다.

갈등을 해결하는 과정

① 문제를 묘사·설명·표현한다.
② 목적을 분명히 한다. : 자신의 관심사에 대해 예를 들어 설명한다.
③ 해결책은 다양하다. : 해결 방법은 여러 가지이므로 구성원들의 생각을 모두 들어본다(브레인스토밍
: 모든 방법을 다 같이 이야기해본다).
④ 다양한 해결 방법에 대한 평가를 실시한다.
⑤ 하나의 해결 방법을 결정, 선택한다.
⑥ 해결 방법을 수행하여 문제를 해결한다.
⑦ 해결 방법과 수행 과정에 대해서 다시 검토한다.

— 괴텐Goetten

커뮤니케이션의 법칙 | 모든 생물은 다양한 방법으로 의사 소통을 한다. 인간 역시 말과 글, 표정이나 몸짓을 통해 자신의 의사를 표현하고 상대방이 의도하는 바를 파악하며, 의사 소통은 우리 삶의 커다란 부분을 차지한다. 즉 커뮤니케이션은 사회생활을 성립시키는 기본 조건으로, 이것이 원활하지 않으면 개인과 사회 모두 정

상적으로 활동할 수 없다. 그러나 이처럼 일상생활의 일부로, 그 중요성에도 불구하고 정확하고 올바르게 의사 소통을 하기란 쉬운 일이 아니다. 우리의 대화는 분명해 보이면서도 분명하지 않으며, 다른 사람의 의견을 100% 이해하기란 쉽지 않기 때문이다. 대표적인 커뮤니케이션의 수단인 '말'의 경우에도 개인에 따라 같은 단어를 이해하는 범위가 다르며, 그것을 인지하는 것은 개인의 선택이다. 따라서 커뮤니케이션에서 결정적으로 작용하는 것은 내가 무엇을 말하느냐가 아니라 다른 사람이 무엇을 이해하느냐. 다른 이가 이해할 수 있도록 나의 의견을 정확하게 표현하는 과정은 결코 쉬운 일이 아니며 많은 연습이 필요하다.

상호작용을 통한 교육을 지향하는 생태 교육 안에서 커뮤니케이션은 중요한 위치를 차지한다. 특히 교육자는 교육생들과 원활한 의사 소통을 위해 먼저 노력해야 하는 위치에 있으며, 그들이 자신의 의견을 정확하게 표현할 수 있도록 도와주는 역할을 해야 한다. 그렇다면 모둠 안에서 어떠한 방식으로 커뮤니케이션을 하는 것이 좋을까?

가장 중요한 것은 자신의 의견을 잘 표현하는 것이다. 나는 나의 의견을 대변할 수 있는 유일한 대변인으로서 자기 내부의 소리를 잘 듣고 정확하게 전달해야 한다. 이때 사실과 의견은 분명히 구분되어야 하며, "나의 의견은…"이라는 형식을 통해 좀더 정확하게 표현할 수 있다. 또 그것을 일반화시키거나 보편화시키지 않도록 주의해야 하며, 어떠한 자세로 이야기하고 있는지 항상 자기 자신을 주시하며 자신의 몸이 표현하는 것을 관찰해야 한다.

커뮤니케이션은 진행하는 것보다 방해하는 것이 쉽다. 정확하게 의사를 전달하는 것보다 혼선을 가져오는 것이 쉽다는 의미다. 또 타인에 의해 방해받기 쉬우므로 적절한 공간이 필요하고, 동시에 여러 사람이 이야기하지 않도록 주의해야 한다. 의사 소통 과정에서 질문은 이야기를 이끌어가는 중요한 촉매제 역할을 하는데, 어떠한 질문이 나올 경우 질문의 의도를 정확하게 파악하여 답하는 것이 중요하다. 커뮤니케이션 능력은 모둠 활동이나 단체 활동을 통해 향상될 수 있으며, 실제 생활 속에서 계속적인 연습을 하도록 꾸준히 노력해야 한다.

| 3부 |

얘들아, 숲에서 놀자

　최근 체험 학습이 매우 강조되는 가운데 아이들과 함께 야외에서 무엇을 어떻게 해야 하며, 어떻게 하는 것이 가장 흥미롭고 교육적인지에 대한 질문을 많이 받는다. 이를 위해서 아이들과 함께 흥미롭게 진행하며 배울 수 있는 생태 활동 프로그램을 소개하고자 한다. 여기서 소개하는 109가지 활동 프로그램은 주로 숲이나 실내에서 놀이를 통해 생태계를 이해하고 건강한 삶을 추구하기 위한 내용으로 꾸몄다. 아이들과 함께 활동할 때 어떤 주제로 언제 시작할 것이며, 참여 인원은 몇 명이 적당하고, 진행 시간은 어느 정도 소요되는지 제시했다. 물론 진행하는 교육자의 아이디어에 따라 조금씩 변형하거나 응용하는 것도 좋다. 이러한 내용을 '길잡이'에 상세히 설명해두었다. 또 이 활동이 추구하는 궁극적인 목적이 무엇이고, 진행을 위해 어떤 준비가 필요한지도 명시했으며, 구체적인 진행을 어떻게 하는지 순서대로 기록했다. 활동 후 아이들과 어떤 질문을 주고받으며 마무리를 하면 좋은지에 대해 필요에 따라 질문이 주어져 있으며, 심화 학습을 위해 보충이나 주의 사항, 참고 사항들을 추가로 담았다.

번호	활동	구분	단계	계절	대상 / 인원	시간	장소
001	생태 의자 만들기	하나의 생물이 사라지는 것이 생태계에 영향을 미친다는 사실을 깨닫는다.	시작	사계절	초등학생 이상/ 15명 이상	10~20분	공원, 숲
002	숲에 인사하기	숲과 인사하기를 통해 숲과 친해진다.	시작	사계절	유치원생 - 초등학생/ 20명	10~20분	공원, 숲
003	이름표 퍼즐	퍼즐 게임을 통해 관계성을 이해한다.	시작	사계절	유아 - 초등학교 저학년	10~20분	공원, 숲
004	이름 외우기 놀이	상대방의 이름을 외우면서 협동심을 키운다.	시작	사계절	초등학교 고학년 이상/ 20명	10~20분	공원, 숲, 실내
005	짝 찾기 놀이	숲과 나무의 다양한 모습과 특징을 단계적으로 이해한다.	시작	여름 - 가을	유아 - 초등학생/ 20명	20분	공원, 숲
006	나무 술래잡기	순발력을 기르며 나무와 친숙해진다.	시작	사계절	모든 연령/ 40명	10~20분	공원, 숲
007	같은 모양 찾기	숲과 자연스럽게 만날 수 있는 동기를 제공한다.	시작	봄 - 여름	모든 연령/ 15명	20~30분	공원, 숲
008	다 함께 팽팽	모둠의 단합된 모습을 이끌어낸다.	시작	봄 - 가을	초등학교 저학년 이상 / 10명	10~20분	공원, 숲
009	낙엽 모자이크 맞추기	사물에 대한 관찰력을 기르고, 자연현상을 이해한다.	시작	가을	유아 - 초등학생/ 모둠별 3~5명	30분	공원, 숲
010	나무가 버린 것	나무의 생리를 이해한다.	시작	가을	초등학교 고학년 이상/ 10명 이하	20분	공원, 숲
011	알쏭달쏭 나무 구별하기	나무를 구성하는 요소를 이해한다.	시작	여름 - 가을	유치원생 이상/ 20명	10~20분	공원, 숲, 실내
012	내가 본 자연물 찾아오기	관계성과 생명의 소중함을 이해한다.	시작	봄 - 가을	초등학생/ 10명 이하	10~20분	공원, 숲
013	믿음을 쌓는 통나무 놀이	협력과 단결력을 키운다.	시작	사계절	초등학생 이상/ 15명	30~40분	공원, 숲
014	나뭇가지로 균형 잡기 놀이	나뭇가지를 이용해 평형감각을 익힌다.	시작	사계절	모든 연령/ 모둠별 3명	20~30분	공원, 숲
015	나무와 사물의 관계 알아보기	인공 물질이 끼치는 악영향을 이해한다.	시작	겨울	초등학교 고학년 - 중학생/ 20명	10~20분	실내
016	나무 즉석복권 만들기	나무껍질로 나무를 식별한다.	시작	사계절	유아 - 초등학생/ 20명	10~20분	공원, 숲
017	야행성 동물 사냥하기	야행성 동물의 생리를 이해한다.	시작	사계절	유치원생 - 초등학교 저학년/ 20명	10~20분	공원, 숲
018	숨은 야생동물 찾기	야생동물을 관찰하는 방법을 배운다.	시작	봄 - 가을	초등학교 저학년 이하/ 20명	30분	숲
019	고양이와 쥐 놀이	간단한 놀이로 추운 겨울을 이겨낸다.	시작	사계절	모든 연령/ 30명	20~30분	공원, 숲

번호	활동	구분	단계	계절	대상 / 인원	시간	장소
020	솔방울 습도계 놀이	습도계의 기본 원리를 이해한다.	시작	가을 - 겨울	유아 - 초등학교 저학년/ 15명	10~20분	공원, 숲
021	황사를 막아라	황사의 폐해와 숲의 관계를 이해한다.	시작	사계절	초등학생 이상/ 10명	20분	공원, 숲, 운동장
022	나의 촉감지수 알아보기	촉감을 통해 사물을 파악한다.	시작	사계절	모든 연령/ 15명	20~30분	공원, 숲
023	숲속 보물찾기	생각의 다양성을 이해한다.	시작	봄 - 가을	초등학생 이상/ 15명	30분	공원, 숲
024	단어카드 놀이	자연에서 언어를 배우며 생각의 다양성을 이해하고 생명의 소중함을 깨닫는다.	시작	봄 - 가을	초등학생 이상/ 15명	10~20분	공원, 숲
025	조심 조심 살살	자연물과 자연스럽게 접촉하여 친근감을 느끼게 한다.	시작	사계절	모든 연령/ 모둠별 3~5명	20분	공원, 숲
026	에코 서클 만들기	숲을 온몸으로 느끼며 전체적으로 바라보는 시각을 기른다.	시작	사계절	모든 연령/ 20여 명	20분	공원, 숲
027	무궁화 꽃이 피었습니다	식물과 동물의 다른 점을 이해한다.	시작	사계절	초등학생/ 15명	20분	공원, 숲, 운동장
028	봄! 겨울! 놀이	단순한 놀이를 통해 계절의 섭리를 이해한다.	시작	사계절	초등학생/ 20명	20분	공원, 숲, 운동장
029	살아 있는 나무 높이 재기	자연에서 수학의 원리를 이해한다.	전개·절정	사계절	중학생 이상/ 제한 없음	10~20분	공원, 숲
030	나는 숲속 작명가	이름 짓기를 통해 상상력을 발휘한다.	전개·절정	사계절	중학생 이상/ 제한 없음	10~20분	공원, 숲
031	나무도 땀을 흘려요	광합성 관찰하기	전개·절정	봄 - 여름	초등학교 고학년 이상/ 제한 없음	3시간	공원, 숲
032	솔방울 던져 넣기 대회	숲에서 균형감각을 익힌다.	전개·절정	가을 - 겨울	초등학생/ 제한 없음	10~20분	공원, 숲
033	나뭇잎으로 나무 종류 알아맞히기	나무의 본질을 이해하고 친해진다.	전개·절정	가을 - 겨울	초등학생 이상/ 모둠별 3~5명	50~60분	공원, 숲
034	나무에서 떨어진 자연물 찾기	자연물에 대한 관찰력을 기른다.	전개·절정	가을	유아/ 모둠별 3~5명	30분	공원, 숲
035	나만의 식물도감 만들기	관찰력과 감성을 키우고 식물 분류에 흥미를 갖게 한다.	전개·절정	봄 - 가을	유아 이상/ 모둠별 3~5명	10~20분	공원, 숲
036	참나무 관찰하기	참나무류를 관찰하고 특징을 이해한다.	전개·절정	사계절	초등학교 고학년/ 20명	50~60분	공원, 숲
037	나무의 나이 알아맞히기	나이테를 관찰하고 나무의 역사를 알아본다.	전개·절정	사계절	초등학교 고학년 - 고등학생/ 20명	30분	공원, 숲, 실내
038	나만의 열매도감 만들기	식물의 생존 전략을 이해한다.	전개·절정	가을	초등학생/ 15명	30분	공원, 숲

번호	활동	구분	단계	계절	대상 / 인원	시간	장소
039	나만의 나무도감 만들기 Ⅰ	편견 없이 나무를 직접 체험한다.	전개·절정	봄-여름	초등학교 저학년-중학생/ 40명	60분	공원, 숲
040	나만의 나무도감 만들기 Ⅱ	나무와 좀더 가까워지고 이해하게 한다.	전개·절정	봄-여름	모든 연령/ 모둠별 3~5명	10~20분	공원, 숲, 실내
041	활엽수 식별 놀이	나뭇잎의 모양과 위치로 활엽수를 식별한다.	전개·절정	봄-여름	초등학생/ 20명	10~20분	공원, 숲
042	침엽수 식별 놀이	나뭇잎의 모양과 위치로 침엽수를 식별한다.	전개·절정	가을-겨울	초등학생/ 20명	10~20분	공원, 숲
043	나뭇가지로 나무뿌리 만들기	나무의 뿌리 구조를 이해한다.	전개·절정	사계절	초등학교 고학년 이상/ 15명 이하	10~20분	공원, 숲
044	나무의 행복지수 재기	나무와 숲의 건강과 우리의 관계를 이해한다.	전개·절정	여름	초등학교 고학년 이상/ 20명	20~30분	공원, 숲
045	나뭇조각 퍼즐 맞추기	나뭇조각을 맞추며 집중력을 기르고, 나무의 이름을 안다.	전개·절정	사계절	모든 연령/ 모둠별 3~5명	10~20분	공원, 숲, 실내
046	눈 가리고 나무 만져보기	나무껍질을 만져보고 역할을 이해한다.	전개·절정	사계절	모든 연령/ 20명	30분	공원, 숲
047	비를 맞는 나무 흉내 내기	나무의 모양과 빗물의 관계를 이해한다.	전개·절정	봄-여름	초등학교 고학년-고등학생/ 30명	30분	공원, 숲
048	겨울에도 잎이 푸른 나무 찾기	촉각과 후각을 통해 상록수를 이해한다.	전개·절정	겨울	초등학교 저학년/ 10명	10~20분	공원, 숲, 실내
049	매미 되어보기	매미가 되어보면서 추운 겨울 숲을 체험한다.	전개·절정	겨울	모든 연령/ 40명	10~20분	공원, 숲
050	나는 패션 디자이너	자연에서 힌트를 얻어 예술 작품을 만들어본다.	전개·절정	봄-가을	초등학생-중학생/ 20명	20~20분	공원, 숲
051	눈 가리고 만진 것 그려보기	자신이 인식한 사물을 표현해본다.	전개·절정	사계절	모든 연령/ 20명	10~20분	공원, 숲, 실내
052	침엽수와 활엽수의 다른 점 알아보기	침엽수와 활엽수를 구분하는 방법을 이해한다.	전개·절정	사계절	초등학교 고학년-중학생/ 10명	30분	공원, 숲
053	나무랑 키 재기 놀이	교목과 관목을 구분하고, 나무의 키가 다른 원인을 이해한다.	전개·절정	사계절	초등학교 고학년-중학생/ 10명	20분	공원, 숲
054	열매 날리기	열매가 어떻게 널리 퍼지는지 이해한다.	전개·절정	가을	초등학생/ 20명	30분	공원, 숲, 실내
055	나무 피구 놀이	나무와 숲의 관계를 파악하고 그 생리를 이해한다.	전개·절정	사계절	모든 연령/ 20명 이상	60분	공원, 숲
056	나무껍질과 곤충의 대결 놀이	나무와 곤충의 관계를 이해한다.	전개·절정	가을	초등학생 이상/ 20명	30분	공원, 숲
057	나뭇잎 투포환 놀이	자연물을 이용한 놀이를 통해 협동심을 기른다.	전개·절정	가을	초등학생/ 20명	30분	공원, 숲

번호	활동	구분	단계	계절	대상 / 인원	시간	장소
058	둥지 만들기	야생동물의 둥지와 보호색을 이해한다.	전개·절정	여름-가을	초등학생 이상/ 20명	50~60분	공원, 숲, 실내
059	곤충 주사위 놀이	다양한 곤충의 생김새를 생각하고 그림으로 표현한다.	전개·절정	사계절	초등학교 저학년 이상/ 모둠별 3~5명	10~20분	공원, 숲, 실내
060	친환경적인 곤충 관찰 놀이	곤충에게 해를 주지 않으면서 곤충을 관찰한다.	전개·절정	봄-여름	유아 - 초등학생/ 15명	30분	공원, 숲
061	눈 가리고 밧줄 따라가기	다채로운 숲의 생태를 이해하고 소중함을 느낀다.	전개·절정	봄-여름	모든 연령/ 10명	60분	공원, 숲
062	작은 동물의 발바닥 관찰하기	작은 생물과 생명에 대한 새로운 시각을 배운다.	전개·절정	봄-여름	초등학생 이상/ 15명	30분	공원, 숲
063	야행성 동물의 청각 체험하기	소리를 통한 방향 감각을 익히고 야생동물을 이해한다.	전개·절정	사계절	모든 연령/ 15명	10~20분	공원, 숲, 실내
064	모형으로 생태계 이해하기	생태계의 균형과 훼손을 이해한다.	전개·절정	사계절	초등학교 고학년 이상/ 20명	10~20분	공원, 숲, 실내
065	발바닥 감각 체험 놀이	퇴화되어가는 우리의 감성을 일깨운다.	전개·절정	봄-가을	모든 연령/ 모둠별 3~5명	10~20분	공원, 숲, 실내
066	다시 자연으로 돌아갈 수 있을까?	자연의 순환 원리를 배운다.	전개·절정	사계절	유아~성인/ 제한 없음	20~30분	공원, 숲, 실내
067	야생동물 멀리뛰기 비교 체험	몸의 활력을 되찾고, 야생동물의 생리를 이해한다.	전개·절정	겨울	초등학생/ 15명	20~30분	공원, 숲
068	애벌레 술래잡기 놀이	애벌레의 보호색을 통해 곤충의 세상을 이해한다.	전개·절정	봄-여름	유아 - 초등학교 저학년/ 10명	10~20분	공원, 숲
069	산새와 대화하기	산새들의 의사 소통 방법을 이해한다.	전개·절정	봄-가을	초등학생/ 20명	30분	공원, 숲
070	느리게 달리기 놀이	야생동물의 에너지 효율성을 이해한다.	전개·절정	사계절	모든 연령/ 40명	30분	숲
071	개미와 진딧물 놀이	생태계의 공생 관계를 이해한다.	전개·절정	사계절	초등학생 이상/ 40명	30분	숲
072	숲속 음악회 놀이	자연물을 이용해 소리의 이치를 배운다.	전개·절정	봄-가을	모든 연령/ 20명	60분	숲
073	녹색 댐 실험 놀이	천연 댐으로서 숲의 역할을 이해한다.	전개·절정	사계절	초등학교 고학년 이상/ 15명	60분	공원, 숲
074	향기로 사물 알아맞기	생물이 향기를 내뿜는 이유를 이해한다.	전개·절정	봄-여름	모든 연령/ 15명	30분	공원, 숲
075	종이 망원경 놀이	숲의 작은 부분부터 전체까지 꼼꼼히 관찰한다.	전개·절정	봄-가을	초등학교 고학년 이상/ 10명	60분	공원, 숲
076	숲속에서 뒹굴뒹굴 놀이	오감을 통해 숲을 느끼고 작은 생물들과 한층 가까워진다.	전개·절정	봄-가을	모든 연령/ 제한 없음	30분	숲

번호	활동	구분	단계	계절	대상 / 인원	시간	장소
077	환상의 숲	야생동물의 시각으로 숲을 관찰한다.	전개·절정	봄-여름	모든 연령/ 모둠별 5~7명	10~20분	숲
078	열매로 하는 EQ 놀이	자연물 이용 활동으로 감성을 키운다.	전개·절정	여름-가을	모든 연령/ 모둠별 3~5명	10~20분	공원, 숲, 실내
079	10분 세계 일주	수많은 생명체로 구성된 숲의 생태를 이해한다.	전개·절정	봄-가을	모든 연령/ 10명	30분	숲
080	빛과 그림자 놀이	나무가 빛을 어떻게 활용하는지 이해한다.	전개·절정	봄-가을	초등학생 이상/ 15명	30분	숲
081	나 홀로 숲 관찰하기	혼자 숲을 관찰하며 새로운 모습을 발견한다.	전개·절정	봄-가을	모든 연령/ 10명	30분	숲
082	나무의 심장 소리 듣기	나무의 내부에서 들려오는 생생한 소리를 들으며 생명의 경이로움을 깨닫는다.	전개·절정	봄-초여름	모든 연령/ 20명	30분	공원, 숲
083	나만의 가을액자 만들기	가을 나뭇잎의 다양한 색깔을 이해한다.	전개·절정	가을	유치원생 - 초등학생/ 제한 없음	30~40분	공원, 숲
084	메모리 카드 게임	자연을 해치지 않으면서 나무의 종류를 이해한다.	전개·절정	사계절	유아 - 초등학생/ 모둠별 3~5명	20~30분	공원, 숲, 실내
085	애벌레 되어보기	오감을 이용해 자연을 느낀다.	전개·절정	봄-가을	모든 연령/ 모둠별 10명	20~30분	숲
086	식물 메모리 게임	나무의 종류를 이해하면서 기억력과 집중력을 기른다.	전개·절정	봄-여름	유아 - 초등학생/ 10명	30분	공원, 숲, 실내
087	숲에서 하는 숫자놀이	사물을 지각·판단하는 능력을 기른다.	전개·절정	사계절	초등학교 고학년 - 중학생/ 모둠별 3~5명	30분	공원, 숲
088	인공지능 카메라 놀이	자연물 관찰 놀이로 집중력을 기른다.	전개·절정	봄-가을	초등학생/ 15명	20분	공원
089	숲에서 하는 림보 놀이	높이에 따라 다른 생물의 생활권을 이해한다.	전개·절정	사계절	초등학생/ 20명	20분	숲
090	눈 가리고 멈춰 놀이	놀이를 통해 거리 감각을 기른다.	전개·절정	봄-가을	초등학생 이상/ 10명	20분	공원, 숲
091	자연물감 만들기	자연 소재로 물감을 만들고 색깔의 의미를 생각한다.	전개·절정	봄-여름	모든 연령/ 20명	30~40분	공원, 숲
092	거미줄 만들기	거미줄을 활용하여 숲의 생태를 이해한다.	전개·절정	봄-가을	초등학생 이상/ 모둠별 3~5명	60분	공원, 숲
093	나무 되어보기	나무의 내부를 들여다보고 그 구조를 이해한다.	전개·절정	사계절	초등학생 이상/ 20명	50분	공원, 숲
094	같은 물건 찾아오기	숲의 다양한 생명체를 발견하면서 관찰력을 기른다.	전개·절정	봄-가을	모든 연령/ 15명	30~40분	공원, 숲
095	누가 누가 무겁나	인간과 야생동물의 다른 점을 이해하고 근력을 강화한다.	전개·절정	사계절	초등학생 이상/ 15명	30분	공원, 숲, 운동장

번호	활동	구분	단계	계절	대상 / 인원	시간	장소
096	나무의 겨울눈 관찰 놀이	겨울눈을 관찰하며 자연의 신비로움을 느낀다.	마무리	겨울	유치원생 – 초등학생/ 모둠별 3~5명	10 ~20분	공원, 숲, 실내
097	숲의 숨은 색깔 찾기	숲의 생태와 다양성을 이해한다.	마무리	봄, 가을	모든 연령/ 모둠별 5명	20분	공원, 숲
098	나무와 인터뷰하기	마음껏 상상의 나래를 펴면서 나무와 좀 더 친해진다.	마무리	사계절	초등학생 이상/ 제한 없음	20분	공원, 숲
099	야생동물의 겨울나기 실험	야생동물이 추운 겨울을 나는 방법을 체험한다.	마무리	겨울	초등학생/ 20명	50 ~60분	숲
100	흔적 찾기 놀이	숲의 생태적 위치와 심각성을 일깨운다.	마무리	봄 – 가을	초등학교 고학년 이상/ 20명	60분	숲
101	하늘 땅 놀이	감각기관을 활성화하고 감정과 마음을 차분하게 한다.	마무리	여름 – 가을	초등학교 고학년 이상/ 30명	30분	숲
102	50년 후의 숲 상상하기	숲의 과거와 미래를 바라보는 시각을 갖는다.	마무리	봄 – 가을	초등학교 고학년 이상/ 20명	30 ~40분	숲
103	쌍강아지 놀이	자연과 나는 하나라는 인식을 일깨운다.	마무리	가을	모든 연령/ 20명	30분	숲
104	토양 속 미생물 관찰하기	자연물이 분해되어 토양이 되어가는 과정을 이해한다.	마무리	여름 – 가을	초등학교 고학년 이상/ 15명	30분	공원, 숲
105	나만의 자연 팔레트 만들기	숲에 있는 다양한 색상과 모양을 이용해 예술적 감각과 창의력을 기른다.	마무리	봄 – 가을	모든 연령/ 제한 없음	30 ~40분	공원, 숲
106	하나 둘 셋 놀이	자연물을 활용해 집중력을 기른다.	마무리	사계절	초등학생 – 중학생/ 모둠별 10명	20 ~30분	공원, 숲, 실내
107	숲의 슬라이드 쇼	숲에서 느낀 감동적인 장면을 연출한다.	마무리	봄 – 가을	초등학생 이상/ 20명	30분	공원, 숲
108	그물망으로 생태계 이해하기	숲의 생태계를 이해하고 모든 생명체가 소중하다는 사실을 일깨운다.	마무리	봄 – 가을	초등학교 고학년 이상/ 15명	20 ~30분	공원, 숲, 실내
109	숲속 영화관	자연 안에서 자신만의 감각을 키우고 다른 생명체를 이해한다.	마무리	봄 – 가을	유아~초등학생/ 20명	30분	숲

001 | 생태 의자 만들기

길잡이
- 구분 : 시작 단계
- 주제 : 협동심
- 형식 : 활동적
- 계절 : 사계절
- 대상 : 초등학생 이상
- 인원 : 15명 이상
- 진행 시간 : 10~20분
- 장소 : 공원, 숲

무엇을 배우나요?
교육을 시작하기 전에 서로의 마음을 확인할 수 있으며, 놀이를 통해 하나의 생물이 사라지는 것이 전체 생태계에 영향을 미칠 수 있음을 깨닫게 한다.

무엇을 준비해야 하나요?
없음

어떻게 진행하나요?
1. 다 함께 둘러서서 우향우를 한 뒤 앞사람 뒤통수를 바라보고 선다.
2. 원 안쪽으로 두 발자국 정도 들어오면 서로 몸이 밀착된다.
3. 교육자의 지시에 따라 뒷사람의 무릎에 동시에 앉는다. 이때 앞사람이 편한 마음으로 뒷사람에게 의지할 수 있도록 유도한다.
4. 생태의자가 만들어지면 중간에 한 사람을 빼내어 의자를 무너뜨려본다.

이런 질문 어때요?
나를 받치고 있던 뒷사람이 사라진다면 나는 어떻게 될까요?

※참조하세요
중간에 어린이가 끼여 있으면 받치기 힘들어질 수 있으므로 위치를 잘 조정해 줘야 한다. 또 의자가 자주 무너지면 실망하지 말고 끝까지 성공할 수 있도록 격려한다. 이 활동을 통해서 어느 누구도 소중하지 않은 사람이 없다는 것을 알린다.

숲에 인사하기 | 002

무엇을 배우나요?
숲에 들어가기 전에 주의할 점을 알리고, 전체적인 분위기를 살릴 수 있다.

무엇을 준비해야 하나요?
없음

어떻게 진행하나요?
〔유아용〕
1. 숲의 입구에 교육생 모두 둘러서서 손을 잡는다.
2. 교육자는 숲에서 만날 친구들과 인사를 나누자고 한다.
3. 우선, 땅에서 만난 개미에게 아주 작은 소리로 인사하자고 한다.
4. 모두 아주 작은 소리로 "개미야, 안녕!" 하고 인사를 한다.
5. 시선을 땅에서 하늘로 옮기며 그에 따라 목소리도 높인다.
   (개미, 토끼, 노루, 다람쥐, 나무, 하늘 등 숲에서 볼 수 있는 것들에게 사례사례 인사를 한다.)

길잡이
- 구분 : 시작 단계
- 주제 : 숲의 생태
- 형식 : 활동적, 역할놀이적
- 계절 : 사계절
- 대상 : 유치원생 – 초등학생
- 인원 : 20명
- 진행 시간 : 10~20분
- 장소 : 공원, 숲

〔초등학생용〕
1. 숲의 입구에 동그랗게 선다.
2. 교육생과 교육자 모두 인사를 나눈다.
3. 교육자는 숲에 사는 생물들에게 인사를 해야 하는 이유와 인사하는 법을 알려준다.
4. 처음에는 아주 작은 소리 "산, 안녕!"을 외친다.
5. 다음 단계로 "산, 안녕!"을 좀더 크게 외치다가 점점 소리를 키워간다.
6. 마지막 단계에서는 아주 큰 소리로 숲에게 인사한다.

이런 질문 어때요?
1. 숲의 주인은 누구일까요?
2. 나의 인사에 숲은 어떻게 대답했나요?

※참조하세요
숲은 모험의 공간이며, 무한한 상상의 나래를 펼 수 있는 마당이다. 연초록 빛깔의 봄, 수많은 꽃들이 피어나는 여름, 나뭇잎이 갈색으로 변해가는 가을, 찬바람이 부는 겨울 등 사계절을 직접 보고 듣고 냄새 맡음으로써 경험하는 것은 올바른 인성 발달에 큰 영향을 미친다.

003 이름표 퍼즐

길잡이
- 구분 : 시작 단계
- 주제 : 나무
- 형식 : 활동적, 관찰적
- 계절 : 사계절
- 대상 : 유아 – 초등학교 저학년
- 인원 : 20명
- 진행 시간 : 10~20분
- 장소 : 공원, 숲

무엇을 배우나요?
프로그램을 진행하기 전에 교육생들의 이름을 알리는 과정에서 활용할 수 있다. 교육생들의 이름표 뒷면을 활용하여 나무 그림 퍼즐 게임을 진행한 뒤 모둠 나누기까지 해볼 수 있다.

무엇을 준비해야 하나요?
이름표(모둠별로 한 나무의 사진을 퍼즐처럼 조각으로 잘라 이름표를 만든다.)

어떻게 진행하나요?
1. 전원에게 이름표를 나눠주고, 이름표 뒷면의 그림 퍼즐을 맞추도록 한다.
2. 퍼즐이 맞는 대로 자연스럽게 모둠을 형성하며, 모둠별로 나무 이름을 붙여 준다.

이런 질문 어때요?
몇 명의 친구 이름을 기억했나요?

※ 참조하세요.
퍼즐로 맞춘 나무의 특징과 생김새에 대해서 이야기해주며, 모둠별로 숲에서 그 나무들을 찾아보면 더욱 큰 교육 효과를 얻을 수 있다. 나무 이외에 다른 자연물이나 생명체를 퍼즐에 넣을 수도 있다. 단, 인원과 퍼즐의 개수가 일치해야 한다.

이름 외우기 놀이 · 004

무엇을 배우나요?
처음 만나는 자리에서 서로 얼굴을 익히고 친해지면 곧바로 프로그램을 진행하는 것보다 교육 효과를 높일 수 있다. 따라서 간단히 자기소개를 하는 시간을 갖는 것이 좋다. 자연에서는 나무와 동물의 이름을 외우는 것보다 나무 자체를 느끼는 접근이 효과적이지만, 사람은 이름을 알면서 그 사람의 본질에 가까이 접근할 수 있기 때문에 이름을 아는 것도 중요하다.

무엇을 준비해야 하나요?
이름표

어떻게 진행하나요?
1. 자신의 이름표를 뒤집어 이름이 보이지 않게 한다.
2. 교육자가 한 사람의 인상착의를 설명한다.
3. 소개된 사람은 자신의 이름을 밝히고 교육에 참가한 동기 등을 이야기한다.
4. 자기소개를 마친 사람은 또 다른 사람의 인상착의를 설명하여 계속 소개를 이어간다.
5. 모두 소개를 마치면 또 다른 이름 외우기 놀이로 연결시킬 수 있다.

이런 질문 어때요?
1. 나는 외형상 어떤 특징이 있나요?
2. 나를 다른 생명들과 비교했을 때 누구와 가장 닮았나요?

※ 참조하세요
이와 같은 방법은 일정한 순서대로 진행하는 자기소개보다 재미있게 서로의 이름과 특성들을 알게 하는 데 도움이 된다. 숲에서 만나는 나무나 들풀, 다른 동물들을 관찰할 때도 이와 같이 생김새나 특징 등을 구체적으로 보며 활동하면 쉽고 재미있게 익힐 수 있다.

길잡이
- 구분 : 시작 단계
- 주제 : 협동심
- 형식 : 활동적
- 계절 : 사계절
- 대상 : 초등학교 고학년 이상
- 인원 : 20명
- 진행 시간 : 10~20분
- 장소 : 공원, 숲, 실내

005 | 짝 찾기 놀이

길잡이
- 구분 : 시작 단계
- 주제 : 나무, 숲의 생태
- 형식 : 활동적, 감성적, 관찰적
- 계절 : 여름 - 가을
- 대상 : 유아 - 초등학생
- 인원 : 20명
- 진행 시간 : 20분
- 장소 : 공원, 숲

무엇을 배우나요?
숲을 오래도록 관심 있게 들여다보지 않으면 어떤 생물들이 얼마나 다양하게 살아가는지 가늠하기 어렵다. 특히 아직 종합적으로 사고하는 것에 미숙한 어린이들은 즐거운 놀이를 통해 조금씩 숲을 이해하도록 유도하는 것이 효과적이다. 이 놀이는 숲에 다양한 모습이 있으며, 비슷해 보이는 나무들도 모두 다른 특징이 있다는 사실을 가르쳐준다.

무엇을 준비해야 하나요?
양면테이프, 나뭇잎

어떻게 진행하나요?
1. 교육생이 20명일 경우 같은 나뭇잎 2장씩 서로 다른 나뭇잎 10가지를 준비한다.
2. 나뭇잎 뒷면에 양면테이프를 붙이고, 모두 눈을 감게 한 뒤 이마에 한 장씩 붙여준다.
3. 교육생이 홀수일 경우 교육자도 함께 참여한다.
4. 자신의 이마에 붙어 있는 나뭇잎이 어떤 잎인지 알게 해서는 안 된다.
5. 돌아다니면서 내 나뭇잎의 모양에 대해 묻는다.
6. 짝을 찾으면 함께 그 나뭇잎의 나무를 찾아서 껴안는다.

이런 질문 어때요?
나뭇잎의 모양은 몇 가지 종류가 있을까요?

※ 참조하세요
많은 사람들이 숲을 이해하는 과정에서 나무나 들풀의 이름을 적고 암기한다. 그러나 이러한 접근은 자칫 잘못하면 많은 노력을 들이고도 만족을 얻기가 힘들다. 숲에 가면 신기한 들풀과 곤충, 나무들이 눈에 띈다. 이런 대상에 관심을 가지고 의문을 품기 시작하는 것은 결코 나쁜 방법이 아니다. 그러나 수많은 식물의 이름이나 곤충의 종류들을 다 알고자 한다면 얼마 지나지 않아 의욕을 상실하는 경우가 있다. 편안한 마음으로 전체를 볼 수 있는 안목이 필요하다. 이 프로그램은 모두 함께 놀면서 자연스럽게 주변에 있는 나무들을 익힐 수 있게 해준다. 좀더 관심을 가지고 준비한다면 들풀이나 곤충 등을 소재로 활동할 수도 있다.

나무 술래잡기 — 006

무엇을 배우나요?
자연스럽게 모둠을 나누거나 추운 날씨를 극복하거나 침체된 분위기를 전환할 때 유용하다.

무엇을 준비해야 하나요?
나무를 묶어 표시할 색깔 끈(혹은 종이테이프)

어떻게 진행하나요?
1. 교육자는 사전에 여러 가지 나무에 색깔 끈(혹은 종이테이프)을 묶어 표시한다.
2. 각 나무는 교육자가 제시하는 일정한 숫자의 사람들만 차지할 수 있다.
   예) 참가자 15명=나무 7그루, 각 나무에 2명+나머지 1명
3. 이때 교육자는 반드시 남는 사람이 나오는 숫자를 제시해야 한다.
4. 나무에 일찍 도착하지 못한 사람이 술래가 되어 "바꿔!"를 외치면서 모두 다른 나무로 이동한다.
5. 늦게 도착하여 자리를 차지하지 못한 사람이 다시 술래가 된다.
6. 나무의 숫자를 하나씩 줄이고 나무를 차지할 수 있는 사람의 숫자를 늘려가는 방법으로 진행한다.

이런 질문 어때요?
1. 내가 만진 나무들의 촉감은 어떻게 달랐나요?
2. 나무 이름의 유래에 대해서 알고 있나요?
3. 만일 숲에 한 종류의 나무만 있다면 어떤 변화가 일어날까요?

※ 참조하세요
모둠을 나누기 위해 이 놀이를 한다면, 교육생들은 사전에 모둠 나누기 활동이라는 것을 모르는 것이 좋다. 활동의 마지막에 나무 숫자를 조절해 모둠을 자연스럽게 나눌 수 있으며, 모둠에 대한 반감도 줄어든다. 이 프로그램은 매우 활동적이기 때문에 특히 아이들이 즐겁게 참여할 수 있으나, 무더운 여름날에는 피하는 것이 좋다. 전체적으로 침체된 분위기에서 진행이 가능하고, 다양한 종류의 나무들을 체험하는 프로그램으로 이어갈 수 있다.

길잡이
- 구분 : 시작 단계
- 주제 : 나무
- 형식 : 활동적, 감성적
- 계절 : 사계절
- 대상 : 모든 연령
- 인원 : 40명
- 진행 시간 : 10~20분
- 장소 : 공원, 숲

007 같은 모양 찾기

길잡이
- 구분 : 시작 단계
- 주제 : 숲의 생태
- 형식 : 활동적, 감성적, 관찰적
- 계절 : 봄 - 여름
- 대상 : 모든 연령
- 인원 : 15명
- 진행 시간 : 20~30분
- 장소 : 공원, 숲

무엇을 배우나요?
숲을 만나는 시작 단계에서 숲속 사물들을 거부감 없이 관찰할 수 있게 하는 것은 숲을 자연스럽게 만날 수 있도록 도와주는 좋은 동기가 된다. 또 숲을 이루는 사물에 대한 세부적인 접근 방법을 통해 평소와 달리 구체적으로 자연을 접근하도록 도와줄 수 있으며, 다음 활동을 시작하는 데 연결점이 될 수 있다.

무엇을 준비해야 하나요?
여러 가지 모양이 그려진 카드, 흰 천

어떻게 진행하나요?
1. 숲의 입구에서 모양 카드를 나눠주며 비밀 카드라고 호기심을 유발한다.
2. 함께 이동하면서 카드의 모양과 같거나 최대한 비슷한 자연물들을 찾는다.
3. 목적지에 도착하면 흰 천을 바닥에 깔고 자연물과 카드를 함께 전시한다.
4. 숲에 있는 여러 가지 모양과 같은 사물을 바라보는 다양한 관점에 대하여 설명한다.

이런 질문 어때요?
1. 숲에는 얼마나 다양한 모양이 있을까요?
2. 같은 모양 카드를 가졌던 이들이 왜 서로 다른 사물을 찾아왔을까요?

※참조하세요
교육 현장에서 시작 단계나 각 지점을 이동하는 과정에 활용할 수 있는 놀이로, 교육 활동 공간 사이가 먼 경우 주의를 집중시켜 지루하지 않게 이동할 수 있도록 이끌어준다. 특히 카드의 모양과 숲에 있는 사물들의 모양을 자세히 관찰하고 비교하는 과정에서 관찰력이 길러진다. 숲에 있는 갖가지 모양들을 찾아봄으로써 숲의 다양성을 이해할 수 있다.

다 함께 팽팽 | 008

무엇을 배우나요?
교육생들 개개인이나 모둠의 성향을 파악하여 좀더 나은 교육을 준비하는 데 도움이 되며, 모두 함께 힘을 합해야 하는 상황을 설정함으로써 모둠의 단합된 모습을 이끌어내는 데 효과적이다. 특히 초등학교 3학년 이상 학생들의 시작 프로그램으로 적당하다.

무엇을 준비해야 하나요?
흰 천, 컵, 물

어떻게 진행하나요?
1. 자연물을 흰 천의 가장자리에 놓고 그 주위에 둘러앉는다.
2. 다 함께 흰 천의 가장자리를 잡고 사물들이 움직이거나 떨어지지 않도록 천을 팽팽하게 잡아당기면서 그대로 일어선다.
3. 그 상태로 천 위의 사물들이 움직이지 않게 하면서 오른쪽으로 10m 정도 움직인다.
4. 성공하면 다시 왼쪽으로 10m 정도 움직인다.
5. 자연물로 성공하면 이번엔 컵에 물을 3분의 2 정도 담고 천 중앙에 올린 다음 다 함께 움직여본다. 물을 흘리지 않으면 성공이다.

이런 질문 어때요?
숲의 사물들이 흰 천 위에서 움직이지 않기 위해서는 어떤 방법을 이용하면 될까요?

※참조하세요.
'023 숲속 보물찾기'나 '007 같은 모양 찾기'와 자연스럽게 연결할 수 있는 놀이다. 찾아온 사물들과 물이 담긴 컵을 이용하여 교육생들의 마음을 모아야 하는 활동이다. 이 프로그램을 통해 개개인의 집중력이 조합되어 하나로 나타난다. 함께 뭔가 이뤘다는 성취감이 목적이므로 대상에 따라 물의 양을 조절해야 하며, 컵이 쓰러지더라도 다시 시도할 수 있도록 격려해야 한다. 본격적인 활동을 시작하기에 앞서 모두 하나가 되는 느낌을 줄 수 있기 때문에 또 다른 활동들을 진행하는 데 효과적이며, 교육생들이 더 많은 관심과 흥미를 가지고 참여하게 할 수 있다.

길잡이
- 구분 : 시작 단계
- 주제 : 협동심
- 형식 : 활동적
- 계절 : 봄 - 가을
- 대상 : 초등학교 저학년 이상
- 인원 : 10명
- 진행 시간 : 10~20분
- 장소 : 공원, 숲

009 낙엽 모자이크 맞추기

길잡이
- 구분 : 시작 단계
- 주제 : 나무
- 형식 : 활동적, 감성적, 관찰적
- 계절 : 가을
- 대상 : 유아 - 초등학생
- 인원 : 모둠별 3~5명
- 진행 시간 : 30분
- 장소 : 공원, 숲

무엇을 배우나요?
사물에 대한 관찰력을 기르고, 자연현상에 대해 이해할 수 있다.

무엇을 준비해야 하나요?
흰 천(혹은 종이판), 도화지, 풀, 가위

어떻게 진행하나요?
1. 숲에서 다양한 나뭇잎을 모아 흰 천(혹은 종이판)에 올려둔다.
2. 같은 종류의 낙엽은 빼고 서로 다른 낙엽들만 남긴다.
3. 나뭇잎을 통해 숲에 어떤 나무들이 살고 있는지 알아본다.
4. 가위로 나뭇잎을 5~10조각으로 자른다. 교육생들의 연령에 따라 낙엽의 조각을 달리한다.
5. 잘린 낙엽을 모두 섞어놓고 나뭇잎 조각 퍼즐을 맞춰본다.
6. 올바로 맞춰진 낙엽 조각들은 풀로 도화지에 붙인다.

이런 질문 어때요?
1. 나뭇잎은 어떤 모양인가요?
2. 나뭇잎을 자세히 보면 어떤 특징이 있나요?(잎맥 관찰)
3. 나뭇잎의 가장자리는 서로 어떻게 다른가요?
4. 나뭇잎의 앞면과 뒷면은 어떻게 다른가요?
5. 이 숲에는 왜 이러한 나무들이 살고 있을까요?
6. 나뭇잎의 색깔은 왜 서로 다를까요?

※ 참조하세요
서로 다른 나뭇잎을 정확하게 설명하면서 마무리하면 좋다. 나뭇잎을 인체와 비교한다면 소화 기관이자 수분 조절 기관이라 할 수 있다. 나무에 필요한 에너지는 모두 나뭇잎에서 만들어지기 때문에 나뭇잎이 활동하지 않는다는 것은 나무의 죽음을 의미한다.

나뭇잎에 빛이 비치면 뿌리에서부터 물이 올라오고 잎의 작은 구멍인 기공 stoma을 통해 이산화탄소가 흡수된다. 이로써 탄소와 물이 혼합되어 탄수화물이 만들어지며, 이때 생성된 불필요한 산소는 잎 밖으로 배출된다. 이 과정에서 나무는 에너지를 소모하기 때문에 땀을 흘리는데, 그것 역시 수증기의 형태로 산소와 함께 대기 중으로 배출된다. 이처럼 나무가 만들어낸 산소 가운데 일부는 대기를 떠돌다가 인간의 체내로 들어간다.

'나무가 없다면 우리는 어떻게 될까?'라는 질문을 공유하면서 활동을 마무리한다. 교육생들은 낙엽을 줍는 과정에서 나뭇잎의 다양한 형태와 종류를 관찰하고, 낙엽에 대한 설명을 들으면서 나무에 대해 더 많은 것을 이해한다. 따라서 놀이를 통해 촉각을 발달시키고 관찰력과 집중력, 직관력을 향상시킬 수 있다. 완성된 낙엽 모자이크는 나무와 나무 사이를 줄로 연결하여 전시하거나 기념품으로 간직해도 좋다.

010 | 나무가 버린 것

길잡이
- 구분 : 시작 단계
- 주제 : 나무
- 형식 : 관찰적
- 계절 : 가을
- 대상 : 초등학교 고학년 이상
- 인원 : 10명 이하
- 진행 시간 : 20분
- 장소 : 공원, 숲

무엇을 배우나요?
가을에 나무가 버리는 것들을 찾아보고 그 원인과 나무의 생리를 이해한다.

무엇을 준비해야 하나요?
흰 천(혹은 종이판)

어떻게 진행하나요?
1. 숲에서 나무가 떨어뜨린 것들을 모은다.
2. 각자 모은 것들을 흰 천(혹은 종이판)에 올려놓고 관찰한다.
3. 가을이 되면 나무가 어떤 것들을 버리며, 왜 그런 현상이 일어나는지 알아본다.

이런 질문 어때요?
1. 가을이 되면 나무들은 왜 이렇게 많은 것들을 버릴까요?
2. 계절별로 나무에 일어나는 변화는 어떤 것들이 있을까요?

※ 참조하세요
낙엽은 나무가 추운 겨울을 이겨내기 위하여 최초로 에너지 소비를 하는 생존 전략으로 나타난 결과물이다. 그 많은 잎들을 버리지 않으면 나무는 얼어버린 땅에서 물을 끌어올리지 못하는 겨울 동안 살아갈 수 없기 때문이다. 그러므로 나무는 떨켜를 만들어 에너지를 차단하고 과감히 잎들을 버리는 것이다.
참나무류가 있는 바닥에는 가지와 함께 도토리들을 볼 수 있다. 이것은 도토리거위벌레가 연한 도토리 속에 알을 낳고 그 안에서 새끼가 자라날 수 있도록 가지를 끊어버린 흔적이다. 도토리거위벌레의 입장에서는 번식을 위한 수단이지만, 참나무의 입장에서는 생식을 방해받는 것으로 보일 수도 있다. 그러나 이러한 현상이 참나무에게 그리 나쁜 것은 아니다. 열매를 너무 많이 달고 있으면 에너지가 분산되어 실하고 튼튼한 열매를 맺을 수 없기 때문이다. 그러므로 참나무가 도토리 몇 개를 내어주는 것은 더욱 튼튼하고 건강한 종자를 생산해내기 위한 방법이라고 할 수 있다.

알쏭달쏭 나무 구별하기　011

무엇을 배우나요?
나무의 모양이나 껍질, 겨울눈, 잎 등을 관찰하면서 나무를 구분하고 각각의 특성을 찾아본다.

무엇을 준비해야 하나요?
돋보기, 필기도구

어떻게 진행하나요?
예) 잎의 특징에 따른 관찰
1. 각자 관찰하고 싶은 나무를 하나씩 정한다.
2. 나무에 가까이 다가가서 잎을 꼼꼼히 관찰한다.
3. 관찰하는 동안 관찰에 도움이 될 만한 질문을 한다.
    - 잎자루가 긴가, 짧은가?
        잎은 양면 모두 같은 색인가?
    - 잎에 잔털들이 있는가?
    - 잎의 가장자리는 어떻게 생겼는가?
4. 각자 관찰한 나뭇잎에 대한 것들을 설명해본다.

이런 질문 어때요?
1. 나무는 언제까지 자랄 수 있어요?
2. 나무가 하루에 먹는 물의 양은 얼마나 될까요?

※참조하세요
관찰이 끝나면 다른 나무로 이동하여 관찰해본다. 나뭇잎에 대한 질문에 답하기 위해서라도 나뭇잎을 자세히 관찰하도록 유도해야 한다. 나뭇잎의 특성에 따른 생태에 대한 설명을 덧붙인다면 더욱 좋다. 교육생의 연령에 따라 다양한 접근을 할 수 있도록 질문을 사전에 준비하고, 나뭇잎의 인상적인 특징에 따라 이름을 지어주는 활동으로 이어갈 수 있다.

길잡이
- 구분 : 시작 단계
- 주제 : 나무
- 형식 : 감성적, 관찰적
- 계절 : 여름 - 가을
- 대상 : 유치원생 이상
- 인원 : 20명
- 진행 시간 : 10~20분
- 장소 : 공원, 숲, 실내

012 내가 본 자연물 찾아오기

길잡이
- 구분 : 시작 단계
- 주제 : 초본
- 형식 : 활동적, 감성적, 관찰적
- 계절 : 봄 - 가을
- 대상 : 초등학생
- 인원 : 10명 이하
- 진행 시간 : 10~20분
- 장소 : 공원, 숲

무엇을 배우나요?
숲에서는 수없이 많은 것들이 관찰되며, 대부분 우리에게 신비로운 것들이다. 하찮게 보이는 것에도 생명의 아름다움이 살아 있다. 이 놀이를 통해 관계성과 생명의 소중함을 알아보자.

무엇을 준비해야 하나요?
보자기

어떻게 진행하나요?
1. 숲에서 들풀과 나뭇잎, 나뭇가지 등을 수집해둔다.
2. ①의 자연물들을 하나씩 보여주고 그것들에 대해 간단히 설명한 다음 보자기에 감춘다.
3. ②에서 본 것들을 주변에서 찾아오도록 한다.
4. 보자기에 있는 자연물들을 하나씩 꺼내면서 같은 사물을 누가 얼마나 많이 찾아왔는지 확인한다.

이런 질문 어때요?
숲에서 찾은 것들 가운데 비슷하지만 다른 것은 무엇인가요?

※참조하세요
쉽고 간단한 놀이를 통해 '숲은 다양한 들풀과 나무들이 살아가는 곳' 임을 인식한다면 더할 나위 없는 교육이 될 것이다. 다양한 자연물이 발견되는 만큼 다양한 곤충과 야생동물들도 살아갈 수 있다. 길가에 핀 들풀은 우리 눈에 보이는 들풀 이상의 가치가 있다. 들풀이 존재함으로써 수많은 생물들이 그와 더불어 살아갈 수 있기에 인간의 눈에는 가치 없어 보이는 '잡초' 도 숲에서는 소중한 존재다. 아무리 작고 보잘것없어 보이는 생물도 그 나름의 역할을 가지고 이 세상에 존재한다는 사실을 인식시킨다.

믿음을 쌓는 통나무 놀이 | 013

무엇을 배우나요?
생태계에는 어느 것 하나 불필요한 존재가 없다는 것을 알고, 어려운 현실이 다가올수록 협력과 단결이 필요하다는 것을 인식한다.

무엇을 준비해야 하나요?
여럿이 올라설 수 있는 쓰러진 통나무

어떻게 진행하나요?
1. 교육생들은 모두 통나무 위에 올라간다.
2. 교육자는 특정한 과제를 준다.
    예) '왼쪽부터 남자, 여자 한 명씩 순서대로 서시오' '이름의 ㄱㄴㄷ 순서대로 서시오' '키 순서대로 서시오' 등.
3. 통나무에서 떨어진 사람은 탈락한다.
4. 교육생 전체의 협동심이 필요하다는 것을 느끼도록 한다.

이런 질문 어때요?
1. 어떻게 하는 것이 과제를 가장 잘 수행하는 방법인가요?
2. 성공 비결은 어디에 있었나요?

※ 참조하세요
교육생들이 너무 어리거나 과제 수행을 어려워하는 경우에는 리베로(통나무 아래 발을 지탱하고 과제 수행을 도와주는 사람) 한 명을 지정할 수 있다. 과제가 실패로 돌아가지 않도록 주의한다.

과제를 수행하는 방법을 충분히 설명한다. 자칫 잘못하면 단순한 놀이로 끝나버릴 수 있기 때문이다. 교육생의 연령에 따라서 처음에는 과제를 수행하는 데 어려움이 있을 수 있다. 아이들은 통나무 위에서 안간힘을 다하는 과정에서 많은 것을 얻을 수 있다. 이때 교육자나 어른들은 아이들이 스스로 판단하고 과제를 수행하도록 가급적 간섭하지 않는 것이 좋다. 다만 통나무 아래로 떨어지거나 경우에 따라서는 다칠 수 있다는 것을 염두에 두고, 위험한 순간에 도울 수 있게 준비해야 한다. 아이들 스스로 과제를 수행하도록 하려면 어른들의 시각에서 볼 때 많은 시간이 필요하므로 어렵다고 생각할 수 있지만, 반드시 끝까지 기다리는 자세가 필요하다. 서로 손을 잡아주고 안아주는 과정에서 협동심이 생기며, 아이들 스스로 문제를 풀어나갈 수 있다는 믿음을 심어주는 것이 중요하다.

길잡이
- 구분 : 시작 단계
- 주제 : 협동심
- 형식 : 활동적
- 계절 : 사계절
- 대상 : 초등학생 이상
- 인원 : 15명
- 진행 시간 : 30~40분
- 장소 : 공원, 숲

014 | 나뭇가지로 균형 잡기 놀이

길잡이
- 구분 : 시작 단계
- 주제 : 나무
- 형식 : 활동적, 감성적
- 계절 : 사계절
- 대상 : 모든 연령
- 인원 : 모둠별 3명
- 진행 시간 : 20~30분
- 장소 : 공원, 숲

무엇을 배우나요?
주변에 있는 나뭇가지를 이용한 균형 잡기 놀이를 통해 평형감각을 익힌다.

무엇을 준비해야 하나요?
숲의 나뭇가지

어떻게 진행하나요?
1. 모둠별로 팔뚝보다 긴 나뭇가지를 주워온다.
2. 나뭇가지 두 개를 이용하여 T자 모양으로 균형을 잡아본다.
3. 진행자는 모둠별로 다음과 같은 기준에 따라 평가한다.
   - 아래 나뭇가지의 받침이 되는 면적이 가장 좁은 팀이 점수를 얻는다.
   - 위 나뭇가지가 크고 무게가 많이 나가는 팀이 점수를 얻는다.
   - 위 나뭇가지의 개수가 많을수록 점수를 얻는다.
   - 균형을 잡기 어려운 나뭇가지일수록 점수를 얻는다.

이런 질문 어때요?
1. 균형을 잡기 위해 가장 좋은 방법은 무엇일까요?
2. 우리 주변에서 균형 잡기 원리로 만들어진 기구에는 어떤 것들이 있나요?

※참조하세요
각 모둠의 활동이 끝나면 개인별 활동으로 이어갈 수 있으며, 나뭇가지 이외에 다양한 자연물이나 인체를 이용하여 균형 잡기 놀이를 해볼 수도 있다.

나무와 사물의 관계 알아보기 | 015

무엇을 배우나요?
우리가 일상생활에서 사용하는 제품들 중 많은 것이 나무 대신 플라스틱으로 만들어진다. 인공 물질은 자연 환경을 오염시키고 인체에 악영향을 미친다. 그러한 인공 물질들이 우리 생활에 얼마나 많이 사용되고 있는지 체험해보자.

무엇을 준비해야 하나요?
메모지, 필기도구

어떻게 진행하나요?
1. 메모지에 가장 좋아하는 물건이나 지금 떠오르는 물건(사물)을 한 가지 적는다. 이때 동식물이나 음식이 아닌 책상, 의자, 연필 등 사물을 적어야 한다.
2. 메모지를 모아서 나무나 플라스틱으로 만들 수 있는 것, 나무로 만들 수 없는 것, 반드시 나무로만 만들 수 있는 것으로 분류해본다.
3. 나무로 만들 수 없는 것들과 나무로 만들 수 있는 것들에 대해서 토론한다.
4. 우리가 사용하는 제품들 중 나무로 만들어진 것이 적다는 사실을 알고, 단지 편리하고 비용이 저렴하다는 이유 때문에 플라스틱 제품을 사용하면 환경이 훼손되고 인체에도 해롭다는 사실을 인식시키는 것으로 놀이를 정리한다.

이런 질문 어때요?
1. 우리 집에는 나무로 된 물건이 몇 가지나 있나요?
2. 우리가 나무를 사용해야 하는 이유는 무엇일까요?

※ 참조하세요
불과 몇십 년 전과 지금의 생활양식을 비교해보면 우리가 인공적인 제품에 의존해 살아가고 있다는 사실에 놀랄 것이다. 그만큼 우리의 생활 속에 인공적인 제품들이 깊숙이 파고들었으며, 이것은 아직 육체적으로 미성숙한 어린이들에게 치명적인 악영향을 미칠 수 있다. 그러나 자연 제품인 나무로 만들어진 놀이도구나 생활용품을 사용하면 인체에 해로운 경우가 거의 없을 뿐 아니라 자연 환경에도 긍정적으로 작용한다. 어린이들과 함께 이런 놀이를 함으로써 우리의 생활양식에 대해 많은 의견을 주고받으며, 인공적인 제품에 대한 심각성을 인식할 수 있다.

길잡이
- 구분 : 시작 단계
- 주제 : 나무
- 형식 : 토론적, 실험·실습적
- 계절 : 겨울
- 대상 : 초등학교 고학년 – 중학생
- 인원 : 20명
- 진행 시간 : 10~20분
- 장소 : 실내

016 나무 즉석복권 만들기

길잡이
- 구분 : 시작 단계
- 주제 : 나무
- 형식 : 활동적, 감성적, 관찰적
- 계절 : 사계절
- 대상 : 유아 – 초등학생
- 인원 : 20명
- 진행 시간 : 10~20분
- 장소 : 공원, 숲

무엇을 배우나요?
나무를 식별하는 방법은 나뭇잎으로만 가능한 것이 아니다. 꽃이나 열매, 전체적인 나무의 모양, 나무껍질(수피)로도 구분할 수 있다. 수피로 나무를 식별하는 놀이를 통해 나무를 알아간다면 나무에 대한 느낌이 오래도록 남을 것이다.

무엇을 준비해야 하나요?
흰 도화지, 연필(혹은 색연필), 테이프

어떻게 진행하나요?
1. 흰 도화지를 나무껍질에 대고 눈높이 정도에서 테이프로 붙인다.
2. 연필(혹은 색연필)을 비스듬히 눕혀서 흰 도화지 위를 칠해 나무껍질로 즉석복권을 긁어본다.
3. 서로 다른 나무를 찾아 여러 가지 나무껍질로 즉석복권을 만들어본다.
4. 복권 긁는 놀이가 끝나면 바닥에 떨어진 나뭇잎을 찾아 맞추기를 시작한다.
5. 나무껍질과 열매를 매치시켜 같은 나무에서 나온 것을 찾아본다.

이런 질문 어때요?
1. 나무마다 껍질의 모양이 어떻게 다른가요?
2. 나무껍질은 어떤 역할을 할까요?

※ 참조하세요
나무껍질은 다양한 모양과 색깔로 자신을 나타내는 나무의 얼굴이다. 그동안 나뭇잎만 관찰해왔다면 나무껍질을 관찰해보고 서로 다른 나무를 구분하면서 나무에 대해 좀더 친근함을 느껴볼 수 있을 것이다. 나무 이름을 몰라도 이 놀이를 통해 충분한 체험 교육이 된다. 나무껍질과 잎을 일치시키는 것은 어려운 일이 아니다. 아이들이 흥미를 보이면 열매를 찾아보는 것까지 진행할 수 있다. 그 과정에서 나무에 대한 아이들의 관심은 더 깊어질 것이다. 아이들이 나무의 이름을 알고 싶어하면 놀이를 통해 만난 나무를 식물도감에서 찾아보게 하자. 직접 찾아보는 것 또한 배움의 과정이다. 한 번 들은 이름은 쉽게 잊지만, 직접 찾아보고 배운 것들은 오래도록 머리에 남는다.

야행성 동물 사냥하기 | 017

무엇을 배우나요?
야생동물은 이 세상을 어떻게 바라보며 살아갈까? 숲은 야생동물에게 어떤 공간일까? 야생동물이 바라보는 세상을 체험해보고 그들의 생리를 이해한다.

무엇을 준비해야 하나요?
물뿌리개, 물, 눈가리개, 불투명한 비닐봉지

어떻게 진행하나요?
1. 한 사람은 노루가 되어 눈을 가리고, 나머지 사람들은 배고픈 호랑이가 되어 노루를 에워싼다.
2. 호랑이들 가운데 한 사람이 노루에게 다가가 어깨를 치면 노루는 호랑이에게 잡아먹힌 것이다.
3. 노루는 호랑이가 접근하는 기척을 느끼면 물뿌리개로 물을 뿌릴 수 있다.
4. 노루가 호랑이에게 잡아먹힐 때까지 놀이를 계속한다.
5. 호랑이와 노루의 역할을 바꿔서 해본다.
6. 활동이 끝나면 불투명한 비닐봉지를 통해 숲을 바라보면서 야행성 동물이 낮에 바라보는 세상을 체험해본다.

이런 질문 어때요?
1. 야생동물은 왜 대부분 밤에 활동할까요?
2. 야생동물 가운데 낮에 활동하는 동물은 무엇이 있을까요?

※참조하세요
숲에 사는 많은 동물들은 주로 야행성이다. 고라니, 노루, 사슴, 멧돼지 등이 대표적인 야행성 동물이다. 이러한 활동을 통해 아이들에게 인간이 보는 것이 전부가 아니라는 생각을 심어줄 수 있다. 즉 인간 중심적 사고에서 벗어나야 한다는 사실이다. 오늘날 자연 환경이 훼손되고 많은 야생동물들이 사라지는 원인은 대부분 인간의 활동에 기인한 것이라고 볼 수 있다. 인간의 활동이 다른 생물들을 함께 고려하는 생태 친화적인 사고로 전환될 필요가 있다.

길잡이
- 구분 : 시작 단계
- 주제 : 야생동물
- 형식 : 활동적, 감성적
- 계절 : 사계절
- 대상 : 유치원생-초등학교 저학년
- 인원 : 20명
- 진행 시간 : 10~20분
- 장소 : 공원, 숲

018 숨은 야생동물 찾기

길잡이
- 구분 : 시작 단계
- 주제 : 야생동물
- 형식 : 역할놀이적, 활동적
- 계절 : 봄 - 가을
- 대상 : 초등학교 저학년 이하
- 인원 : 20명
- 진행 시간 : 30분
- 장소 : 숲

무엇을 배우나요?
숲에서 아이들과 교육을 하다 보면 갑자기 다람쥐나 박새 등이 나타날 때가 있다. 그 순간 아이들은 온통 그곳에 집중하여 놀이를 할 수 없을 지경이 된다. 그만큼 아이들이 동물에 관심이 많다는 증거다. 이처럼 많은 관심에도 불구하고 아이들이 야생동물을 만날 기회는 흔치 않다. 숲에서 살아가는 야생동물 수가 줄어들기도 했지만, 야생동물을 만날 수 있는 방법을 모르기 때문이기도 하다. 야생동물이 살아가는 방식을 알면 왜 숲에서 그들을 만나기가 어려운지 이해할 수 있다. 사람들은 대부분 야생동물과 마주치면 깜짝 놀라 소리를 지르며 무서워한다. 이런 상태로는 야생동물과 가까워질 수 없다. 야생동물을 보려면 먼저 그들을 관찰하는 방법을 배워야 한다.

무엇을 준비해야 하나요?
야생동물 그림판

어떻게 진행하나요?
1. 사람의 발길이 닿지 않는 숲속 곳곳에 야생동물 그림판을 미리 숨겨둔다.
2. 야생동물의 생리에 대해 간단히 설명한 뒤, 교육자가 앞서서 조용히 숲속으로 걸어간다. 실제로 숲에서 동물들을 관찰하는 것처럼 진지하게 움직인다.
3. 보조교육자는 아이들을 한 명씩 일정한 간격을 두고 숲길을 따라 보내고, 가는 도중에 야생동물을 찾아보도록 한다.
4. 아이들이 숲길의 마지막 지점에 도착하면 각자 동물을 몇 마리나 찾았는지 확인한다.
5. 다 함께 숲길을 돌아오면서 야생동물 그림판의 위치를 확인한다.

이런 질문 어때요?
1. 숲에서 야생동물을 쉽게 만날 수 없는 까닭은 무엇일까요?
2. 야생동물이 몸을 숨기는 방법에는 어떤 것이 있을까요?
3. 숲에서 야생동물을 잘 관찰하려면 어떻게 행동해야 할까요?

※참조하세요
아이들이 숲에서 찾은 것들은 동물의 모형이지만, 그것을 찾았을 때는 실제로 야생동물을 만난 것처럼 기뻐한다. 교육생의 연령에 따라서 동물 모형을 숨길 위치를 달리할 수 있다. 나이가 어릴수록 눈에 잘 띄는 곳에 숨기면 좋다. 놀이 과정에서는 나이가 어린 교육생일수록 설명을 적게 한다. 야생동물 찾기 놀이가 끝나면 다 함께 지나온 길을 돌아가면서 동물들의 위치를 확인한다. 어떤 사람도 동물 모형을 모두 찾을 수는 없다는 것을 알려주고, 야생동물이 어떠한 방식으로 살아가는지 설명해주면 된다. 3~8세 아이들에게는 발견한 동물들의 이름을 말해주고, 동물들의 털이 있다면 직접 만져보게 하는 것도 좋다. 앞에서 말한 바와 같이 여기서는 많은 설명보다 직접 만지고 체험하는 것이 중요하다. 초등학교 3~4학년 아이들에게는 발견한 동물들의 생활사에 대해 설명을 해준다. 예를 들어 어치(산까치)를 발견했으면 가을에 도토리를 땅속에 숨겼다가 겨울에 먹는 어치의 생태에 대해서 설명해주는 것이다. 여기서 주의할 것은 발견한 동물에 대해서만 이야기하는 것으로 충분하다는 점이다. 다른 동물들에 관한 설명은 나중에 해도 늦지 않다.

야생동물 그림판은 그 동물이 서식하는 주변에 놓아야 한다. 예를 들어, 다람쥐는 나무 위, 두더지는 숲 바닥, 여우는 나무 아래 구멍, 메뚜기는 풀섶, 박새는 나뭇가지 위 등에 놓아 실제 야생동물인 것처럼 느껴지도록 유도하는 것이 중요하다.

아이들이 그림판을 찾을 때는 절대 소리가 나지 않도록 조용히 움직이라고 지도한다. 이이들이 게속해서 떠들 경우 입에 열쇠를 물고 떨어뜨리지 않는 '입을 잠그는 놀이'를 하면 된다. 훗날 실제로 야생동물과 마주쳐도 교육한 때와 같이 행동하도록 한다.

019 고양이와 쥐 놀이

길잡이
- 구분 : 시작 단계
- 주제 : 야생동물
- 형식 : 활동적, 역할놀이적
- 계절 : 사계절
- 대상 : 모든 연령
- 인원 : 30명
- 진행 시간 : 20~30분
- 장소 : 공원, 숲

무엇을 배우나요?
겨울 숲에서 활동할 때는 되도록 몸을 많이 움직여야 한다. 간단한 놀이를 통해 추운 날씨를 이겨내고 분위기를 전환할 수 있다.

무엇을 준비해야 하나요?
없음

어떻게 진행하나요?
1. 고양이와 쥐를 한 명씩 뽑고, 나머지 사람들은 4~5명씩 줄을 맞춰 격자무늬 대형을 만든다.
2. 줄을 맞춘 사람들은 다 같이 오른팔을 들어 수평으로 뻗고 선다.
3. 쥐는 대형 안에 미리 들어가 있고, 고양이는 문이 열리면 들어갈 수 있다.
4. 대형을 만든 사람들은 쥐의 신호('바꿔!')에 따라 몸의 방향을 오른쪽으로 90도씩 바꾼다.
5. 고양이와 쥐는 길을 따라 다니며 잡기 놀이를 하고, 고양이가 쥐를 잡으면 이긴다.
6. 역할을 바꿔 계속 놀이를 할 수 있다.

이런 질문 어때요?
고양이와 쥐처럼 잡고 잡히는 관계에 있는 동물은 어떤 것들이 있을까요?

※참조하세요
놀이가 어느 정도 익숙해지면 고양이와 쥐의 숫자를 늘려가면서 계속 진행할 수 있다. 숲에서 추운 느낌이 들 때 모두 활발하게 활동하면서 추위를 날려버릴 수 있는 활동이다. 고양이와 쥐 이외에 다른 동물들의 관계를 응용해서 진행을 해도 재밌게 놀면서 동물들의 관계를 이해할 수 있다.

솔방울 습도계 놀이　020

무엇을 배우나요?
솔방울은 습도에 따라 벌어지기도 하고 오므라지기도 하는데, 이것을 이용하여 습도를 잴 수 있다. 습도에 따른 솔방울의 구조를 알아보고, 습도계의 기본 원리를 이해해보자.

무엇을 준비해야 하나요?
솔방울, 물통

어떻게 진행하나요?
1. 주변에서 솔방울을 모아 꼼꼼히 관찰한다.
2. 솔방울을 잘 살펴보면 씨앗과 씨앗 사이의 틈이 많이 벌어져 있다. 그 틈에 물을 붓거나 물속에 솔방울을 넣어본다.
3. 변화된 솔방울의 모습을 관찰하면 틈이 오므라드는 것을 알 수 있다.
4. 자연 상태에서 솔방울은 햇빛에 노출되어 건조해지고, 씨앗을 멀리 퍼뜨릴 수 있다는 것을 설명해준다.

이런 질문 어때요?
1. 비가 오면 솔방울의 모양은 어떻게 될까요?
2. 여름의 솔방울과 가을의 솔방울은 어떻게 다를까요?

※ 참조하세요
솔방울은 소나무의 씨앗을 품고 있는 것이며, 그 씨앗을 멀리 퍼뜨리기 위해 햇빛을 잘 받아 건조해져야 한다. 솔방울을 집 안에 두고 습도를 측정해볼 수도 있다. 습도계가 개발되지 않았을 때 선조들은 이런 자연물을 통해 그때그때 날씨를 파악하고 농사를 짓는 지혜로운 생활을 했다.

길잡이
- 구분 : 시작 단계
- 주제 : 나무
- 형식 : 활동적, 감성적, 관찰적
- 계절 : 가을 – 겨울
- 대상 : 유아 – 초등학교 저학년
- 인원 : 15명
- 진행 시간 : 10~20분
- 장소 : 공원, 숲

021 황사를 막아라

길잡이
- 구분 : 시작 단계
- 주제 : 나무, 숲
- 형식 : 활동적, 역할놀이적
- 계절 : 사계절
- 대상 : 초등학생 이상
- 인원 : 10명
- 진행 시간 : 20분
- 장소 : 공원, 숲, 운동장

무엇을 배우나요?
해마다 불어오던 황사가 최근 들어 심각한 문제로 대두되는 것은 황사와 함께 날아오는 유해 물질 때문이다. 놀이를 통해 황사와 숲의 관계를 알아본다.

무엇을 준비해야 하나요?
분필(혹은 종이테이프)

어떻게 진행하나요?
1. 바닥에 분필(혹은 종이테이프)을 이용하여 50cm 간격으로 두 줄을 긋는다.
2. 지원자 한 명이 줄 안으로 들어가고 나머지 사람들은 20m 정도 떨어진 곳으로 이동한다.
3. 줄 안에 들어간 사람은 나뭇잎이 되어 줄 안에서만 움직일 수 있고, 나머지 사람들은 멀리서 불어오는 황사가 되어 나무를 통과해 지나가야 한다.
4. 바람이 불어온다는 신호와 함께 황사는 바람 소리를 내며 나무를 향해 달려가다가 나뭇잎에 몸이 닿지 않고 선을 넘어야 한다.
5. 나무에 몸이 닿은 사람은 나뭇잎으로 역할을 바꾸고 놀이를 계속한다.
6. 나뭇잎 수가 늘어나면 나무를 통과하는 황사 알갱이의 숫자는 줄어든다.

이런 질문 어때요?
1. 나뭇잎은 어떤 역할을 하나요?
2. 황사가 우리 호흡기에 들어오는 것을 막는 가장 좋은 방법은 무엇일까요?

※ 참조하세요
숲과 나무들을 풍성하게 가꾸고 지키는 일은 황사의 이동을 막는 가장 효과적인 방법이다. 나뭇잎과 가지, 줄기의 표면을 펼쳐보면 생각 외로 면적이 넓다. 대기 중의 먼지 알갱이들은 이러한 잎과 가지, 줄기에서 움직임이 차단되고 흡착되어 머문다. 그리고 나무에 흡착된 먼지 알갱이들은 빗물과 함께 땅으로 흘러들어간다. 황사의 심각성이나 피해에 대한 사실을 알려주는 것도 중요하지만, 숲과 나무를 가꾸면 황사의 피해를 줄일 수 있다는 대안을 제시해주는 것이 더욱 중요하다. 나무는 얼마나 많은 먼지나 유해 물질을 흡착하고 정화할까? 일반적으로 $1,000km^2$ 넓이의 숲은 약 7만 톤의 먼지를 청소해준다. 물론 숲의 나무들은 줄기와 가지, 뿌리를 통해서 먼지만 흡착하는 것이 아니라 대기 중의 탄소 함량도 줄여준다. 가로수들은 먼지를 차단하고 탄소 함량을 감소시키며, 각종 소음까지 흡수한다.

나의 촉감지수 알아보기 — 022

무엇을 배우나요?
우리는 일상에서 수많은 것들을 만지지만, 많은 경우 그것들에 대해서 특별한 관심을 보이지 않는다. 특히 눈에 보이는 것에 집중하여 시각에 비해 촉각이나 후각을 별로 이용하지 않는다. 우리가 얼마나 촉감에 둔감한지 알아보고, 오로지 촉감을 통해 사물을 파악하는 새로운 경험을 해보자.

무엇을 준비해야 하나요?
사물 10가지(풀잎, 귤, 볼펜, 밤, 열매, 나무토막, 지우개, 솔방울, 나무껍질 등 자연물과 인공물을 적절히 섞어서 준비), 입구가 가려진 상자 10개, 노끈, 눈가리개

어떻게 진행하나요?
1. 각기 사물을 담은 상자 10개를 각각 다른 나무에 노끈으로 묶어놓는다.
2. 두 명씩 짝을 짓고 교육자를 중심으로 반원을 그리며 모인다.
3. 한 사람은 눈을 가리고, 다른 한 사람은 안내자가 된다.
4. 안내자는 눈을 가린 사람을 상자가 있는 곳으로 천천히 이끈다.
5. 눈을 가린 사람은 상자 안에 손을 넣어 그 안에 들어 있는 사물이 무엇인지 느낀다.
6. 눈을 가린 사람이 느낀 것에 대해서 이야기하면 함께 그것이 무엇인지 기록한다.
7. 절대로 상자 안을 보아서는 안 되며, 상자를 모두 관찰한 뒤 다시 모인다.
8. 교육자는 상자 속에 무엇이 들어 있었는지 하나씩 꺼내 설명한다.

이런 질문 어때요?
1. 손으로 만져본 사물들은 실제로 어떻게 생겼나요?
2. 눈으로 보지 않고 손으로 만진 것을 그림으로 표현할 수 있을까요?
3. 눈으로 보지 않고 색깔을 구분할 수 있을까요?
4. 내가 만져본 사물들은 어떤 냄새가 날까요?

※참조하세요
우리가 매일 접하는 컴퓨터나 TV에는 맛도 향기도 느낌도 없다. 오로지 눈으로 보고 듣는 가운데 지각으로 판단해야 한다. 어떤 사물을 올바르게 판단하고 이해하기 위해서는 보고 듣는 것을 넘어 직접 피부로 체험하고 그것을 함께 나누는 과정이 필요하다. 그 과정에서 사물에 대한 올바른 가치 판단을 할 수 있다.

길잡이
- 구분 : 시작 단계
- 주제 : 감성
- 형식 : 활동적, 감성적
- 계절 : 사계절
- 대상 : 모든 연령
- 인원 : 15명
- 진행 시간 : 20~30분
- 장소 : 공원, 숲

023 숲속 보물찾기

길잡이
- 구분 : 시작 단계
- 주제 : 숲의 생태
- 형식 : 활동적, 감성적, 관찰적
- 계절 : 봄 - 가을
- 대상 : 초등학생 이상
- 인원 : 15명
- 진행 시간 : 30분
- 장소 : 공원, 숲

무엇을 배우나요?
숲에서 이번에는 보물들을 찾아보자. 같은 과제도 사람에 따라서 받아들이는 것이 전혀 다르며, 이것은 생각의 다양성으로 연결할 수 있다.

무엇을 준비해야 하나요?
흰 천

어떻게 진행하나요?
1. 숲의 입구에서나 이동할 때 교육자는 일정한 간격을 두고 보물들을 하나씩 불러준다.

> **숲에서 찾아올 보물들**
> 열매 하나, 돌 하나, 향기가 나는 것, 5가지 이상의 색깔이 있는 것, 거칠거칠한 것, 나를 기분 좋게 하는 것, 자연으로 돌아가고 있는 것, 숲에게 중요한 것, 숲에게 중요하지 않은 것, 사람이 다녀간 흔적

2. 교육생들은 교육자가 불러주는 보물을 찾으며 함께 이동한다.
3. 교육 장소에 도착하면 원을 만들어 선다.
4. 각자 가져온 것들을 흰 천에 모으고 같은 종류끼리 분류한다.
5. 각자 생각하는 보물들이 어떻게 다른지 알아본다.

이런 질문 어때요?
1. 내가 생각하는 가장 큰 보물은 무엇인가요?
2. 숲이 우리에게 주는 보물들은 어떤 것들이 있을까요?

※ 참조하세요
눈으로 보는 것과 직접 만지고 맛을 보고 느끼는 것은 확연히 다르다. 숲속에서 직접 만지고 느끼며 찾은 것을 왜 보물로 보았는지 각자 의견을 나누다 보면 서로 생각이 얼마나 다른지 알고, 생각의 차이를 이해할 수 있다. 흰 천 위에 놓여 있는 사물들이 어디서 왔으며, 숲에서 어떤 역할을 하는지 따져보면 그것들의 집합이 바로 숲이란 사실을 깨닫는다.

단어카드 놀이 | 024

무엇을 배우나요?
매일 사용하는 말도 해석하는 사람에 따라서 의미가 달라질 수 있다. 자연 안에서 언어를 배우면서 생각의 다양성을 이해하고 생명의 소중함까지 깨달을 수 있다면 더할 나위 없는 교육이 될 것이다.

무엇을 준비해야 하나요?
단어카드(딱딱한 것 - 부드러운 것, 복잡한 것 - 간단한 것, 기쁜 것 - 슬픈 것, 큰 것 - 작은 것, 흔한 것 - 귀한 것, 눈에 잘 띄는 것 - 잘 볼 수 없는 것 등 반대 의미의 단어를 쓴 카드), 흰 천

어떻게 진행하나요?
1. 단어카드를 다른 사람이 보지 못하도록 한 사람씩 나눠준다.
2. 숲속을 걸으며 자신의 단어카드에 쓰인 것에 해당하는 자연물을 찾아온다.
3. 바닥에 천을 깐 다음 찾아온 물건을 가장자리에 두고 그 앞에 선다.
4. 교육자가 단어카드에 쓰인 것들을 이야기하면 교육생들은 거기에 해당되는 자연물 앞에 선다.
5. 답이 맞는지 다 함께 카드를 뒤집어 확인한다.

이런 질문 어때요?
1. 왜 같은 단어카드를 보고 서로 다른 자연물을 찾아왔을까요?
2. 왜 같은 사물을 보고 서로 다른 생각을 하는 것일까요?

※ 참조하세요
인간은 서로 같은 공간에 있어도 생각하는 바가 모두 다르고, 같은 사물이나 현상을 대하는 자세와 행동이 모두 다르다. 이처럼 다양한 생각들 가운데 어떤 것이 중요하고 어떤 것이 중요하지 않다고 말하기는 어렵다. 이것은 자연에서도 마찬가지다. 자연에서는 모든 생명이 중요하고, 제 나름의 삶을 살아갈 권리가 있다. 내가 중요한 만큼 다른 사람이 중요하고, 자연을 이루는 모든 것은 그것대로 소중하다.

길잡이
- 구분 : 시작 단계
- 주제 : 숲의 생태, 협동심
- 형식 : 활동적, 감성적, 관찰적
- 계절 : 봄 - 가을
- 대상 : 초등학생 이상
- 인원 : 15명
- 진행 시간 : 10~20분
- 장소 : 공원, 숲

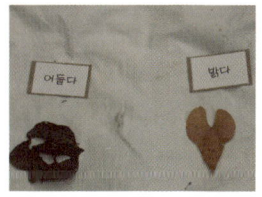

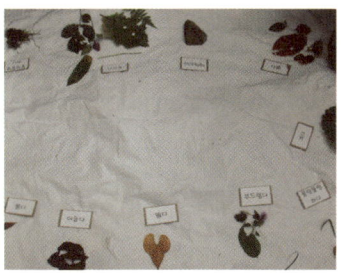

025 | 조심 조심 살살

길잡이
- 구분 : 시작 단계
- 주제 : 숲의 생태
- 형식 : 활동적
- 계절 : 사계절
- 대상 : 모든 연령
- 인원 : 모둠별 3~5명
- 진행 시간 : 20분
- 장소 : 공원, 숲

무엇을 배우나요?
아이들은 놀이를 통해 관계를 형성하고 사회성을 기른다. 어린 시절의 놀이는 아이들에게 삶의 전부일 수 있다. 어린 시절에 함께했던 단순한 놀이들은 어른이 되어서도 가슴 깊은 곳에 자리잡아 잘 잊히지 않는다. 특히 자연 속에서 친구들과 함께했던 추억은 누구나 가질 수 있는 특권이 아니다. 자연물과 자연스러운 접촉을 통해 친근감을 느낄 수 있는 놀이다.

무엇을 준비해야 하나요?
나뭇가지(혹은 돌멩이)

어떻게 진행하나요?
1. 여럿이 둘러앉아 중앙에 나뭇가지(혹은 돌멩이)를 쌓는다.
2. 한 사람씩 다른 나뭇가지가 움직이지 않도록 하면서 나뭇가지를 하나씩 조심스럽게 꺼내온다.
3. 다른 사람들은 나뭇가지가 움직였는지 집중해서 살펴본다.
4. 나뭇가지가 움직이면 다른 사람에게 차례가 넘어간다.
5. 나뭇가지를 모두 나눠 가지면 누가 가장 많이 얻었는지 비교해본다.

이런 질문 어때요?
1. 나뭇가지가 움직이지 않게 하기 위한 가장 좋은 방법은 무엇일까요?
2. 무엇이 가장 잘 움직이며, 왜 그럴까요?
3. 숲의 사물들을 활용하여 할 수 있는 또 다른 놀이 방법은 없을까요?

※참조하세요
나뭇가지 놀이를 한 뒤에는 나뭇잎이나 돌멩이를 활용할 수도 있고, 이 모든 것들을 한데 섞어서 놀이를 할 수도 있다. 이때 돌멩이는 5점, 나뭇가지는 3점, 나뭇잎은 1점으로 계산하면 더욱 재미있다. 이 놀이는 작은 움직임에도 쉽게 흔들릴 수 있기 때문에 아이들의 집중력을 기르는 데 많은 도움이 된다. 또 평소에는 손에 흙을 묻히기 싫어하는 아이들도 게임을 하다 보면 어느새 숲의 사물들을 자연스럽게 만진다. 자칫 잘못하면 경쟁심이 지나칠 수 있으니, 모두 흥겹게 즐기는 것이 중요하다는 사실을 인지시켜야 한다.

에코 서클 만들기 | 026

길잡이
- 구분 : 시작 단계
- 주제 : 숲의 생태
- 형식 : 체험적, 활동적, 관찰적
- 계절 : 사계절
- 대상 : 모든 연령
- 인원 : 20여 명
- 진행 시간 : 20분
- 장소 : 숲, 공원

무엇을 배우나요?
숲을 찾는 많은 사람들은 정상을 향해 발길을 옮기지만 정작 숲을 마음껏 느낄 수 있는 곳은 산허리 부분이다. 누가 정상까지 빨리 올라가는지 겨루기보다는 숲을 더 잘 느끼고 갈 수 있는 방법에 대해 고민해보는 것도 좋다. 이 프로그램은 여유를 가지고 온몸으로 숲을 느끼며 전체적으로 바라보기에 적당하다. 또 모두 하나가 되므로 교육을 시작하는 단계에 활용하면 효과적이다.

무엇을 준비해야 하나요?
없음.

어떻게 진행하나요?
1. 교육생들이 손을 잡고 둘러서면 교육자는 원의 중앙에 서서 설명을 한다.
2. 크게 심호흡을 하면서 분위기를 전환하고, 서로 눈빛을 교환한다.
3. 몸을 돌려 바깥쪽을 바라보고 원을 만든 뒤, 천천히 돌아가면서 다음 지시에 따른다.
   - 오른쪽, 왼쪽으로 돌면서 자기 눈높이의 숲 보기 : 시각 체험
   - 고개를 들어 숲의 하늘 바라보기, 고개를 숙여 숲의 땅을 바라보기 : 다른 시각으로 숲 보기
   - 바닥에 앉아서 낮은 눈높이로 숲 바라보기 : 다른 시각으로 숲 보기
   - 코만 열고(후각), 귀만 열고(청각), 입만 열고(미각) 숲 느껴보기 : 감각 체험
   - 빨리 혹은 천천히 돌면서 숲 느끼기 : 활동성
4. 위의 방식 외에도 다양한 각도에서 숲을 체험할 수 있도록 한다.
5. 체험한 것들에 대한 이야기를 나누면서 정리한다.

이런 질문 어때요?
1. 숲의 하늘과 바닥에서 무엇을 발견했나요?
2. 코로 느껴본 숲과 귀로 느껴본 숲은 어떻게 다른가요?

※ 참조하세요
하나의 원을 만드는 것은 숲의 생태계를 이해하는 데 매우 중요하다. 생태계는 각각의 독립된 개체가 만들어내는 집합이 아니라 끊임없이 영향을 주고받는 커다란 유기체다. 따라서 교육생들 모두 하나의 공동체를 이루고 있다는 것을 인식해야 한다. 여러 명이 한꺼번에 움직여야 하므로 어느 정도 넓은 공간이 필요하며, 인적이 드물어 자연의 소리만을 들을 수 있는 한적한 곳을 선정하는 것이 중요하다. 교육자가 교육생들에게 지시할 내용은 오감을 최대한 살릴 수 있는 것이면 된다.

027 무궁화 꽃이 피었습니닭

길잡이
- 구분 : 시작 단계
- 주제 : 동물과 식물
- 형식 : 활동적
- 계절 : 사계절
- 대상 : 초등학생
- 인원 : 15명
- 진행 시간 : 20분
- 장소 : 공원, 숲, 운동장

무엇을 배우나요?
생태계를 구성하는 생물은 크게 식물과 동물로 구분된다. 식물과 동물은 매우 유사한 점이 있는가 하면, 너무나 다르게 발달해왔다. 식물과 동물을 구분하는 기준은 여러 가지가 있지만, 가장 보편적인 것이 '스스로 움직일 수 있는가?' 라는 점이다. 숲에서 '무궁화 꽃이 피었습니닭' 놀이를 하면서 식물과 동물의 다른 점을 생각해보자.

무엇을 준비해야 하나요?
각종 동식물 이름이 적힌 낱말카드

어떻게 진행하나요?
1. 진행 방식은 '무궁화 꽃이 피었습니다'와 같으나, 마지막 단어를 동물 이름으로 대신한다.
2. 마지막 단어가 "(무궁화 꽃이 피었습니…) 닭!"이면 모두 제자리에서 닭 흉내를 낸다.
3. 술래는 그 가운데 동물 흉내를 가장 못 내는 사람을 지적할 수 있다.
4. 같은 방식으로 낱말카드에 적힌 동식물 이름을 부르며 놀이를 진행한다.
    예) 무궁화 꽃이 피었습니… 참나무!(움직이면 안 된다.)
        무궁화 꽃이 피었습니… 오리!(오리 소리까지 흉내 내며 움직인다.)
        무궁화 꽃이 피었습니… 소!나무!('소' 흉내를 내려다가 '소나무'라고 하면 움직일 수 없다.)
5. 동물과 식물 이름을 번갈아 배열하여 자연스럽게 동물과 식물의 다른 점을 알도록 한다.
6. 이름을 외칠 때 '뒤집어진 거북' '썩어가는 소나무' 등 수식어를 붙이면 더 재미있다.

이런 질문 어때요?
1. 동물과 식물의 다른 점과 같은 점은 무엇일까요?
2. 생태계에는 동물과 식물 이외에 어떤 생물이 있을까요?

※ 참조하세요
동물과 식물을 구성하는 근본적인 물질은 크게 다르지 않다. 다만 외부에서 받아들인 물질을 합성하는 과정이 다르다고 할 수 있다. 어떠한 방법으로든 다른 생물을 섭취하지 않으면 존재할 수 없는 동물과 스스로 영양분을 만들어내는 식물은 삶의 방식이 다르다. 오늘날 60억 이상의 대형 포식자가 살아가는 지구 생태계가 기형적으로 발달해버린 상황에서 식물이 빛 에너지를 활용하여 필요한 영양을 스스로 공급받는다는 점은 중요한 대목이 아닐 수 없다. 비록

동물이 식물처럼 광합성을 할 수는 없지만 빛 에너지를 다른 방법으로 활용할 수 있는 과학 기술의 발달이 절실한 시대에 살고 있다.

생태계가 식물과 동물만으로 구분되는 것은 아니다. 식물이나 동물은 소위 고등한 단계에 이를수록 서로 연관성을 찾아볼 수 없을 만큼 다르지만, 하등한 단계에서 동물과 식물은 뚜렷한 차이를 식별하기 어려울 만큼 유사성이 있다. 단세포식물과 단세포동물이 그 좋은 예라 할 수 있다. 또 식물계와 동물계를 동시에 오가는, 식물인지 동물인지 분간하기 어려운 생물도 있다는 점을 잊지 말아야 한다.

028 | 봄! 겨울! 놀이

길잡이
- 구분 : 시작 단계
- 주제 : 숲의 생태
- 형식 : 활동적
- 계절 : 사계절
- 대상 : 초등학생
- 인원 : 20명
- 진행 시간 : 20분
- 장소 : 공원, 숲, 운동장

무엇을 배우나요?
주변에서 아이들이 흔히 하는 놀이 가운데 '얼음! 땡! 놀이'가 있다. 그 놀이를 조금 변형시켜 '봄! 겨울! 놀이'를 해보자. 단순한 놀이를 통하여 계절의 섭리를 간접적으로 이해하는 과정은 또 다른 의미가 있다.

무엇을 준비해야 하나요?
없음

어떻게 진행하나요?
1. 다 함께 뛰어놀 수 있는 공간을 찾아 경계선을 정한다.
2. 겨울바람 역할을 할 술래를 한 명 정하고, 겨울바람은 나머지 사람들을 잡을 수 있다.
3. 교육생들은 겨울바람을 피해 자유롭게 도망 다닐 수 있으며, 겨울바람이 가까이 다가왔을 때 "겨울"을 외치고 그 자리에 서면 잡히지 않는다.
4. "겨울"을 외친 사람은 다른 사람이 "봄"을 외치며 몸에 손을 대주면 다시 움직일 수 있다.
5. "겨울"을 외치기 전에 겨울바람의 몸에 닿으면 술래가 바뀌고, 모든 사람이 겨울이 되어 움직일 수 없을 때는 술래를 다시 정한다.

이런 질문 어때요?
1. 겨울바람은 어디서 불어오는 것일까요?
2. 계절에 따라 기온 차이는 왜 생기는 것일까요?

※참조하세요
단순한 놀이로 끝내기보다는 겨울이 가고 봄이 온다는 의미를 부여하는 것이 필요하다. 겨울이 가고 봄이 오기 위해서는 어떤 일들이 일어나야 하고, 봄에 피는 꽃은 어떤 것이 있는지 알아보는 것도 좋다. 겨울바람 역할을 하는 사람 숫자를 늘려가면서 놀이의 재미를 더할 수 있다. 이 활동은 주로 전체 프로그램을 시작하기 전에 늦게 오는 친구들을 기다리면서 진행한다.

살아 있는 나무 높이 재기 | 029

무엇을 배우나요?
자연 안에서 수학의 원리를 이해한다.

무엇을 준비해야 하나요?
나뭇가지

어떻게 진행하나요?
1. 숲에서 자신의 팔과 같은 길이의 나뭇가지를 주워온다.
2. 높이를 알고 싶은 나무에 자신의 눈높이를 표시한다.
3. 나뭇가지를 자신의 팔과 수직이 되게 세우고 팔을 뻗는다.
4. 한쪽 눈을 감고 들고 있는 나뭇가지를 보면서 나무에 표시한 눈높이 지점과 나무의 제일 높은 지점이 나뭇가지 안으로 들어올 때까지 뒷걸음쳐서 이동한다.
5. 서 있는 곳 발끝에서 나무가 있는 곳까지 길이를 재고, 자신의 눈높이를 더한다.

이런 질문 어때요?
1. 숲에서 가장 키가 큰 생물은 무엇일까요?
2. 높이를 잴 수 있는 다른 방법에는 어떤 것이 있을까요?

※ 참조하세요
이등변삼각형의 법칙을 이용해서 서 있는 나무의 높이를 알아보는 활동으로, 평지에서만 가능하다. 경사지인 경우에는 tan 값을 구해야 한다. 나무의 높이를 알기 위한 또 다른 방법에는 어떤 것이 있을지 이야기를 나눈다. 나무의 높이를 알면 나무의 부피도 알 수 있다. 나무의 부피는 지름의 제곱에 나무의 높이(길이)를 곱하고 0.8을 곱한 다음 나누기 2를 한다. 0.8을 곱하는 까닭은 나무가 올라갈수록 좁아지기 때문이다. 공식은 $d^2 \times l \times 0.8/2$.
세계 어느 나라의 학생들보다 많이 공부하고 지식도 풍부하다는 우리나라 학생들이 애석하게도 실생활에서는 그것을 제대로 응용할 줄 모른다. 숲은 살아 있는 교육이 가능한 마당으로, 학교에서 배우는 모든 과목이 그 안에 다 들어 있다고 해도 지나친 말이 아니다.

길잡이
- 구분 : 전개 · 절정 단계
- 주제 : 나무
- 형식 : 관찰적 · 실험 · 실습적
- 계절 : 사계절
- 대상 : 중학생 이상
- 인원 : 제한 없음
- 진행 시간 : 10~20분
- 장소 : 공원, 숲

030 나는 숲속 작명가

길잡이
- 구분 : 전개 · 절정 단계
- 주제 : 나무
- 형식 : 관찰적, 실험 · 실습적
- 계절 : 사계절
- 대상 : 중학생 이상
- 인원 : 제한 없음
- 진행 시간 : 10~20분
- 장소 : 공원, 숲

무엇을 배우나요?
어린이들은 자신이 주도적으로 무엇인가를 한다고 생각했을 때 매우 즐거워한다. 특히 사물에 이름을 붙여보는 것은 사물을 주의 깊게 관찰하는 능력을 키우는 데 도움을 준다. 뿐만 아니라 그 사물의 고유한 이름을 짓는 과정에서 상상력이 한껏 발휘되어 인성 발달에 좋다. 아이들은 오늘 상상의 나래를 펴고 숲속 작명가가 될 것이다.

무엇을 준비해야 하나요?
연필, A4 용지, 테이프

어떻게 진행하나요?
1. 숲에서 다양한 자연물들을 찾아와 그 사물의 특징에 따라 다음과 같이 분류해본다.

> 만지면 부드러운 것 - 딱딱한 것
> 가장 인상적인 것 - 예쁜 것
> 무거운 것 - 가벼운 것
> 차가운 것 - 따뜻한 것
> 긴 것 - 짧은 것
> 빨간색 - 초록색
> 축축한 것 - 건조한 것

2. 분류한 것들 중 특징을 가장 잘 표현할 수 있는 것을 찾아 이름을 지어준다.
3. 여러 명이 함께 했다면 모둠별로 의견을 나누어 가장 좋은 이름을 선택하는 것도 좋다.

이런 질문 어때요?
1. 내 이름은 어떤 의미가 있나요?
2. 주변 친구들 가운데 누가 특이한 별명이 있나요?
3. 생물들에게 이름을 지어줄 때 가장 중요한 것은 무엇일까요?

※참조하세요
이름을 짓는 과정에서 최대한 상상력을 발휘할 수 있도록 도와줘야 한다. 따라서 교육생들의 의견을 하나하나 귀담아듣고, 엉뚱한 의견이 나오더라도 존중하며 받아들이는 자세가 중요하다. 마음껏 상상의 나래를 펼 수 있는 공간을 만들어줘야 교육 효과를 얻을 수 있다.
많은 생물들에게 아름다운 이름이 있다. 겨울을 겨우겨우 살아간다고 '겨우살이', 옛날에 5리 길을 지날 적마다 이정표로 심어서 '오리나무', 쥐똥 같은 열매가 열려서 '쥐똥나무', 물에 담그면 푸른 물이 나와서 '물푸레나무', 잠자는 모양이 귀신 같아서 '자귀나무', 꽃이 피면 100일을 간다고 '목백일홍', 부처의 머리와 같은 꽃 '불두화', 잎이 다섯 갈래라서 '오갈피나무', 누워서 자란다고 해서 '눈잣나무, 눈향나무', 줄기에 버짐이 핀 듯한 얼룩이 있다고 해서 '버즘나무', 매의 발톱처럼 날카로운 가시가 있어서 '매발톱나무', 나뭇가지가 작살처럼 생겨서 '작살나무', 꽃이 좁쌀을 튀겨놓은 듯해서 '조팝나무', 소복한 꽃송이가 사발에 소복이 담은 흰쌀밥처럼 보여서 '이팝나무', 열매가 살구를 닮았지만 흰빛이 난다고 해서 '은행나무', 사계절 늘 푸르다고 해서 '사철나무' 등 이름마다 얽힌 이야기나 전설 하나 없는 것이 없다. 이러한 이름들을 알아가는 것도 중요하지만, 이름을 알기 전에 그 존재를 체험으로 이해하고 친숙해진다면 이름은 자연스럽게 익힐 것이다.

031 나무도 땀을 흘려요

길잡이
- 구분 : 전개 · 절정 단계
- 주제 : 나무
- 형식 : 관찰적, 실험 · 실습적
- 계절 : 봄 – 여름(빛이 많은 오후)
- 대상 : 초등학교 고학년 이상
- 인원 : 제한 없음
- 진행 시간 : 3시간
- 장소 : 공원, 숲

무엇을 배우나요?
봄부터 초여름까지 숲은 식물들의 왕성한 활동과 치열한 경쟁으로 역동성을 느끼기에 좋다. 이 시기에 식물의 활동을 직접 확인할 수 있는 놀이로, 어린이들에게 '광합성'에 대해서 설명하기 전에 함께 체험해보는 것이 좋다.

무엇을 준비해야 하나요?
비닐봉지, 끈

어떻게 진행하나요?
1. 빛이 잘 들어오는 숲에서 나뭇잎이 몇 개 달려 있는 나뭇가지를 고른다.
2. 나뭇잎에 비닐봉지를 씌우고 공기가 통하지 않도록 끈으로 꼭 묶는다.
3. 세 시간 정도 다른 활동을 한 뒤 비닐봉지에 어떤 변화가 있는지 관찰한다.
4. 왜 그런 현상이 일어났을지 의견을 나눈다.

이런 질문 어때요?
1. 식물은 무엇을 먹고 살까요?
2. 나무는 왜 땀을 흘릴까요?
3. 광합성은 무엇이고, 어떻게 일어날까요?

※ 참조하세요
우리는 나무가 소화시키는 과정을 광합성photosynthesis이라고 부른다. 식물의 잎에서 일어나는 광합성은 식물이 엽록소와 빛 에너지의 도움으로 물과 이산화탄소를 이용하여 유기물을 합성하는 과정을 말한다. 즉 광합성은 에너지를 얻기 위한 나무의 생리적 현상이다. 이것을 화학식으로 살펴보면 다음과 같다.

$$\underset{\text{이산화탄소}}{6CO_2} + \underset{\text{물}}{6H_2O} \xrightarrow{\text{빛 에너지}} \underset{\text{영양분}}{C_6H_{12}O_6} + \underset{\text{산소}}{6O_2} + \underset{\text{물}}{H_2O}$$

나무는 뿌리부터 저 위에 달린 나뭇잎에 이르도록 무려 100m 이상 되는 높이까지 물을 운반할 수 있다. 게다가 운반 속도가 매우 빠른데도 불구하고 이러한 운반 과정에서 에너지가 전혀 소모되지 않는 것은 분명 나무의 위대한 발명이 아닐 수 없다. 활엽수의 물 운반 시스템은 '도관'이라 부르는데, 침엽수의 '가도관'보다 운반 성능이 뛰어나다. 마치 고속도로와 국도의 차이라고나 할까? 이렇게 운반된 물은 외부의 온도에 따라 나뭇잎을 통해 증산작용을 한다. 증산작용을 하는 것은 나무의 온도를 조절하기 위함이며, 물속에 놓여 있는 무기 영양소를 얻기 위해 반드시 필요한 작용이다. 예를 들면 약 100년 된 너도밤나무는 맑은 날 하루 동안 이산화탄소 9,400 l 를 흡수하고, 같은 양의 산소를 만들어낸다. 그 가운데 400 l 정도의 물을 증산transpiration시킨다. 결국 이런 활동을 통해 너도밤나무는 탄수화물 1,200g을 얻는다.

032 솔방울 던져 넣기 대회

길잡이
- 구분 : 전개 · 절정 단계
- 주제 : 균형 감각
- 형식 : 활동적
- 계절 : 가을 - 겨울
- 대상 : 초등학생
- 인원 : 제한 없음
- 진행 시간 : 10~20분
- 장소 : 공원, 숲

무엇을 배우나요?
숲에 떨어진 솔방울들로 어떤 놀이를 할 수 있을까? 누가 얼마나 정확하게 솔방울을 목표 지점에 넣을 수 있는지 시합해보자. 손을 바꿔가며 "슛! 골인"도 외치고 놀이를 하다 보면 몸의 균형도 잡아줄 수 있다.

무엇을 준비해야 하나요?
모자(혹은 상자), 솔방울

어떻게 진행하나요?
1. 숲에서 솔방울을 5개 정도씩 주워온다.
2. 일정한 거리에 모자(혹은 상자)를 두고 한 사람씩 솔방울을 던져 넣는 놀이를 한다.
3. 왼손으로 던지거나 한쪽 눈을 감고 던지는 놀이를 할 수도 있다.

이런 질문 어때요?
1. 오른손으로 던졌을 때와 왼손으로 던졌을 때 왜 차이가 날까요?
2. 두 눈을 뜨고 던졌을 때와 한쪽 눈을 감고 던졌을 때 왜 차이가 날까요?

※참조하세요
아이들에게 숲에 대한 지식만을 전달하려고 한다면 자연에 대한 관심이 금방 시들해질 것이다. 장기적으로 보았을 때 더욱 중요한 것은 숲에서 재미를 찾아 숲이 놀이터라는 인식을 갖도록 하는 것이다. 따라서 자연물을 활용한 놀이는 값진 의미가 있다. 사람은 자라면서 점차 신체의 균형을 잃어간다. 어떤 사람은 오른손을, 또 어떤 사람은 왼손을 집중적으로 사용하며, 신체 가운데 특정 부분만 사용하는 경우가 많다. 이 놀이는 우리의 몸이 불균형적으로 발달해간다는 사실을 인식하게 해준다. 놀이를 통한 연습은 어린이들의 건강하고 균형감 있는 신체 발달을 촉진할 수 있다.

나뭇잎으로 나무 종류 알아맞히기 | 033

무엇을 배우나요?
나무를 구분하기 위해 나무 모양이나 나무껍질을 관찰할 수도 있으나 보편적으로 나뭇잎을 활용한다. 그러나 이른 봄 새싹이 나오기 전이나 잎이 다 떨어진 겨울에는 이 또한 어려울 수 있다. 이때는 주변에 떨어진 나뭇잎들을 관찰한다. 바닥에 떨어진 나뭇잎을 이용하여 주변에 있는 나무의 종류를 알아보자. '어떤 잎이 어떤 나무에 속하며, 그 나무의 껍질과 열매, 전체적인 모양은 어떨까?' 이러한 생각을 하도록 기회를 주는 것은 나무의 이름을 직접 알려주는 것보다 나무의 본질적인 특성을 이해하고 나무와 친해지도록 도와주는 시작이 된다.

무엇을 준비해야 하나요?
전지, 접착제, 돋보기, 필기도구

어떻게 진행하나요?
1. 모둠별로 흩어져 종류가 다른 나뭇잎을 한 장씩 모은다.
2. 나뭇잎들을 관찰하여 같은 종류의 나뭇잎은 뺀다.
3. 모둠별로 나뭇잎을 전지에 붙이고, 전지를 줄에 걸어 비교한다.
4. 각 모둠 대표가 자신의 모둠에서 수집한 나뭇잎에 대해 설명한다.
5. 다른 모둠의 교육생들은 전지에 같은 나뭇잎이 있는지 찾아서 지적한다.
6. 가장 많은 종류의 나뭇잎을 모아온 모둠이 우승한다.

이런 질문 어때요?
1. 우리가 찾은 숲에는 어떤 나무들이 있었나요?
2. 잎 모양이 비슷한 나무들에는 어떤 것이 있었나요?

※참조하세요
놀이를 통해서 주변의 나무 종류를 알아보는 프로그램으로, 다섯 모둠 이상 활동할 경우 그 지역에 분포하는 수종을 대부분 알 수 있다. 교육생들은 나뭇잎의 모양을 관찰하고 분류하는 과정에서 집중력을 기를 수 있고, 자연스럽게 나무의 종류를 알아간다. 놀이의 과정에서 비슷해 보이는 나뭇잎들도 자세히 관찰하다 보면 확실히 다른 종류라는 것을 알 수 있다. 교육자는 프로그램을 진행할 장소를 미리 답사하여 주변에 어떤 수종이 있는지 알아보고, 각 수종에 대한 자료를 준비하는 것이 좋다.

길잡이
- 구분 : 전개 · 절정 단계
- 주제 : 나무
- 형식 : 감성적, 관찰적, 과제 활동
- 계절 : 가을 - 겨울
- 대상 : 초등학생 이상
- 인원 : 모둠별 3~5명
- 진행 시간 : 50~60분
- 장소 : 공원, 숲

034 나무에서 떨어진 자연물 찾기

길잡이
- 구분 : 전개 · 절정 단계
- 주제 : 나무
- 형식 : 감성적, 관찰적, 과제 활동
- 계절 : 가을
- 대상 : 유아
- 인원 : 모둠별 3~5명
- 진행 시간 : 30분
- 장소 : 공원, 숲

무엇을 배우나요?
자연물에 대한 관찰력을 기르고 감각적으로 구분하는 법을 익힌다.

무엇을 준비해야 하나요?
흰 천

어떻게 진행하나요?
1. 각자 나무에서 떨어진 것들을 5가지씩 주워와 흰 천에 펼쳐놓는다.
2. 모둠별로 흰 천 주위에 둘러선다.
3. 교육자가 그 가운데 한 가지를 설명하면, 교육생은 그것을 찾아서 든다.
4. 찾아온 자연물들을 모두 합쳐서 같은 종류끼리 분류한다.
5. 교육자는 각각의 자연물과 관련한 질문을 하고 함께 풀어나간다.
    예) 갉아 먹힌 솔방울과 그냥 솔방울 비교
6. 설명이 끝나면 주워온 자연물들을 다시 제자리에 갖다놓는다.

이런 질문 어때요?
1. 색깔이 같은 것들은 무엇인가요?
2. 크기가 같은 것들은 무엇인가요?
3. 자연물을 통해서 알아본 숲에는 누가 살까요?

※ 참조하세요
이 놀이를 하기 위해서는 반드시 사전 답사가 필요하다. 어떤 사물들이 놓여 있는지, 바닥에 떨어져 있는 열매나 솔방울, 낙엽 등은 어떤 나무에 속하는지 구분하고 정리해둬야 하기 때문이다. 실제 활동에서 아이들이 찾아온 사물들을 가만히 관찰해보면 곤충이나 그밖에 동물들의 흔적을 발견할 수 있다. 이 또한 아이들과 함께 재밌게 이야기를 꾸며볼 수 있다. 유아를 대상으로 한 교육은 지나친 정보 전달보다는 놀이를 중심으로 진행하는 것이 좋다. 그들에게는 자연물 수집이나 같은 종류 분류하는 것만으로도 훌륭한 교육이 될 수 있다.

나만의 식물도감 만들기　035

무엇을 배우나요?
식물 분류는 다른 모양들에서 같은 것을 찾아내는 활동으로, 관찰력과 감성을 키울 수 있으며 식물 분류에 흥미를 갖는 계기가 된다.

무엇을 준비해야 하나요?
도화지, 그림카드, 접착제, 줄, 집게

어떻게 진행하나요?
1. 답사를 통해 발견할 수 있는 식물들을 그림카드로 만든다.
2. 그림카드를 바탕으로 주변에 있는 나뭇잎을 수집하여 분류해가며 붙인다.
3. 관찰 활동이 끝나면 모둠별 활동 도화지를 집게로 줄에 매단다.
4. 올바로 과제를 수행했는지 비교하면서 설명한다.

이런 질문 어때요?
1. 왜 나뭇잎마다 모양이 다를까요?
2. 나뭇잎은 어떤 역할을 하나요?

※참조하세요
식물들은 저마다 모양이 다르다. 잎의 모양이나 전체적인 생김새, 열매나 종자의 모양, 나뭇가지의 모양 등 실로 다양하다. 이 놀이는 나뭇가지에 잎이 나오는 모양에 따라 서로 다른 나무를 찾아보는 것이다. 잎이 마주보며 나거나, 어긋나거나, 나뭇잎 한 장이 분화되어 여러 장으로 나거나, 바늘잎처럼 생긴 침엽수나, 그중 침엽들이 한데 뭉쳐서 나거나, 한 장씩 따로따로 나거나, 마치 물고기 비늘 같은 모양으로 나는 것으로 분류할 수 있다. 이러한 활동을 통해 수많은 나무들의 서로 다른 모습을 알아볼 수 있다. 유아의 경우에는 분류 작업만으로도 충분하며, 초등학생 이상의 경우 왜 그러한 현상들이 나타나는지 질문과 답을 해볼 수 있다.

길잡이
- 구분 : 전개 · 절정 단계
- 주제 : 나무, 초본
- 형식 : 감성적, 관찰적, 과제 활동
- 계절 : 봄 – 가을
- 대상 : 유아 이상
- 인원 : 모둠별 3~5명
- 진행 시간 : 10~20분
- 장소 : 공원, 숲

036 참나무 관찰하기

길잡이
- 구분 : 전개 · 절정 단계
- 주제 : 나무
- 형식 : 관찰 · 탐구적, 과제 활동
- 계절 : 사계절
- 대상 : 초등학교 고학년
- 인원 : 20명
- 진행 시간 : 50~60분
- 장소 : 숲, 공원

무엇을 배우나요?
숲에서 발견할 수 있는 도토리는 껍질이 딱딱하고 모자같이 생긴 깍정이를 쓰고 있다. 우리는 도토리를 맺는 신갈나무, 굴참나무, 상수리나무 등을 참나무라고 부른다. 숲에 있는 나무들 가운데 참나무류를 관찰하고 특징을 찾아보자.

무엇을 준비해야 하나요?
참나무류 껍질 사진, 전지, 접착제, 돋보기, 필기도구

어떻게 진행하나요?
1. 6가지 참나무(상수리나무, 굴참나무, 졸참나무, 갈참나무, 신갈나무, 떡갈나무)의 껍질 사진을 전지에 붙이고 아래와 같은 표를 모둠 수대로 준비한다.
2. 참나무에 대한 설명을 간단히 하고, 모둠별로 나뭇잎과 도토리를 붙여 표를 완성한다.
3. 정확하게 붙였는지 확인한다.

나무 이름	상수리나무	굴참나무	졸참나무	갈참나무	신갈나무	떡갈나무
나무껍질 모양						
잎 모양						
도토리 모양						

이런 질문 어때요?
1. 잎이 큰 순서대로 구분해보자.
   떡갈나무 → 갈참나무 → 신갈나무 → 상수리나무 → 굴참나무 → 졸참나무
2. 잎의 색깔로 구분해보자.
   굴참나무, 갈참나무, 신갈나무, 졸참나무는 잎 뒷면이 회백색이다.

※참조하세요
참나무는 소나무와 함께 우리나라에서 가장 흔히 볼 수 있는 나무로, '진짜 나무'라는 뜻이다. 참나무라는 이름은 목재의 성질에서 유래했다. 참나무는 재질

이 매우 단단하여 오랫동안 견딜 수 있는 곳에 쓰인다. 참나무로 집을 짓거나 장작으로 사용하면 다른 나무보다 오랫동안 견디고 잘 타기 때문에 진짜 나무, 참나무라고 불린 것이다. 참나무의 또 다른 이름은 도토리나무다. 이는 우리가 즐겨 먹는 묵의 원료가 되는 도토리가 열리기 때문이다. 그러나 실제 이름이 참나무나 도토리나무인 나무는 없다. 우리가 참나무라고 부를 때는 정확히 말하면 종種을 가리키는 것이 아니라 속屬(genus)을 가리키는 것이다. 이것은 참나무류에 그만큼 많은 종이 있다는 뜻이며, 우리나라에도 변종까지 합하면 무려 24종의 참나무류가 존재한다. 그 가운데 우리가 흔히 만날 수 있는 참나무류에는 상수리나무, 떡갈나무, 신갈나무, 갈참나무, 졸참나무, 굴참나무 등이 있으며, 낙엽활엽수로 중부 지역에 분포한다.

참나무는 종류에 따라 나는 곳이 다르다. 상수리나무는 집 근처나 들판에 많이 나고, 졸참나무는 축축하고 그늘진 곳이나 계곡에서 주로 자란다. 떡갈나무는 강가나 산자락처럼 낮은 곳에, 신갈나무는 높은 산에, 굴참나무는 불이 난 곳이나 자갈밭에 많이 자란다. 사람들은 집 근처에서 많이 볼 수 있는 상수리나무를 참나무라고 부르기도 한다. 하지만 참나무 무리 가운데 가장 수가 많고 우리나라 곳곳에 퍼져 사는 것은 신갈나무다.

참나무는 종류에 따라 잎의 모양이 다르다. 굴참나무의 잎은 긴 타원형이며, 끝이 뾰족하고 잎 가장자리에 가시 같은 톱니들이 있다. 이러한 생김새는 상수리나무와 비슷하지만, 잎 뒷면에 잔털이 있고 회백색을 띠어 상수리나무와 구분된다. 신갈나무의 잎은 거꾸로 된 달걀 모양으로 밑부분이 갑자기 좁아진다. 잎 가장자리에는 무딘 톱니가 있다. 이렇듯 참나무의 잎은 길쭉한 것, 넓적한 것, 가장자리에 가시가 있는 것, 물결 모양인 것 등 저마다 생김새가 다르다.

참나무는 도토리 모양을 보고도 종류를 구분할 수 있다. 상수리나무나 굴참나무의 도토리는 둥그스름한 공 모양이고, 깍정이는 두껍고 긴 털이 뭉쳐 있다. 그러나 졸참나무나 갈참나무의 도토리는 길쭉한 모양이며, 깍정이는 털이 없고 생선 비늘 같은 무늬가 있다.

037 | 나무의 나이 알아맞히기

길잡이
- 구분 : 전개 · 절정 단계
- 주제 : 나무
- 형식 : 감성적, 관찰적, 토론적
- 계절 : 사계절
- 대상 : 초등 고학년-고등학생
- 인원 : 20명
- 진행 시간 : 30분
- 장소 : 공원, 숲, 실내

무엇을 배우나요?
나이테는 나무의 역사를 말해준다. 나이테를 관찰하면서 나무에 그동안 어떠한 일들이 일어났는지 알아본다.

무엇을 준비해야 하나요?
나이테를 볼 수 있는 나무토막이(혹은 나뭇등걸), 핀, 돋보기

어떻게 진행하나요?
1. 그루터기의 단면을 나이테가 보일 만큼 깨끗이 청소한다.
2. 나이테의 검은 선에 핀을 하나씩 꽂으며 나무의 나이를 알아본다.
3. 다음과 같은 주제로 이야기를 나눠본다.
    예) 아이가 탄생한 해의 나이테는 몇 번째일까? 그때 나무는 어느 정도 성장했을까?
    엄마, 아빠가 결혼한 해에 나이테는 몇 번째일까? 그때 나무의 상태는 어땠을까?

이런 질문 어때요?
1. 나이테의 간격이 일정하지 않은 까닭은 무엇일까요?
2. 이 나무는 왜 죽었을까요?
3. 나무는 어디에 사용되나요?
    예) 가구, 종이, 건축용, 나무 장난감, 땔감….

※참조하세요

그루터기에 버섯이 없거나 부패하지 않은 그루터기일 경우 이 나무는 바로 지난해에 죽었다고 가정할 수 있다. 나이테의 간격이 좁다는 것은 그 해에 가뭄이 들었거나 겨울이 매우 추워 피해를 입었다는 것을 말해주고, 곤충에게 피해를 입거나 주변의 강한 나무에게서 억압을 받았을 경우에도 나이테의 간격이 좁아진다. 나이테가 반드시 방향을 가리키는 것은 아니다. 나무는 방위보다 주변 환경의 영향을 많이 받기 때문에 그루터기를 보고 방위를 알 수는 없다.

나무의 성장 속도는 봄과 가을을 기점으로 달라지며, 그 때문에 나무의 줄기에는 많이 자란 곳과 적게 자란 곳에 선이 나타난다. 나이테의 밝은 선은 봄에 생긴 것이며, 어두운 선은 늦여름과 가을에 만들어진 것이다. 우리가 사는 온대 지역의 나무들은 이른 봄에 많이 자라기 때문에 어두운 선보다는 밝은 선이 넓게 나타난다. 가을이 되어 마지막 잎이 떨어지면 나무는 성장을 멈춘다. 잎이 다 져버린 시기에는 나이테를 만들지 않는 것이다. 땅이 얼어버릴 정도로 추운 겨울이 되면 나무는 땅에서 물과 양분을 흡수할 수 없다. 따라서 겨울이 오면 나무들은 조용히 동면을 하며 봄이 오기를 기다린다. 그루터기의 어두운 선을 세어보면 그 나무가 얼마나 많은 가을을 지내왔는지 알 수 있다.

038 나만의 열매도감 만들기

길잡이
- 구분 : 전개 · 절정 단계
- 주제 : 나무
- 형식 : 관찰적, 토론적, 과제 활동
- 계절 : 가을
- 대상 : 초등학생
- 인원 : 15명
- 진행 시간 : 30분
- 장소 : 공원, 숲

무엇을 배우나요?
추운 겨울을 대비한 식물의 생존 전략을 알아보고, 열매를 통해 수억 년의 진화 과정을 알아본다.

무엇을 준비해야 하나요?
나무 열매 분류표

어떻게 진행하나요?
1. 주변에서 관찰할 수 있는 나무의 열매를 모두 찾는다.
2. 나무 열매 분류표를 나눠주고 열매의 특성에 따라 분류표의 알맞은 곳에 붙이도록 한다.
3. 완성된 나무 열매 분류표를 서로 비교하면서 자유롭게 설명한다.

이런 질문 어때요?
1. 열매 중 가장 큰 것과 작은 것은 무엇인가요?
2. 열매가 이동하는 방법에는 어떤 것들이 있을까요?

※참조하세요
침엽수의 열매는 구과毬果라 불리고, 구과를 구성하는 낱낱의 것들은 '엽편'이라 한다. 엽편에는 날개 2개가 달린 씨앗이 앉아 있다. 나무의 열매는 저마다 이동 방법과 발아 방법이 다르고, 열매의 존재 여부에 따라 동물들의 서식 환경도 바뀐다. 나무의 열매를 자세히 관찰해보면 종자에 날개가 달려 있는 소나무나 단풍나무 같은 것이 있는가 하면, 도토리나 밤처럼 딱딱한 각질로 된 열매도 있고, 앵두나 사과, 배처럼 과육으로 둘러싸인 열매도 있다.

날개가 있는 나무의 종자는 바람을 이용해서 살아나며, 영양분이 저장된 도토리나 밤과 같은 종자는 습도가 높은 곳에서 발생하는 버섯이나 곰팡이들의 침

나무 열매 분류표

날개가 있는 열매	각질이 있는 열매	과육이 있는 열매

입을 가장 두려워하기 때문에 딱딱한 각질로 둘러싸여 있다. 각질이 있는 열매들은 다람쥐나 청설모, 어치(산까치)와 같은 새들이 겨울을 나기 위해 필요한 먹이 공급원이다. 그들은 도토리나 밤을 배불리 먹고 나머지를 여기저기 땅속에 묻어두는 습관이 있는데, 그중 일부분은 이듬해에 어린나무로 자라날 수 있는 기회를 얻는다. 숲은 공존하는 법을 알고 있다.

039 | 나만의 나무도감 만들기 I

길잡이
- 구분 : 전개 · 절정 단계
- 주제 : 나무, 초본
- 형식 : 감성적, 관찰적, 과제 활동
- 계절 : 봄 - 여름
- 대상 : 초등학교 저학년 - 중학생
- 인원 : 40명
- 진행 시간 : 60분
- 장소 : 공원, 숲

식물 구분 기준
초본/목본, 침엽수/활엽수, 관목/교목, 쌍떡잎식물/외떡잎식물

무엇을 배우나요?
나무의 이름과 특성을 알기 전에 나무를 아무런 편견 없이 직접 체험하는 것이 중요하다. 특히 감수성이 예민한 어린이를 대상으로 교육할 때는 나무에 대한 지식보다 직접 체험하고 느껴보는 과정이 우선되어야 한다. 일반적으로 지루하고 어렵게만 느껴지는 나무도감을 직접 만들면서 나무를 좀더 재미있게 이해해 본다.

무엇을 준비해야 하나요?
두꺼운 종이, 흰 종이, 가위, 풀, 색연필 등 채색 도구

어떻게 진행하나요?
1. 숲에서 나무 한 그루를 골라 자세히 관찰하고 적당한 이름을 붙여준다.
2. 이때 되도록 향기를 맡거나 손으로 만져보는 등 체험을 통해 나무 이름을 정하면 좋다.
3. 흰 종이에 채색 도구를 이용하여 나무를 체험한 느낌과 내가 붙여준 이름을 자유롭게 표현한다.
4. 가위로 ③을 오려 두꺼운 종이에 붙인다.
5. 도감이 완성되면 전시하여 다 함께 보면서 한 사람씩 나만의 나무도감을 설명한다.

이런 질문 어때요?
1. 내가 고른 나무가 다른 나무와 구별되는 점은 무엇인가요?
2. 나무의 색깔과 향기, 나무에서 들리는 소리는 어떠했나요?

※ 참조하세요
한 번 과정이 끝나면 나무 구분법을 익힌 후 직접 도감을 만들어보고, 다양한 나무들을 기준에 따라 구분해보는 작업으로 여러 가지 나무도감을 만들 수 있다. 학급이나 모둠별로 도감 하나를 완성해보는 것도 좋다. 들풀도감이나 곤충도감도 만들어볼 수 있다.

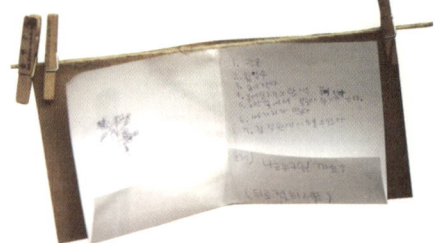

나만의 나무도감 만들기 II 040

무엇을 배우나요?
모든 나무들은 뿌리, 줄기, 가지와 잎으로 구성되며, 꽃을 피우고 열매를 맺는다. 나무의 세세한 부분까지 관찰하면서 나무와 좀더 가까워지고 나무를 이해해본다.

무엇을 준비해야 하나요?
흰 종이, 색연필 등 채색 도구

길잡이
- 구분 : 전개 · 절정 단계
- 주제 : 나무, 초본, 협동심
- 형식 : 관찰적, 토론적
- 계절 : 봄 - 여름
- 대상 : 모든 연령
- 인원 : 모둠별 3~5명
- 진행 시간 : 10~20분
- 장소 : 공원, 숲, 실내

어떻게 진행하나요?
1. 각자 마음에 드는 나무 한 그루를 정한다.
2. 종이에 선정한 나무의 껍질과 나뭇잎, 열매, 씨앗, 겨울눈, 전체적인 모양 등을 그린다.
3. 여럿이 함께할 경우 서로 다른 나무들을 관찰하여 다양한 나무도감을 비교할 수 있다
4. 각자 만든 것들을 모아 나무도감 한 권을 만든다.

이런 질문 어때요?
1. 우리나라에는 몇 가지 수종이 있을까요?
2. 나무마다 사는 곳이 다른 이유는 무엇일까요?

※참조하세요
나무에 대한 단순한 설명식 교육은 아이들을 지겹게 할 뿐만 아니라, 나무를 이해하는 데 도움이 되지 않는다. 따라서 나무들의 이름을 설명하는 것보다 나무의 외형적인 모습에 대해 재미있게 접근하는 것이 필요하다. 숲에 갈 때 몇 가지 준비물을 챙기면 아이들과 신나게 놀이하면서 가르칠 수 있다. 아이들은 놀이를 통해 나무가 어떤 모양으로 성장하고 어떤 특징이 있는지 좀더 자세히 체험할 수 있다. 아이들 스스로 무엇인가를 만들고 뛰어놀면서 나무를 이해하는 가운데 나무의 이름과 쓰임새를 알아간다면 더욱 좋다.

041 활엽수 식별 놀이

길잡이
- 구분 : 전개 · 절정 단계
- 주제 : 나무
- 형식 : 활동적, 관찰적
- 계절 : 봄 - 여름
- 대상 : 초등학생
- 인원 : 20명
- 진행 시간 : 10~20분
- 장소 : 공원, 숲

무엇을 배우나요?
나무는 종류에 따라 잎의 모양과 위치가 다르기 때문에 나뭇잎의 모양과 위치를 알아보는 것은 나무를 식별할 수 있는 좋은 방법이다. 나뭇잎의 모양과 위치를 관찰하고 나무 식별 놀이를 해보자.

무엇을 준비해야 하나요?
나무 식별 그림카드(활엽수)

어떻게 진행하나요?
1. 활엽수의 특징(나무와 잎의 모양)이 나타난 그림카드를 만든다.
2. 그림카드를 보여주면서 활엽수에 대해 간단히 설명한다.
3. 카드에 나타난 그림과 잎 모양이 같은 나무를 찾아 그 앞에 선다.
4. 올바르게 찾았는지, 다른 점이 무엇인지 알아본다.

이런 질문 어때요?
1. 나뭇잎이 큰가요, 작은가요?
2. 나뭇잎이 뾰족한가요, 동그란가요?

※참조하세요

나무마다 잎의 모양과 잎이 자라는 위치가 서로 다르다. 그것은 단순히 유전자의 차이 때문에 나타나는 특징이라고 말할 수만은 없으며, 나무마다 주변 환경을 느끼는 정도가 다르고, 그 환경에 따라 민감하게 반응하기 때문이기도 하다. 어떤 나무의 가지에는 나뭇잎이 '마주나기' 나 '어긋나기' 로 자란다. 또 나뭇잎 한 장이 여러 장으로 분화되어 발달하는 경우(복엽)도 있다. 가을에 나뭇잎의 어느 부분에서 떨어지는지 관찰해보면 단엽과 복엽을 구별할 수 있다. 나뭇잎이 한 장씩 떨어지면 단엽이요, 여러 장이 함께 붙어서 떨어지면 복엽이다. 나뭇잎의 형태나 위치는 주변의 빛에 따라서도 달라진다. 평평하게 누워 하늘을 바라보면서 자라는 잎이 있는가 하면, 다양한 각도로 자라나는 나뭇잎도 있다. 이런 현상은 모두 빛의 강도를 스스로 조율하며 환경에 적응해간다는 것을 나타낸다.

나뭇잎의 모양은 물과도 관련이 있다. 나무에 따라서 물이 쉽게 흘러내리도록 굴곡이 있는 나뭇잎을 만들어내기도 하고, 나뭇잎 끝자락에서 물이 쉽게 흘러내릴 수 있도록 그 모양을 뾰족하게 만들기도 한다. 뿐만 아니라 물의 증발을 막기 위해 나뭇잎을 두툼하게 하기도 하고, 나뭇잎 뒷면에 무수히 많은 솜털을 만드는 나무도 있다. 이런 다양한 현상에 따라 나무의 차이를 식별하고, 나무의 생태를 이해한다.

침엽수 식별 놀이 | 042

무엇을 배우나요?
나뭇잎의 형태와 위치로 침엽수를 식별하고, 그 생태를 알아본다.

무엇을 준비해야 하나요?
나무 식별 그림카드(침엽수)

어떻게 진행하나요?
1. 침엽수의 특징(나무와 잎의 모양)이 나타난 그림카드를 만든다.
2. 그림카드를 보여주면서 침엽수에 대해 간단히 설명한다.
3. 카드에 나타난 그림과 잎 모양이 같은 나무를 찾아 그 앞에 선다.
4. 올바르게 찾았는지, 다른 점이 무엇인지 알아본다.

이런 질문 어때요?
1. 겨울에도 잎을 달고 있는 나무는 어떤 것들인가요?
2. 가을에 숲에 떨어진 잎들의 모양은 어떤가요?

※참조하세요
침엽수는 소나무와 같이 침엽 여러 개가 한 묶음이 되어 자라는 잎이 있는가 하면, 전나무와 같이 침엽이 하나씩 따로따로 자라는 나무도 있고, 측백나무와 같이 비늘처럼 자라는 나무도 있다. 같은 침엽수라도 서로 다른 형태로 살아간다는 사실을 안다면 나무에 대해 신비로움을 느낄 것이다.
침엽수와 활엽수는 육안으로도 구분할 수 있다. 이러한 구분법은 어두운 밤에도 가능하다. 침엽수는 땅에서 중심 줄기가 하나로 시작해서 끝까지 하나로 성장한다. 단지 곧은 중심 줄기를 가운데 두고 나뭇가지만 옆으로 뻗을 뿐이다. 그러나 활엽수는 땅에서 중심 줄기가 하나로 시작하여 시간이 흐르면 그 줄기가 최소 두 개 이상으로 갈라져 자란다. 다시 말해서 활엽수는 자라나면서 중심 줄기가 사라지는 것이다. 물론 그렇지 않은 경우도 있다. 그러나 그것은 나무의 유전자 변이에 따른 경우거나, 인위적으로 간섭을 받아서 변형된 것이라고 할 수 있다. 아이들과 나뭇잎을 보지 않고도 침엽수와 활엽수를 구분해 보는 것도 효과적인 교육법이다.

길잡이
- 구분 : 전개 · 절정 단계
- 주제 : 나무
- 형식 : 활동적, 관찰적
- 계절 : 가을 - 겨울
- 대상 : 초등학생
- 인원 : 20명
- 진행 시간 : 10~20분
- 장소 : 공원, 숲

침엽수와 활엽수의 외형적 구분
침엽수 / 활엽수

043 나뭇가지로 나무뿌리 만들기

길잡이
- 구분 : 전개 · 절정 단계
- 주제 : 나무
- 형식 : 활동적, 관찰적, 토론적
- 계절 : 사계절
- 대상 : 초등학교 고학년 이상
- 인원 : 15명 이하
- 진행 시간 : 10~20분
- 장소 : 공원, 숲

무엇을 배우나요?
나무의 뿌리 구조를 이해하는 놀이를 통해 나무를 깊이 있게 이해한다.

무엇을 준비해야 하나요?
뿌리 구조 사진(혹은 그림), 다양한 크기의 나뭇가지

어떻게 진행하나요?
1. 전체를 세 모둠으로 나누고 세 가지 뿌리 구조 사진(혹은 그림)을 모둠별로 하나씩 나눠준다.
2. 모둠별로 주변에 있는 나뭇가지를 주워서 준비한 그림과 비슷한 모양의 뿌리를 만든다.
3. 이때 그림에 나타난 뿌리의 원뿌리와 곁뿌리, 잔뿌리를 모두 표현하도록 돕는다.
4. 모둠별로 각자 표현한 뿌리에 대해서 설명한다.
5. 나무에 따라 뿌리 구조가 어떻게 다른지 설명해주고 토론한다.

이런 질문 어때요?
1. 태풍이 오면 나무는 어떤 모양으로 넘어질까요?
2. 나무뿌리의 구조와 강수량은 어떤 관계가 있을까요?
3. 나무뿌리의 구조와 토양의 발달은 어떤 관계가 있을까요?

※ 참조하세요
현장에서 실제로 뿌리의 모양을 관찰하면 더욱 좋겠으나, 잘 드러나지 않은 경우 그림으로 대신할 수 있다. 단, 뿌리 형태의 사례가 될 수 있는 수종을 현장에서 직접 보여줄 수 있어야 한다. 나무의 뿌리는 크게 세 가지로 나뉘는데, 원뿌리가 토양 안으로 아주 깊게 발달하는 '심근성', 원뿌리 없이 모든 뿌리들이 토양의 표면에서만 넓게 자라는 '천근성', 원뿌리는 없지만 굵은 뿌리들이 발

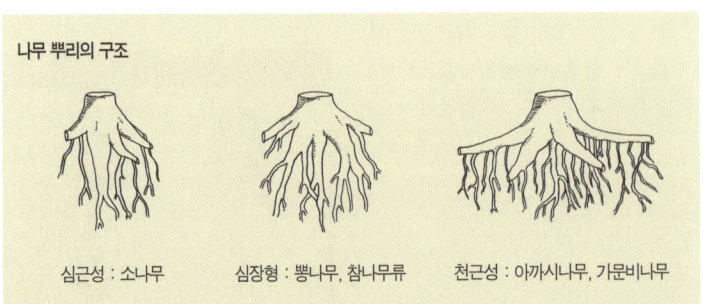

나무 뿌리의 구조

심근성 : 소나무 | 심장형 : 뽕나무, 참나무류 | 천근성 : 아까시나무, 가문비나무

달하여 마치 심장과 같은 모양으로 발달한 '심장형'이 그것이다. 모래가 많은 사질 토양이면 빗물이 토양 표면에 머무는 시간이 짧고 빨리 증발하거나 땅속 깊이 스며든다. 이때 천근성 나무는 심근성 나무보다 물을 흡수하기 어렵다. 심근성 나무는 천근성 나무보다 뿌리가 토양 깊숙이 파고 들어가기 때문에 토양을 깊이 발달시킨다. 이것은 심근성 나무가 토양에 상대적으로 많은 생물들이 살 수 있는 환경을 만들어주고, 땅의 저수량을 높여준다는 의미가 된다.

044 나무의 행복지수 재기

길잡이
- 구분 : 전개 · 절정 단계
- 주제 : 나무
- 형식 : 활동적, 토론적, 실습적
- 계절 : 여름
- 대상 : 초등학교 고학년 이상
- 인원 : 20명
- 진행 시간 : 20~30분
- 장소 : 공원, 숲

무엇을 배우나요?
나무와 숲의 건강과 우리의 건강이 어떤 관계가 있는지 알아보고, 새로운 가치관을 가질 수 있도록 한다.

무엇을 준비해야 하나요?
줄, 가위

어떻게 진행하나요?
1. 모둠별로 토론을 통해 그 숲에서 가장 행복한 나무를 찾아본다.
2. 선택한 나무 앞에 서고, 모둠의 대표가 그 나무를 선택한 이유를 설명한다.
3. 모둠별로 다음 기준에 따라 나무의 행복지수를 측정한다.

> **나무의 행복지수 측정 기준**
> 첫째, 가지를 멀리 뻗을 공간이 있는가? (줄을 이용하여 다른 나무와 거리를 재본다.)
> 둘째, 잎이 하늘을 얼마나 가리는가? (나뭇잎이 많을수록 광합성 양이 많다.)
> 셋째, 밑가지에 잎이 많은가? (나뭇가지가 아래로 내려올수록 광합성 양이 많다.)

불행한 나무

행복한 나무

4. 위의 세 가지 기준에 따라 숲에서 가장 행복한 나무를 찾아본다.

이런 질문 어때요?
1. 숲이 우리에게 주는 혜택에는 어떤 것들이 있을까요?
2. 나무는 어떤 순간에 가장 행복할까요?

※ 참조하세요
나무가 건강하게 자랄 수 있는 기본 조건은 충분한 수분과 일사량, 대기 중 이산화탄소의 원활한 공급이다. 이러한 요소들이 부족하면 나무는 병들거나 고사하고, 이것이 자연 환경에 미치는 영향은 매우 크다. 일반적으로 나무의 건강은 나뭇잎에 달려 있다. 나뭇잎의 수가 많고 빛을 받을 공간이 충분하다면 대체로 건강하게 자랄 수 있다. 숲에서 구불구불한 나무들이 보이는 것은 나무를 심은 뒤 가꾸지 않아 나무들이 좁은 공간에서 부대끼며 자란 탓이다. 나무가 자라는 데 밀도는 매우 중요하며, 숲 전체의 건강도 그에 달려 있다.

나뭇잎의 양	나무의 상태
90% 이상	아주 양호
90~70%	양호
70~50%	병의 초기 – 중기
50% 이하	병의 말기

045 | 나뭇조각 퍼즐 맞추기

길잡이
- 구분 : 전개 · 절정 단계
- 주제 : 나무
- 형식 : 활동적, 감성적, 관찰적
- 계절 : 사계절
- 대상 : 모든 연령
- 인원 : 모둠별 3~5명
- 진행 시간 : 10~20분
- 장소 : 공원, 숲, 실내

무엇을 배우나요?
나뭇조각들을 맞추는 과정에서 집중력이 길러지고, 자연스럽게 나무의 이름을 알 수 있다. 나무를 직접 손으로 만지고 관찰하는 동안 그 나무와 가까워질 수 있다.

무엇을 준비해야 하나요?
나무의 종류에 따라 여러 방향으로 자른 나뭇조각들

어떻게 진행하나요?
1. 나뭇조각 퍼즐은 실제 숲에서 볼 수 있는 것들로 모둠에 따라 세 종류 이상 준비한다.
2. 현장에서 나무의 잎과 꽃, 줄기, 전체적인 형태를 함께 관찰한다.
3. 나뭇조각을 섞어서 흩어놓은 다음 맞춘다.
4. 실제 나무와 비교하면서 기억에 남게 한다.
4. 퍼즐 맞추기가 끝나면 나무에 대해 이야기를 나눈다.

이런 질문 어때요?
1. 어떤 기준으로 나뭇조각을 맞췄나요?
2. 나이테의 모양이 서로 다른 까닭은 무엇일까요?
3. 나뭇조각의 색깔이 종류별로 다른 까닭은 무엇일까요?

※참조하세요
나무를 관찰하면 껍질과 겉모양만 알 수 있는 경우가 대부분이다. 나무의 내부에 대해서 알고 싶을 때 흔히 책이나 사진을 참고하는데, 그러한 방법으로 살아 있는 지식을 얻기란 쉬운 일이 아니다. 나뭇조각을 퍼즐 형식으로 맞춰보는 놀이를 하면 나무의 내부 조직과 나무의 일생을 알 수 있고, 나무가 생명체로 살아가는 삶을 이해할 수 있다.
교육생들이 퍼즐을 맞추고 이야기를 나눈 뒤에 나무의 여러 가지 특징들을 설명한다. 나무에 옹이가 있는지, 나이테 간격은 왜 다른지 등을 설명하면서 자신과 가족 그리고 우리나라 역사와 연관 지어 이야기를 나누다 보면 관심과 흥미를 유발할 수 있으며, 학습 효과도 높다.

눈 가리고 나무 만져보기 | 046

무엇을 배우나요?
나무는 크게 뿌리, 줄기, 잎으로 나뉜다. 그중 줄기에 해당하는 나무껍질은 사람의 외모처럼 형태가 모두 다르다. 손의 촉감을 활용하여 나무껍질을 만져보고 다른 점을 느껴보며, 나무껍질의 역할에 대해서도 알아본다.

무엇을 준비해야 하나요?
눈가리개(혹은 손수건)

어떻게 진행하나요?
1. 두 명씩 짝 지어 한 사람은 눈을 가리고 다른 사람은 길 안내자가 된다.
2. 안내자는 선물하고 싶은 나무를 정하여 눈 가린 짝을 그 나무로 안내한다.
3. 눈 가린 사람은 나무껍질을 만지고, 냄새도 맡으며 그 나무의 특징을 기억한다.
4. 다시 처음 장소로 모여 제자리에서 10회 정도 돌아 방향을 잃게 한 뒤 눈가리개를 푼다.
5. 눈을 가렸던 사람은 주변에서 자신이 만졌던 나무를 찾아본다.
6. 역할을 바꿔서 해보고, 나무껍질을 만져본 느낌에 대해 이야기를 나눈다.

이런 질문 어때요?
1. 나무껍질마다 느낌이 어떻게 다른가요?
2. 손으로 만져본 나무를 쉽게 찾을 수 있는 방법은 어떤 것이 있을까요?
3. 나무껍질은 나무에 있어서 어떤 역할을 할까요?
4. 눈으로 본 나무와 손으로 만져본 나무는 어떻게 다른가요?

※ 참조하세요
숲에서 나무를 만나는 것은 아주 당연하고 쉬운 일이다. 평소 그냥 지나치는 나무를 조금만 자세히 관찰하면 나무마다 줄기의 색깔이나 모양이 다르다는 것을 알 수 있고, 눈을 감고 손으로 만지고 냄새 맡으면 나무를 좀더 정확하게 파악할 수 있다. '눈 가리고 나무 만져보기'를 할 때는 주변에 위험한 요소들이 없는 장소를 정하는 것이 좋다. 또 여러 가지 종류의 나무들이 모여 있는 곳이라면 교육생들이 더욱 다양한 체험을 할 수 있다.

길잡이
- 구분 : 전개 · 절정 단계
- 주제 : 나무
- 형식 : 체험적, 활동적, 관찰적
- 계절 : 사계절
- 대상 : 모든 연령
- 인원 : 20명
- 진행 시간 : 30분
- 장소 : 숲, 공원

나무줄기가 하는 일
- 나무가 서 있을 수 있게 지탱한다.
- 뿌리에서 흡수한 물과 광합성을 통해 만들어진 영양 물질을 이동시킨다.
- 나무껍질은 외부의 자극(곤충의 침입, 강한 태양 빛)에서 나무의 내부를 보호한다.

047　비를 맞는 나무 흉내 내기

길잡이
- 구분 : 전개 · 절정 단계
- 주제 : 나무
- 형식 : 활동적, 감성적, 실험 · 실습적, 역할놀이적
- 계절 : 봄 - 여름
- 대상 : 초등 고학년 - 고등학생
- 인원 : 30명
- 진행 시간 : 30분
- 장소 : 공원, 숲

무엇을 배우나요?
놀이를 통해 나무의 모양은 어떻게 생겼는지, 나무는 왜 그러한 모양이 되었는지, 나무의 모양과 빗물은 어떤 관계가 있는지 알 수 있다.

무엇을 준비해야 하나요?
비옷, 물뿌리개

어떻게 진행하나요?
1. 숲이나 공원에서 나무의 전체적인 모양을 관찰한다.
2. 교육생들에게 비옷을 입히고 나무의 모양을 몸으로 표현해보도록 한다.
3. 양 팔을 하늘로 뻗거나 (활엽수) 수평으로 펴면 (침엽수) 일반적인 나무의 모양이 된다.
4. 물뿌리개로 머리 위에 물을 뿌리면서 물이 어떻게 몸을 타고 내려가는지 관찰한다.
5. 나무의 모양에 따라 빗물이 흘러내리는 방법에 대해서 설명한다.

이런 질문 어때요?
1. 빗물을 좋아하는 나무는 어떤 모양으로 자랄까요?
2. 빗물을 싫어하는 나무는 어떤 모양으로 자랄까요?

출처 : *Waldoekologie*(Otto, 1996)

※참조하세요

나무들은 원뿔형이나 원통형, 구형, 반구형이 대부분이다. 우리가 흔히 보는 나무의 모양은 그냥 만들어진 것이 아니다. 그 형태에 따라서 빛을 받아들이는 양과 빗물을 흡수하는 방법이 다르다. 나무는 크게 침엽수와 활엽수로 나뉘는데, 그림에서처럼 침엽수는 비를 맞으면 빗물을 나뭇가지 끝으로 보내 땅으로 떨어뜨린다. 반면 활엽수는 빗물을 최대한 많이 흡수하여 줄기로 모아서 뿌리 쪽으로 보낸다. 따라서 나무의 모양에 따라 빗물을 흡수하는 방법이 다르며, 이는 산성비로 인한 피해에서도 다른 결과를 가져온다. 나무를 타고 내리는 빗물이 산성비라면 침엽수와 활엽수 가운데 어느 쪽이 더 큰 피해를 입을까? 아이들과 함께 이야기를 나누는 것도 좋은 방법이다.

048 | 겨울에도 잎이 푸른 나무 찾기

길잡이
- 구분 : 전개·절정 단계
- 주제 : 나무
- 형식 : 감성적, 관찰적
- 계절 : 겨울
- 대상 : 초등학교 저학년
- 인원 : 10명
- 진행 시간 : 10~20분
- 장소 : 공원, 숲, 실내

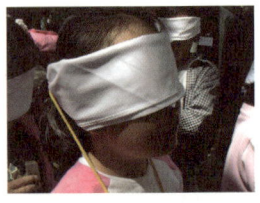

무엇을 배우나요?
겨울 숲에는 동물들 외에도 잠자는 친구들이 있다. 가을이면 모든 잎을 떨어뜨리고 휴식을 취하는 활엽수들이 그들이다. 그런가 하면 겨울에도 계속 활동을 하는 나무들이 있으니 늘 푸른 잎을 달고 있는 침엽수들이다. 눈으로만 보던 침엽수들을 촉각이나 후각을 활용해 분별하는 놀이를 하면, 좀더 본질적으로 접근할 수 있을 것이다.

무엇을 준비해야 하나요?
눈가리개(혹은 수건), 침엽수 나뭇가지

어떻게 진행하나요?
1. 숲에서 소나무, 전나무, 잣나무, 구상나무, 향나무, 편백나무, 주목 등 잎이 푸른 침엽수들을 찾는다.
2. 침엽이 붙어 있는 나무들의 가지를 모은다.
3. 독특한 향기를 맡아보며 가지들을 관찰하고, 자연스럽게 나무에 대한 설명을 한다.
4. 눈가리개(혹은 수건)로 눈을 가린 다음 손으로 만지거나 냄새를 맡아서 침엽의 이름을 알아맞힌다.

이런 질문 어때요?
1. 몇 해가 흘러도 상록수는 잎이 떨어지지 않을까요?
2. 특히 침엽수는 왜 독특한 향기가 날까요?

※참조하세요.
요즘 우리의 생활은 지나칠 정도로 시각에 의존하여 다른 감각 기능은 상대적으로 편협하게 발달하고 있다. 눈을 가리고 손으로 만지고 코로 냄새 맡는 과정에서 침엽수 잎의 다른 점을 식별해내면서 식물에 대해 새로운 인식을 할 수 있을 뿐만 아니라 신체 기능의 균형 있는 발달을 도모할 수 있다. 침엽수들이 내뿜는 독특한 향기는 나무 스스로 자신을 보호하거나 동물들을 유인하기 위한 방편이다. 이들이 내뿜는 테르펜terpene이나 피톤치드phytoncide는 인체에도 유익한 작용을 한다. 놀면서 배우고 건강을 얻을 수 있는 이 프로그램은 주변의 숲이나 공원, 수목원에서 하기 좋다. 밖에서 이런 놀이를 하는 것이 여의치 않을 경우 몇 가지 침엽수 나뭇가지를 준비하여 실내에서 진행하는 것도 가능하며, 나무도감을 활용할 수도 있다.

매미 되어보기 | 049

무엇을 배우나요?
자연에서 놀면서 배우는 것이야말로 가장 큰 재산이 된다. 나무에 매달려 있는 매미를 생각하며 자신이 매미가 되어 나무에 매달려서 추운 겨울 숲을 체험해 본다.

무엇을 준비해야 하나요?
초시계

어떻게 진행하나요?
1. 숲에서 자기 나무를 찾아서 나무를 바라보며 가까이 선다.
2. "하나, 둘, 셋!" 하고 외침과 동시에 모두 매미가 되어 나무에 매달린다.
3. 나무를 느끼고, 어떤 소리가 들리는지 귀 기울여 듣는다.
4. 얼마나 오랫동안 매달릴 수 있는지 초시계로 기록을 잰다.

이런 질문 어때요?
1. 매미는 얼마나 오래 매달려 있을까요?
2. 우리는 왜 매미처럼 오랫동안 나무에 매달려 있지 못할까요?

※참조하세요
매미의 발에는 에너지 낭비가 거의 없을 만큼 잘 발달된 갈퀴가 있다. 활동 이후 에너지 소모에 대해서 함께 생각하고, 매미 발의 특징과 매미의 일생, 생명체가 살아가는 데 필요한 에너지 습득 방법에 대해서도 이야기할 수 있다. 이때 많은 이야기를 해주기보다 스스로 많은 생각을 할 수 있는 기회를 준다. 최근에는 책과 인터넷을 통해 아이들의 궁금증을 쉽게 해결해줄 수 있다. 아이들 스스로 궁금증을 해소할 수 있는 방법을 찾아주는 것이 우리의 역할이 아닐까?
인디언 타탸나 마니Tatanga Mani는 백인들에게 다음과 같이 경고한다.
"나는 너희와 같이 최고의 대학에도 가본 적이 없을 뿐만 아니라, 보통교육을 받을 수 있는 학교조차도 가본 적이 없다. 그러나 가장 훌륭한 학교는 자연이라고 생각한다."
인생에 있어서 가장 훌륭한 스승은 자연이다. 우리는 아이에게 많은 기대를 하다 보니 많은 것을 가르치려고만 한다. 그러나 아이 스스로 배우려는 동기가 없다면 아이도 부모도 불행해진다. 무엇보다 '왜 배워야 하는지'에 대한 인식을 명확히 심어줘야 한다. 이러한 인식은 즐거움에서 시작된다. 즐거움은 호기심을 유발하고, 관심이 생기도록 만들며, 스스로 학습하려는 의지를 보이게 한다.

길잡이
- 구분 : 전개 · 절정 단계
- 주제 : 나무, 곤충
- 형식 : 활동적
- 계절 : 겨울
- 대상 : 모든 연령
- 인원 : 40명
- 진행 시간 : 10~20분
- 장소 : 공원, 숲

050 | 나는 패션 디자이너

길잡이
- 구분 : 전개 · 절정 단계
- 주제 : 다양한 자연의 무늬
- 형식 : 관찰적, 표현적
- 계절 : 봄 – 가을
- 대상 : 초등학생 – 중학생
- 인원 : 20명
- 진행 시간 : 10~20분
- 장소 : 공원, 숲

무엇을 배우나요?
예술 작품들 중에는 자연에서 힌트를 얻은 것이 많다는 점을 직접 그림을 그려 보면서 깨닫고, 스스로 예술가가 되어본다.

무엇을 준비해야 하나요?
활동 기록지, 채색 도구, 돋보기(혹은 루페), 자연물 무늬가 들어간 소품들, 노끈, 나무집게

어떻게 진행하나요?
1. 교육자는 곤충이나 나무, 자연물에서 힌트를 얻어 디자인한 옷이나 손수건 가방 등의 실제 상품을 준비하여 교육생들에게 보여준다. 교육생들이 가지고 있는 소품 가운데 자연물 무늬가 들어간 것들을 찾아봐도 좋다.
2. 모두 디자이너가 되어 옷이나 장신구 등을 디자인해본다.
3. 준비된 활동 기록지의 그림에 자연의 무늬를 이용해서 옷, 가방 등을 그려 넣는다.
4. 디자인이 완성되면 노끈과 나무집게를 이용해 전시를 한다.
5. 다른 사람의 작품을 보고 각자 무엇을 디자인한 것인지 이야기를 나눈다.

이런 질문 어때요?
1. 주변에서 자연물을 소재로 하여 디자인한 사물들은 무엇이 있을까요?
2. 주변에서 나무로 만들어진 물건들은 무엇이 있을까요?
3. 자연물을 소재로 만들어진 물건을 사용해야 하는 이유는 무엇일까요?

※참조하세요
자연의 도형은 매우 다양해 우리가 미처 발견하지 못한 놀라운 도형들을 발견할 수 있다. 특히 아이들의 눈으로 바라보는 자연의 모양과 도형은 무한한 상상력의 원천이 된다. 교육생 중에 유아가 포함되어 있을 경우 처음부터 디자인을 하는 것이 무리일 수 있다. 선이나 도형 그리기부터 시작하여 자연물의 모양을 사물과 연결시키도록 한다. 초등학생이나 성인의 경우 최대한 상상력을 발휘하여 디자인할 수 있도록 배려한다.

눈 가리고 만진 것 그려보기 | 051

무엇을 배우나요?
손으로 만진 자연물들을 표현해보는 활동으로, 자신이 인식한 사물들을 표현하는 방법을 연습할 수 있다.

무엇을 준비해야 하나요?
눈가리개, 자연물(열매, 나무껍질, 꽃, 씨앗 등), 도화지, 색연필

어떻게 진행하나요?
1. 교육생들의 눈을 가리고 각각 다른 사물들을 하나씩 쥐어준다.
2. 손으로 사물들을 충분히 만져보도록 시간을 준다.
3. 교육자는 사물들을 회수하고 도화지와 색연필을 나눠준다.
4. 교육생들은 눈가리개를 풀고 자신이 손으로 만져본 것을 도화지에 그린다.
5. 그림이 완성되면 교육자는 사물들을 보여주며 교육생들이 그린 그림과 실제 사물을 짝 지어본다. 이때 교육생들에게 나눠주지 않은 사물들도 몇 개 섞어주며 반응을 살필 수 있다.

이런 질문 어때요?
1. 느낌을 그림이 아닌 다른 방법으로 표현할 수 있을까요?
2. 느낌으로 나타낸 그림과 실제 사물은 무엇이 어떻게 다른가요?

※ 참조하세요
유아는 만져본 것을 그림으로 표현하기가 어려울 수 있다. 이런 경우에는 억지로 그림을 그리도록 유도하기보다는 사물들을 만져본 느낌이나 떠오르는 생각 등을 말로 표현하게 한다. 그림이 완성되지 못해도 나무라거나 무시하는 발언은 삼간다.

길잡이
- 구분 : 전개 · 절정 단계
- 주제 : 나무, 초본
- 형식 : 감성적, 관찰적
- 계절 : 사계절
- 대상 : 모든 연령
- 인원 : 20명
- 진행 시간 : 10~20분
- 장소 : 공원, 숲, 실내

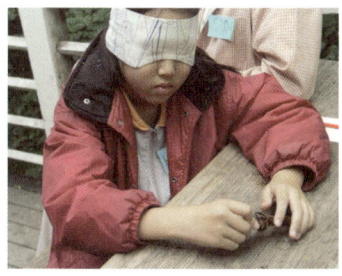

052 침엽수와 활엽수의 다른 점 알아보기

길잡이
- 구분 : 전개 · 절정 단계
- 주제 : 나무
- 형식 : 관찰적, 활동적
- 계절 : 사계절
- 대상 : 초등학교 고학년 – 중학생
- 인원 : 10명
- 진행 시간 : 30분
- 장소 : 숲, 공원

무엇을 배우나요?
나무는 잎의 모양에 따라 침엽수와 활엽수로 나뉜다. 그러나 침엽수와 활엽수를 구분하는 기준에는 다른 특성도 있다. 잎을 관찰할 수 없는 거리에 있거나 잎이 다 사라진 계절에도 침엽수와 활엽수를 구분하는 방법을 알아보자.

무엇을 준비해야 하나요?
흰 천 2장

어떻게 진행하나요?
1. 교육생들을 침엽수 모둠과 활엽수 모둠으로 나눈다.
2. 두 모둠에게 각각 침엽수와 활엽수를 관찰하면서 바닥에 떨어진 것들을 찾아오게 한다.
   - 침엽수 모둠 : 침엽수 잎, 침엽수 가지, 침엽수 열매(구과) 등
   - 활엽수 모둠 : 활엽수 잎, 활엽수 가지, 활엽수 열매(도토리) 등
3. 찾아온 것들로 흰 천 위에 관찰한 나무를 표현하게 한다.
4. 실제 나무와 모둠 구성원들의 작품을 비교하면서 정확하게 표현했는지 확인한다.

침엽수 　　　　　활엽수

이런 질문 어때요?
1. 침엽수와 활엽수에서 떨어진 것들은 어떻게 다른가요?
2. 침엽수와 활엽수의 전체적인 모양을 한 단어로 표현한다면 어떤 단어가 있을까요?
3. 침엽수와 활엽수가 주는 느낌은 어떻게 다른가요?

※ 참조하세요

일반적으로 나무를 구분할 때는 잎의 모양을 관찰한다. 그러나 언제나 예외가 있듯이 은행나무는 잎이 넓지만 침엽수에 속한다. 또 겨울이 되면 잎이 모두 떨어지거나 말라서 관찰하기 어려우므로 잎의 모양 외에 나무를 구분할 다른 방법이 필요하다. 이러한 경우 나무의 전체적인 모양을 보고 침엽수와 활엽수를 구분할 수 있다면, 그리고 그것을 놀이로 표현해본다면 더할 나위 없을 것이다.

대체로 침엽수는 중심 줄기가 하나로, 가운데서 가장 높이 자라난다. 주변에서 은행나무나 곧게 자라난 잣나무 등을 관찰하면 원뿔이 많다는 것을 쉽게 알 수 있다. 침엽수는 에너지를 중심 줄기에 집중 투자하므로 활엽수에 비해서 높이 자랄 수 있지만, 중심 줄기가 잘려나가면 잔가지로는 살아가지 못한다. 반면에 활엽수는 일정한 시기가 되면 중심 줄기가 2개 이상으로 갈라진다. 따라서 전체적인 수형이 둥그렇게 퍼지는 것을 알 수 있다. 에너지가 여러 군데로 분산되는 활엽수는 특정한 줄기를 잘라내도 다른 부분에서 다시 자라난다. 이것을 '맹아갱신萌芽更新'이라 부르며, 침엽수보다 활엽수의 생명력이 강하다고 할 수 있다. 물론 나무의 모양은 주변 환경에 따라 달라질 수 있다는 사실을 간과해서는 안 된다.

053 나무랑 키 재기 놀이

길잡이
- 구분 : 전개 · 절정 단계
- 주제 : 나무
- 형식 : 관찰적, 토론적
- 계절 : 사계절
- 대상 : 초등학교 고학년 – 중학생
- 인원 : 10명
- 진행 시간 : 20분
- 장소 : 숲, 공원

무엇을 배우나요?
일반적으로는 키가 큰 나무를 '교목', 키가 작은 나무를 '관목'이라 부르는데 이것은 기준이 불분명한 구분법이다. 주변 환경과 성장 시기에 따라서 교목이지만 관목보다 키가 작을 수 있기 때문이다. 이 놀이를 통하여 교목과 관목을 구분하는 법과 나무의 키가 다른 원인을 알아보자.

무엇을 준비해야 하나요?
교목퍼즐, 관목퍼즐, 흰 천(혹은 깔개)

어떻게 진행하나요?
1. 교육생들을 두 모둠으로 나누고 교목퍼즐과 관목퍼즐을 각각 나눠준다.
2. 퍼즐을 먼저 맞추는 모둠은 그림을 보고 "교목!" 혹은 "관목!"을 외친다.
3. 모둠별로 퍼즐 속의 그림을 보면서 두 나무의 다른 점을 찾는다.
4. 모둠별로 두 나무의 다른 점과 그 까닭에 대해서 이야기를 나눈다.
5. 주변에서 교목과 관목을 찾아보고 다른 점을 확인한다.

이런 질문 어때요?
1. 교목과 관목은 어떤 점이 다른가요?
2. 교목이 관목보다 키가 큰 까닭은 무엇일까요?

※참조하세요
교목과 관목의 다른 점은 줄기를 관찰해보면 알 수 있다. 교목은 땅에서 하나의 줄기가 나와 자라지만, 관목은 여러 줄기가 한꺼번에 나와 자란다. 따라서 에너지가 줄기 하나로 집중되는 교목은 크고 굵게 자랄 수 있는 가능성이 매우 크지만, 여러 줄기로 에너지가 분산되는 관목은 줄기가 가늘고 크게 자라지 못하는 것이다.

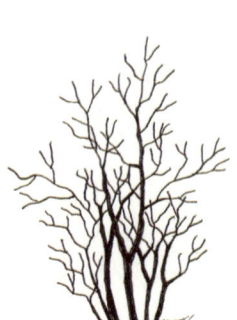

> **관목** : 분산되는 가지마다 에너지가 나뉘므로 키가 작다(개나리, 철쭉, 진달래, 국수나무…).
> **교목** : 에너지가 분산되지 않으므로 키가 크다(은행나무, 포플러나무, 벚나무, 느티나무…).

열매 날리기　054

무엇을 배우나요?
가을이면 다양한 모양의 날개를 단 씨앗들이 바람을 이용해 멀리 날아갈 준비를 한다. 열매들의 날개가 얼마나 멀리 날아갈지 생각해보고, 내가 만든 날개 달린 씨앗은 얼마나 멀리 날아가는지 시험해본다.

무엇을 준비해야 하나요?
색종이, 가위, 필기도구

어떻게 진행하나요?
1. 숲에서 날개를 단 여러 가지 모양의 씨앗을 찾는다.
2. 그들의 모양과 구조가 바람을 이용해서 어떻게 날아갈 수 있는지 관찰하고, 직접 날려본다.
3. 색종이와 가위를 이용해서 가장 잘 날 수 있는 모양으로 만들어 날려본다.
4. 활동이 끝나면 가자 날려 보낸 종이 씨앗을 주워서 자신의 이름을 쓴다.

이런 질문 어때요?
1. 날개가 멀리 날아가기 위한 조건들은 무엇이 있을까요?
2. 어떤 나무가 많은 씨앗을 생산할까요?
3. 날개가 없는 열매들은 어떻게 이동할까요?

※참조하세요
나무들의 씨앗에 날개가 달려 있다는 것은 결코 우연이 아니다. 또 나무마다 날개가 다른 모양과 크기로 발달한 것은 자연 환경의 변화를 섬세하게 받아들이며 수천만 년 동안 적응해온 결과다. 그러한 자연의 섬세함을 아이들과 함께 나눌 수 있는 방향으로 활동을 전개한다. 물론 씨앗에 날개가 없는 나무들도 있다는 사실을 인지시키고, 그들은 어떻게 번식을 하는지 설명해준다.

길잡이
- 구분 : 전개 · 절정 단계
- 주제 : 나무, 열매
- 형식 : 창작적, 놀이적
- 계절 : 가을
- 대상 : 초등학생
- 인원 : 20명
- 진행 시간 : 30분
- 장소 : 숲, 공원, 실내

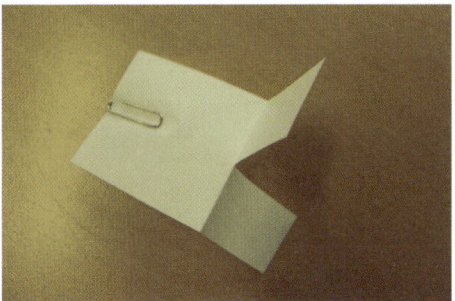

055 | 나무 피구 놀이

길잡이
- 구분 : 전개 · 절정 단계
- 주제 : 숲의 생태와 천이
- 형식 : 활동적
- 계절 : 사계절
- 대상 : 모든 연령
- 인원 : 20명 이상
- 진행 시간 : 60분
- 장소 : 숲, 공원

무엇을 배우나요?
숲은 시간이 흐름에 따라 다양한 모습으로 변하며, 그러한 변화를 잘 나타나는 것이 바로 수종의 변화다. 숲을 구성하는 생물들 가운데 가장 뚜렷이 드러나는 것이 나무이기 때문이다. 나무와 숲의 관계를 파악하고 그 생리를 알아가는 것은 숲의 생태계를 이해하는 데 매우 중요하다. 즐거운 놀이를 통해 나무들이 만들어내는 그림자와 나뭇잎 사이로 들어오는 한 줄기 빛이 또 다른 생명들의 삶을 좌지우지한다는 사실을 알 수 있다.

무엇을 준비해야 하나요?
밧줄, 배구공

어떻게 진행하나요?
1. 교육생들을 '소나무' 와 '전나무' 두 모둠으로 나누고, 밧줄로 피구를 할 수 있는 구역을 표시한다.
2. 중앙의 구분선은 두 사람이 잡고 이동할 수 있어야 한다.
3. 소나무 모둠은 다시 '소나무' 와 '어둠' 으로 나누고, 전나무 모둠은 '전나무' 와 '빛' 으로 나눈다.
4. 소나무와 전나무는 안쪽에 들어가고 빛과 어둠은 밖에서 공격을 한다.
5. 공이 닿은 소나무는 밖으로 나와 어둠이 되고, 공이 닿은 전나무는 밖으로 나와 빛이 된다.
6. 피구를 하면서 빛이 많아지면 전나무 쪽 구역의 면적이 좁아지고, 어둠이 많아지면 소나무 쪽 구역의 면적이 좁아진다.
7. 나무의 생리와 빛의 양에 따른 숲의 변화 과정을 알아간다.

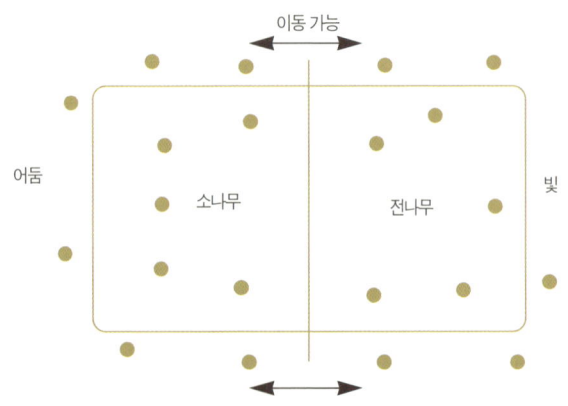

이런 질문 어때요?
1. 소나무와 전나무는 어떤 환경에서 잘 자라나요?
2. 소나무가 많이 자라는 곳에서는 왜 전나무를 찾기가 어려울까요?
3. 전나무와 소나무는 어떻게 구분할까요?

※참조하세요

그늘에서도 잘 견디는 전나무는 수백 년 동안 성장이라고 할 수 없을 만큼 조금씩 자라면서 큰 나무 아래서 기다린다. 그리고 언젠가 그 큰 나무가 죽으면 비로소 수백 년 동안 자라지 못한 것을 한꺼번에 자란다. 반면 소나무는 큰 나무의 그늘 아래서는 견디지 못하고 죽는다. 이처럼 나무는 뿌리내린 곳 주변의 환경에 따라서 작은 변화에도 반응을 나타내고, 심할 경우 죽고 사는 문제로 연결된다. 초기 단계의 숲은 빛이 많이 들어오므로 빛이 강한 곳에서도 잘 자랄 수 있는 양수성 나무들이 잘 자라고, 잘 발달된 숲은 다양한 층이 형성되어 숲의 아랫부분에는 빛이 잘 들지 않아 음수성 나무들이 잘 자란다. 이러한 나무의 특성을 잘 파악하면 현재 그 숲이 어떤 단계에 있는지 유추해볼 수 있다.

- **음수성이 강한 나무** : 주목, 분비나무, 가문비나무, 전나무, 느티나무, 들메나무, 복장나무 등
- **반음수성에 가까운 나무** : 잣나무, 오리나무류, 단풍나무류, 피나무류, 참나무류, 물푸레나무 등
- **양수성이 강한 나무** : 잎갈나무류, 소나무, 사시나무류, 자작나무류 등

056 | 나무껍질과 곤충의 대결 놀이

길잡이
- 구분 : 전개 · 절정 단계
- 주제 : 나무, 열매
- 형식 : 창작적, 놀이적
- 계절 : 가을
- 대상 : 초등학생 이상
- 인원 : 20명
- 진행 시간 : 30분
- 장소 : 숲, 공원

무엇을 배우나요?
겨울 숲의 추위를 이겨내는 몸 풀기 프로그램으로, 나무와 곤충의 관계를 이해할 수 있다.

무엇을 준비해야 하나요?
없음

어떻게 진행하나요?
1. 교육생들을 나무와 곤충 두 모둠으로 나눈다.
2. 나무 모둠은 서로 손을 잡고 원으로 서고, 중앙에 '영양분' 역할을 하는 한 명이 들어간다.
3. 나무 모둠 구성원들은 흩어지지 않도록 오래 버티며 영양분을 보호한다.
4. 곤충 모둠은 나무 모둠을 뚫고 들어가 영양분을 잡는다.
5. 서로 역할을 바꿔 진행해본다.

이런 질문 어때요?
1. 곤충은 왜 나무를 뚫고 들어가려고 할까요?
2. 나무가 없다면 곤충은 어떻게 될까요?

- 껍질이 두꺼운 나무 : 소나무, 굴참나무 등
- 껍질이 얇은 나무 : 단풍나무, 물푸레나무 등

※참조하세요
나무에는 수액이 흐르는데, 곤충들은 수액을 매우 좋아한다. 그래서 곤충은 나무에 약한 부분이 생기면 그곳을 뚫고 들어가려 한다. 곤충의 침입을 받은 나무는 그리 오래 살지 못하므로 나무는 곤충의 침입을 막기 위해 껍질을 단단하게 만들어야 한다.

나뭇잎 투포환 놀이 | 057

무엇을 배우나요?
나뭇잎을 활용하여 투포환 던지기 놀이를 해보고 협동심도 기른다.

무엇을 준비해야 하나요?
주변의 나뭇잎

어떻게 진행하나요?
1. 숲 바닥에 떨어진 나뭇잎을 하나씩 주운 다음 입으로 불어 멀리 보낸다.
2. 모둠을 나눠 가장 멀리 날릴 수 있는 나뭇잎 하나를 선택한다.
3. 모둠별로 한 사람이 한 번씩 나뭇잎을 불어서 멀리 보내기 놀이를 한다.
4. 한 사람이 나뭇잎을 불어 떨어진 자리에서 다음 사람이 나뭇잎을 분다.
5. 나뭇잎의 크기와 입김의 세기에 따라 날아가는 거리가 다르다.

이런 질문 어때요?
1. 어떤 나뭇잎이 가장 멀리 갈 수 있을까요?
2. 다 함께 나뭇잎을 멀리 보내기 위해서는 어떻게 해야 할까요?

※ 참조하세요
종전의 투포환 경기처럼 한 사람이 무거운 것을 멀리 던지기보다는 여러 사람이 가벼운 것을 멀리 던지는 놀이를 통하여 협동심을 기른다. 이와 같이 떨어진 낙엽을 활용하여 다양한 놀이를 해볼 수 있다. 입김이 닿는 면적이 넓을수록 나뭇잎이 멀리 날아간다.

길잡이
- 구분 : 전개 · 절정 단계
- 주제 : 나무, 협동심
- 형식 : 창작적, 놀이적
- 계절 : 가을
- 대상 : 초등학생
- 인원 : 20명
- 진행 시간 : 30분
- 장소 : 숲, 공원

058 둥지 만들기

길잡이
- 구분 : 전개 · 절정 단계
- 주제 : 야생동물
- 형식 : 활동적, 관찰적
- 계절 : 여름 - 가을
- 대상 : 초등학생 이상
- 인원 : 20명
- 진행 시간 : 50~60분
- 장소 : 공원, 숲, 실내

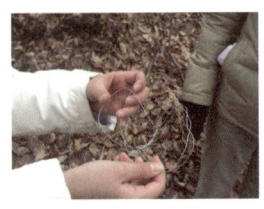

무엇을 배우나요?
새들이 둥지를 틀고 살아가는 방법은 다양하다. 까치는 보란 듯이 나무의 상층부에 둥지를 트는가 하면, 박새와 같이 작은 새들은 관목이 우거진 덤불 속에서 둥지를 틀고 알을 품는다. 까치와 같이 강인한 새에게서 자유롭게 살아가기 위해 박새는 눈에 잘 띄지 않는 곳에 둥지를 틀어야 한다. 또 둥지의 재료가 주변 환경의 색깔과 비슷해야 까치와 같은 천적에게서 안전하게 새끼를 보호할 수 있다. 이러한 보호색을 이해할 수 있는 놀이를 해보자.

무엇을 준비해야 하나요?
지름 0.5mm 철사 2m (모둠 수만큼)

어떻게 진행하나요?
1. 모둠을 나누고, 한 모둠에 하나씩 철사를 나눠준다.
2. 철사를 회오리 모양으로 돌돌 말아 지름 10cm 정도의 원형 틀을 만든다. 마무리는 돌돌 만 철사들을 하나로 묶어 처리한다.
3. 하나로 묶은 부분을 중앙에 두고 나머지 원들을 꽃잎처럼 펴서 밥그릇 모양으로 만든다.
4. 모양이 잡힌 철사 틀을 주변의 나뭇잎이나 나뭇가지로 꾸며 둥지를 만든다.
5. 각 모둠이 만든 둥지를 한데 모으고 어느 모둠이 가장 잘 만들었는지 본다. 이때 주변의 사물을 이용하여 둥지와 가장 비슷하게 만든 팀이 승리한다.
6. 모둠별로 자신들이 만든 둥지를 새들이 살 만한 곳에 숨긴다.
7. 다른 모둠이 숨긴 둥지를 찾아보고, 둥지를 가장 잘 숨긴 모둠이 승리한다.

이런 질문 어때요?
1. 새들은 어디에 둥지를 틀까요?
2. 둥지는 무엇으로 만들어질까요?

※참조하세요
'둥지 만들기' 체험은 생물들의 야생성을 이해하고, 자연 환경에 적응하기 위한 노력이 얼마나 크고 아름다운지 배우는 교육 활동이다. 많은 동물들이 야생에서 종족을 유지 · 번영시키기 위해 둥지 트는 일에 신경을 쓰며, 장소나 재료 선택도 매우 신중하게 고려한다는 사실을 알 수 있다. 동물들은 주변 환경과 비슷한 색으로 둥지를 틀어 천적의 위험에서 피하는 방법을 알고 있다.

곤충 주사위 놀이 | 059

무엇을 배우나요?
다양한 곤충의 생김새를 생각하고 그림으로 표현해본다. 숲에서 곤충을 관찰하고 그들을 이해할 수 있는 놀이를 해본다.

무엇을 준비해야 하나요?
주사위, 도화지, 크레파스(혹은 색연필)

어떻게 진행하나요?
1. 주사위를 순서대로 던진다.
2. 각자 던진 주사위의 숫자만큼 곤충의 각 부분을 그린다(예를 들어, 주사위의 숫자가 2가 나왔으면 선을 두 번 그릴 수 있고, 5가 나왔으면 다섯 번 그릴 수 있다).

주사위 숫자 / 2개(머리, 가슴) / 1개(배) / 4개(눈, 더듬이) / 6개(다리) / 3개(날개, 꼬리)

3. 곤충은 머리, 가슴, 배, 꼬리, 눈, 더듬이, 날개로 구성된다.
4. 가장 먼저 곤충의 전체 모습을 완성한 사람이 이긴다.
5. 같은 방법으로 거미 그리기 놀이를 해도 좋으며, 아이들이 계속 흥미를 보이면 그린 곤충이나 거미를 색칠하면서 숲속의 생물들을 이해하도록 한다.

이런 질문 어때요?
1. 곤충과 거미의 다른 점은 무엇일까요?
2. 이 세상에서 종류가 가장 많은 생물은 무엇일까요?

※참조하세요
아이들은 다리가 세 쌍, 마디가 세 개, 더듬이가 한 쌍, 눈은 겹눈이라고 곤충의 특징을 열심히 암기한다. 그러나 암기식 교육에 흥미를 느끼는 아이들은 그리 많지 않다. 아이들에게는 놀이를 통하여 스스로 학습할 수 있는 기회를 줘야 한다. 아이들이 숲이나 실내에서 곤충들을 쉽고 즐겁게 관찰하도록 도와주는 놀이는 지식에 흥미롭게 접근하는 방법이다. 놀이 과정에서 아이들은 곤충을 떠올리고 자연스럽게 곤충의 몸 구조를 이해한다. 또 거미가 왜 곤충이 아닌지도 쉽게 이해할 수 있을 것이다.

길잡이
- 구분 : 전개 · 절정 단계
- 주제 : 곤충
- 형식 : 관찰적
- 계절 : 사계절
- 대상 : 초등학교 저학년 이상
- 인원 : 모둠별 3~5명
- 진행 시간 : 10~20분
- 장소 : 공원, 숲, 실내

060 | 친환경적인 곤충 관찰 놀이

길잡이
- 구분 : 전개 · 절정 단계
- 주제 : 곤충
- 형식 : 활동적, 감성적, 관찰적
- 계절 : 봄 - 여름
- 대상 : 유아 – 초등학생
- 인원 : 15명
- 진행 시간 : 30분
- 장소 : 공원, 숲

무엇을 배우나요?
벌레나 곤충에 관심을 보이는 아이들은 곤충들을 손으로 잡는 경우가 많다. 그러나 작고 연약한 곤충은 한 번 사람의 손이 닿으면 다시 놓아준다 해도 살아남기 어렵다. 사람의 체온에 의해 곤충들이 화상을 입는 경우도 있다. 아이들의 호기심을 채워주면서 곤충들이 다치지 않게 관찰하는 방법을 찾아보자.

무엇을 준비해야 하나요?
필름통, 빨대, 거즈, 풀, 송곳, 샬레(혹은 투명한 플라스틱 통), 돋보기(혹은 루페)

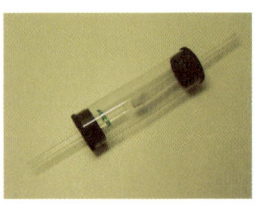

곤충 흡입기 만드는 방법
1. 10cm 정도 되는 적당한 굵기의 빨대 두 개를 준비한다.
2. 필름통의 양쪽에 송곳으로 빨대 굵기의 구멍을 뚫는다.
3. 빨대 하나는 한 쪽에 거즈를 붙여서 필름통에 꽂고, 나머지 하나는 그냥 꽂는다.

어떻게 진행하나요?
1. 아이들과 함께 평탄하고 빛이 잘 드는 숲이나 들판 위를 뒹굴며 논다.
2. 뒹굴고 놀다 보면 작은 벌레나 곤충들이 옷에 달라붙는다.
3. 상대방의 옷에 붙은 곤충들을 준비한 곤충 흡입기로 빨아들이게 한다.
4. 곤충 흡입기의 뚜껑을 열어 샬레에 곤충을 넣고 뚜껑을 닫는다.
5. 돋보기(혹은 루페)로 샬레 안에 들어 있는 곤충을 관찰한다.
6. 관찰이 끝난 다음 곤충을 조심스럽게 자연으로 돌려보낸다.

이런 질문 어때요?
1. 관찰한 곤충의 생김새는 어떠했나요?
2. 내가 곤충이라면 가장 먼저 하고 싶은 일은 무엇인가요?

※ 참조하세요
많은 아이들이 함께 참여할 경우 관찰한 곤충들이 서로 다를 수 있다. 따라서 아이들이 각자 곤충을 세밀히 관찰한 뒤 어떻게 생겼는지 대화를 하거나, 연필과 도화지를 준비하여 관찰한 곤충을 그려보는 것도 재미있는 놀이가 될 것이다. 이처럼 곤충을 자세히 관찰하는 과정에서 곤충의 다리나 머리 혹은 몸에 있는 털이나 더듬이의 모양을 알 수 있을 뿐만 아니라, 수백 개로 이뤄진 겹눈까지도 확인해볼 수 있다. 이러한 방법으로 곤충을 관찰하면 곤충에게 손상을 주지 않으면서도 어린이들의 욕구를 채워줄 수 있고, 어떻게 생명을 대해야 하는지 알려주는 첫 훈련이 될 것이다.

눈 가리고 밧줄 따라가기 061

무엇을 배우나요?
눈을 가리고 한 손은 밧줄을 잡고 다른 한 손으로 밧줄 주변에 있는 사물들을 촉각으로 느낀다는 것은 매우 이색적인 체험이며, 그로 인해 숲의 바닥에 대한 새로운 생각을 할 수 있다. 또 숲이 다채롭다는 사실과 그 소중함을 느낄 수 있는 활동이다.

무엇을 준비해야 하나요?
굵은 밧줄 10m, 눈가리개

어떻게 진행하나요?
1. 교육자는 사전에 손으로 복잡한 지형을 느낄 수 있도록 편평한 바닥, 나무뿌리, 여러 개의 바위틈을 지나 곡선을 이루도록 밧줄을 설치한다.
2. 눈을 가린 교육생들을 밧줄이 있는 곳까지 안내하여 밧줄을 따라갈 수 있도록 한다.
3. 손으로 밧줄 주변을 만져가면서 밧줄을 따라간다.
4. 밧줄의 끝까지 오면 눈가리개를 벗고 손으로 더듬었던 길을 돌아본다.

이런 질문 어때요?
1. 촉각으로 사물을 만났을 때 느낌은 어떠했나요?
2. 그러한 느낌을 말이나 글, 그림으로 표현할 수 있을까요?
3. 눈을 가렸을 때와 눈을 뜨고 다시 보았을 때 느낌은 어떻게 다른가요?

※참조하세요
아이들이 밧줄을 따라가면서 밧줄 주변의 상황을 파악하고 상상력을 기를 수 있는 놀이로, 눈을 감고 있을 때와 눈을 떴을 때의 다른 점을 확실히 느낄 수 있다. 손의 촉감에만 의지해서 가야 하므로 교육생은 불안, 흥분, 긴장감을 느낄 수 있고 가까운 거리도 굉장히 멀게 인식한다. 눈가리개를 풀었을 때 한눈에 들어오는 밧줄을 보며 시각의 중요성을 인식한다.
성인의 경우 나무뿌리나 바위틈과 같이 복잡한 구조를 만들어주고, 어린아이들은 쉽게 찾아갈 수 있도록 나무뿌리 등의 위험한 요소들은 피하여 설치한다. 독일에서는 태풍 때 쓰러진 나무뿌리 등을 치우지 않고 학습 교구로 사용하는 경우가 많다. 활동은 조용히 시간을 음미하며 진행되어야 교육생들이 진지하게 받아들일 것이다.

길잡이
- 구분 : 전개 · 절정 단계
- 주제 : 숲의 생태
- 형식 : 활동적, 감성적
- 계절 : 봄 - 여름
- 대상 : 모든 연령
- 인원 : 10명
- 진행 시간 : 60분
- 장소 : 공원, 숲

062 | 작은 동물의 발바닥 관찰하기

길잡이
- 구분 : 전개 · 절정 단계
- 주제 : 곤충
- 형식 : 관찰적
- 계절 : 봄 - 여름
- 대상 : 초등학생 이상
- 인원 : 15명
- 진행 시간 : 30분
- 장소 : 공원, 숲

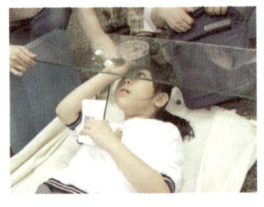

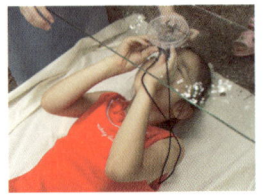

무엇을 배우나요?
작은 생물들도 우리와 마찬가지로 땅을 짚고 살아간다. 과연 몇 사람이나 그들의 배나 발바닥을 보았을까? 몇 사람이나 그들의 발바닥 주변에 나 있는 작고 섬세한 털을 관찰해보았을까? 작은 생물을 관찰하는 활동은 어린이들에게 더없이 많은 것을 준다. 특히 작은 생물들의 발바닥을 관찰하다 보면 아이들이 신기하고 흥미로워하며, 작은 생물에 대한 새로운 인식을 한다는 것을 알 수 있다. 이것은 생명을 바라보는 새로운 시작이 될 수 있다.

무엇을 준비해야 하나요?
루페, 유리판, 샬레, 흰 천, 핀셋, 흰 도화지, 색연필

어떻게 진행하나요?
1. 10cm 정도 깊이의 토양을 파내어 흰 천 위에 놓는다.
2. 먼저 육안으로 관찰되는 생물들을 핀셋으로 잡아 샬레에 담는다.
3. 유리판에 생물이 들어 있는 샬레를 놓고 누워서 조심스럽게 유리판 밑으로 들어간다.
4. 루페로 생물들의 배나 발바닥을 관찰한다.
5. 관찰한 생물들의 배나 발바닥을 도화지에 그린 다음 서로 비교해본다.

이런 질문 어때요?
1. 어떤 곤충의 발바닥이 가장 기억에 남았나요?
2. 곤충의 발바닥과 내 발바닥은 어떻게 다른가요?

※참조하세요
루페에 대한 설명으로 흥미를 끌 수 있다. 루페로 나무의 작은 구멍, 나무껍질 속, 흙 속, 풀 등을 자세히 관찰해보고 활동에 들어가도 좋다.
토양 속의 작은 생물들을 관찰하는 과정에서 자칫 잘못하면 주변을 훼손할 수 있으므로 주의한다. 관찰하고자 하는 토양의 샘플을 채취한 뒤 토양을 훼손하지 않는 지역에서 활동을 한다. 토양은 때로 매우 민감해서 한번 훼손되면 복구되는 데 많은 시간이 필요하기 때문이다.
아이들이 토양 속에 살아가는 수많은 생물들의 신기한 모습들을 관찰하면서 지상에 크고 작은 모든 생물들이 살아갈 수 있는 까닭은 이러한 작은 생물들이 있기 때문이라는 사실을 이해한다면 더없이 성공적인 활동이 된다. 교육자는 사전에 토양이나 토양 속의 작은 생물들에 대해 공부해두는 노력이 필요하다.

야행성 동물의 청각 체험하기 | 063

무엇을 배우나요?
소리를 통하여 주변 상황을 이해하는 야행성 동물이 되어봄으로써, 소리를 통한 방향 감각을 익히고 야생동물을 이해할 수 있는 체험 활동이다.

무엇을 준비해야 하나요?
눈가리개

어떻게 진행하나요?
1. 포식자(늑대)와 피식자(토끼)를 한 명씩 정하고, 나머지는 숲에 있는 나무 역할을 한다.
2. 포식자의 눈을 가리고 피식자는 포식자에게서 30m 정도 떨어진다.
3. 포식자와 피식자 사이에 나무 역할을 맡은 사람들이 늘어서서 숲을 만든다.
4. 피식자는 간간이 박수를 쳐서 자신의 위치를 알리고, 포식자는 나무를 피해 먹이에 도착해야 한다.
5. 나무들은 "음…" 하는 소리를 내어 자신의 위치를 알린다.
6. 포식자가 나무에 부딪히면 역할을 바꿔서 해본다.

이런 질문 어때요?
1. 왜 야행성 동물들은 밝은 낮에 앞이 잘 보이지 않을까요?
2. 앞이 잘 보이지 않는 야생동물들은 어떤 방법으로 먹이를 찾을까요?
3. 소리에 민감한 동물들과 민감하지 않는 동물들이 있는 까닭은 무엇일까요?

※참조하세요
모든 야생동물들이 소리에 민감한 것은 아니다. 생각나는 야생동물들을 이야기하면서 어떤 동물이 소리에 민감하고, 어떤 동물이 소리에 민감하지 않은지 의견을 나눠본다. 또 소리에 민감하지 않은 동물들은 어떤 감각이 상대적으로 많이 발달되어 있는지 이야기할 수도 있다. 역할놀이는 아이들의 적극적인 참여를 유도하는 방법이다.

길잡이
- 구분 : 전개 · 절정 단계
- 주제 : 야생동물
- 형식 : 활동적, 역할놀이적
- 계절 : 사계절
- 대상 : 모든 연령
- 인원 : 15명
- 진행 시간 : 10~20분
- 장소 : 공원, 숲, 실내

064 모형으로 생태계 이해하기

길잡이
- 구분 : 전개 · 절정 단계
- 주제 : 야생동물, 숲의 생태
- 형식 : 토론적, 실험 · 실습적
- 계절 : 사계절
- 대상 : 초등학교 고학년 이상
- 인원 : 20명
- 진행 시간 : 10~20분
- 장소 : 공원, 숲, 실내

무엇을 배우나요?
생태계의 균형이 어떻게 이뤄지고 훼손되는지 이해할 수 있다.

무엇을 준비해야 하나요?
늑대 그림 5장, 멧돼지 그림 80장

어떻게 진행하나요?
1. 숲 바닥에 그림을 차례로 놓으면서 늑대가 없는 숲의 멧돼지의 증가 속도와 늑대가 있는 숲의 멧돼지 증가 속도를 비교해본다.

늑대가 있는 숲		늑대가 없는 숲	
멧돼지 2마리	늑대 출현	멧돼지 2마리	
멧돼지 4마리	멧돼지 2마리 감소	멧돼지 4마리	
멧돼지 2마리	늑대 출현	멧돼지 8마리	계속 증가
멧돼지 4마리	멧돼지 2마리 감소	멧돼지 16마리	
멧돼지 2마리	늑대 출현	멧돼지 32마리	

2. 멧돼지는 한 번에 두 마리씩 새끼를 낳는다. 늑대는 2세대에 한 번씩 멧돼지 두 마리를 잡아먹는다.
3. 늑대가 있는 숲은 매번 멧돼지 두 마리를 늑대가 잡아먹어 개체수가 조절된다. 이처럼 늑대가 가끔씩 멧돼지를 잡아먹기만 해도 멧돼지의 숫자는 많이 차이 난다.

이런 질문 어때요?
1. 늑대가 없다면 멧돼지는 얼마나 증가할 수 있을까요?
2. 늑대가 숲으로 돌아온다면 멧돼지로 인해 잃어버린 균형을 되찾을 수 있지만, 또 다른 어떤 문제가 발생할까요?
3. 누가 멧돼지의 역할을 대신해야 하나요?

※참조하세요

오늘날 숲에 멧돼지의 수가 증가하는 원인은 그들이 살 수 있는 환경이 좋아졌으며, 그에 따라 그들의 개체수를 조절해줄 포식자가 사라졌기 때문이다. 생태계 안에서 포식자가 없어짐으로써 나타나는 변화를 알 수 있는 놀이다. 피식자는 연약하고 보호받아야 하는 동물이고, 포식자는 나쁘다는 고정관념에서 벗어나야 한다. 토론을 통해 늑대가 존재하지 않는 숲에서 일어날 수 있는 또 다른 문제점들을 알아보고, 모든 생물이 각자의 위치에서 제 역할을 할 때 생태계의 균형이 이뤄질 수 있음을 확인한다.

065 발바닥 감각 체험 놀이

길잡이
- 구분 : 전개 · 절정 단계
- 주제 : 숲의 생태
- 형식 : 체험적
- 계절 : 봄 - 가을
- 대상 : 모든 연령
- 인원 : 모둠별 3~5명
- 진행 시간 : 10~20분
- 장소 : 공원, 숲, 실내

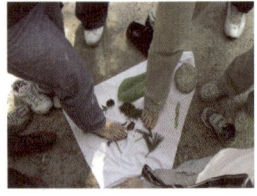

무엇을 배우나요?
내 발바닥의 감각지수를 알아보는 놀이를 통해 퇴화되어가는 우리의 감성을 발바닥부터 일깨우고, 숲처럼 맑은 세상을 가슴에 담아보자.

무엇을 준비해야 하나요?
흰 보자기, 눈가리개

어떻게 진행하나요?
1. 나뭇가지, 나뭇잎, 돌, 열매, 이끼 등 여러 가지 자연물을 함께 찾아 흰 보자기 위에 놓는다.
2. 눈가리개로 한 사람의 눈을 가리고, 모아둔 사물들의 위치를 바꾼다.
3. 눈을 가린 사람은 자연물을 발로 느껴보며 무엇인지 맞힌다.
4. 역할을 바꿔 돌아가며 체험한다.

이런 질문 어때요?
1. 가장 구별하기 힘든 자연물은 무엇인가요?
2. 자연물과 인공물이 주는 느낌은 어떻게 다른가요?

※ 참조하세요
생태 체험 교육에서 중요한 것은 스스로 느끼고 이해하도록 돕는 것이다. 이 과정에서 많은 의문과 질문이 생길 수 있는데, 이때 충실한 대화의 상대가 되어줘야 한다. 발바닥 체험을 통해 느껴본 사물의 특징에 대해서 이야기를 나눠보자. 예를 들어 '이끼는 왜 나의 발을 촉촉하게 해주는 것일까?' 라는 질문을 던지고 그 까닭에 대해서 이야기를 나눠볼 수 있다. 이끼는 대기 중의 습도가 다른 지역보다 높아야 하며, 오염된 환경에서는 살아남기 어려운 식물이다. 이처럼 공기 청정도와 오염 정도를 알려주는 이끼와 같은 식물을 '지표식물' 이라 한다. 이끼가 촉촉한 것은 다습한 지역에서 사는 생활 습성 때문이며, 따라서 사람들은 이끼를 통하여 그 지역의 자연 환경 상태를 이해할 수 있다.

다시 자연으로 돌아갈 수 있을까? 066

무엇을 배우나요?
우리가 사용하는 물건이 썩는 데 얼마나 걸리는지 알고, 아껴서 사용하며, 다 쓰면 바로 버리게 한다.

무엇을 준비해야 하나요?
도화지, 목탄, 물건이 썩는 데 걸리는 시간표

어떻게 진행하나요?
1. 두 모둠으로 나누어 원을 만들어 앉게 한다.
2. 각 모둠에게 서로 들리지 않게 주제를 주고 도화지에 그리게 한다(한 모둠에게는 옛날에 나무를 사용해서 썼던 물건에 대해 쓰도록 한다. 다른 모둠에게는 현재 나무를 사용해서 쓰는 물건에 대해 쓰도록 한다).
3. 도화지에 그린 그림이나 물건의 차이점을 이야기하도록 한다.
4. 교육자는 물건들이 썩는 데 걸리는 시가표를 사용하며 퀴즈로 풀어본다
5. 우유팩, 종이컵 등 각 물건들을 썩는 데 오래 걸리는 순으로 나열하고, 현재 사용하는 가공품(플라스틱, 스티로폼 등)이 썩는 시간도 알게 한다.
6. 우리가 사용하는 많은 가공품은 썩는 데 오랜 시간이 걸리는 것들임을 알게 하고, 올바른 사용과 재활용을 통해 자원을 효율적으로 이용하자고 한다.

길잡이
- 구분 : 전개 · 절정 단계
- 주제 : 순환의 원리
- 형식 : 토론적, 사고적
- 계절 : 사계절
- 대상 : 유아 – 성인
- 인원 : 제한 없음
- 진행 시간 : 20~30분
- 장소 : 실내, 공원, 숲

이런 질문 어때요?
1. 내가 이곳에 버리고 간 유리병은 몇 년이 걸려야 썩어 없어질까요?
2. 우리가 살아가는 지구를 위해서 할 수 있는 가장 쉬운 일은 어떤 것이 있을까요?

※ 참조하세요
현대를 살아가는 사람들은 나무로 사용해서 쓸 수 있는 많은 것들이 있음에도 플라스틱이나 유리와 같은 가공품을 사용하고 있다. 나무를 사용하면 썩어서 토양으로 돌아갈 수 있고, 그 기간도 그리 길지 않다. 하지만 다른 재질을 사용할 경우 잘 썩지도 않고, 썩는 데 걸리는 시간도 길다. 썩는 것이 나쁘거나 더러운 일이 아니라 원래의 모습으로 돌아가는 아름다운 일이고, 꼭 필요한 일 중 하나라는 것을 아이들과 함께 나눌 수 있다.

물건이 썩는 데 걸리는 시간

종이	2~5개월
우유팩	5년
나무젓가락	20년
종이컵	20년 이상
금속 캔	100년
플라스틱 병	500년 이상
스티로폼	500년 이상

067 야생동물 멀리뛰기 비교 체험

길잡이
- 구분 : 전개 · 절정 단계
- 주제 : 야생동물, 곤충
- 형식 : 활동적
- 계절 : 겨울
- 대상 : 초등학생
- 인원 : 15명
- 진행 시간 : 20~30분
- 장소 : 공원, 숲

무엇을 배우나요?
몸이 움츠러지는 겨울은 육체적인 활동이 부족해지기 쉬운 계절이며, 과다한 음식 섭취와 운동 부족으로 몸의 균형을 잃을 수 있는 계절이기도 하다. 이러한 겨울에 숲을 찾아 야생동물과 멀리뛰기 시합을 해보면 어떨까? 몸의 활력을 되찾고 야생동물들의 생리를 이해할 수 있을 것이다.

무엇을 준비해야 하나요?
가위, A4 용지, 하드보드지, 풀, 필기도구, 줄자

> **실내에서**
> — 멀리뛰기 기록표에 있는 동물에 대해 설명해주고, 다 함께 그 동물들을 그려본다.
> — 그림들을 하드보드지에 붙이고, 멀리 뛴 거리를 기록하여 바닥에 세울 수 있는 멀리뛰기 판을 만든다.

동물들의 멀리뛰기 기록표

동물	멀리뛰기	몸의 길이와 비교	동물	멀리뛰기	몸의 길이와 비교
호랑이	5.0m	2.5배	개구리	2.0m	20배
여우	2.8m	2.5배	들쥐	0.7m	8배
사슴	11m	4.5배	메뚜기	2.0m	30배
캥거루	10m	7배	벼룩	0.6m	200배
족제비	1.2m	4배	사람(나)	?	?

어떻게 진행하나요?
1. 땅바닥에 출발선을 긋고 줄자를 이용하여 각 동물들이 뛸 수 있는 거리에 그림들을 세워둔다.
   예) 호랑이는 5m 지점, 개구리는 2m 지점에 멀리뛰기 판을 놓아둔다.
2. 한 사람씩 멀리 뛴 거리를 기록하고 자신의 키와 비교하여 계산한 뒤 다른 동물들과 비교해본다.
3. 제자리멀리뛰기를 마치면 멀리뛰기나 세발멀리뛰기 등도 할 수 있다.

이런 질문 어때요?
1. 사람은 자기 몸의 크기에 비해서 얼마나 멀리 뛸 수 있을까요?
2. 다른 동물들과 사람이 멀리 뛸 수 있는 거리는 얼마나 차이가 나며, 그 까닭은 무엇일까요?

※참조하세요

겨울 숲에서 멀리뛰기 활동을 통해 놀라운 사실을 배울 수 있다. 야생동물들은 생존을 위해 자신의 몸을 발달시킬 수 있는 활동을 계속해왔다. 따라서 사람과는 비교가 되지 않을 정도로 유연하고 날렵하다. 이 놀이를 통해서 야생동물과 달리 사람의 몸이 왜 점점 활동력을 상실해가는지 이야기할 수 있으면 좋겠다. 또 숲에서 멀리 뛰는 도중에 실제로 동물들을 볼 수 있다면 동물들과 함께 호흡한다는 뿌듯함과 즐거움도 느낄 것이다.

068 | 애벌레 술래잡기 놀이

길잡이
- 구분 : 전개 · 절정 단계
- 주제 : 곤충
- 형식 : 활동적, 관찰적
- 계절 : 봄 – 여름
- 대상 : 유아 – 초등학교 저학년
- 인원 : 10명
- 진행 시간 : 10~20분
- 장소 : 공원, 숲

무엇을 배우나요?
애벌레들이 보호색을 나타내는 것이 어느 정도 효력이 있는지 아이들과 함께 놀이를 해보자. 애벌레를 찾아보는 놀이는 곤충의 세상을 좀더 가까이 이해하는 계기가 된다.

무엇을 준비해야 하나요?
물감, 붓, 나무 이쑤시개 60개

어떻게 진행하나요?
1. 물감과 붓을 이용해 이쑤시개를 다양한 색깔로 칠하고 숲 가장자리에 숨겨 둔다.
2. 두 명씩 짝 지어 어치(산까치) 부부 역할을 하고 이쑤시개는 애벌레가 된다.
3. 어치 부부 중 한 마리는 둥지를 지키고 다른 한 마리는 먹이(애벌레 : 이쑤시개)를 찾아 나선다.
4. 일정한 시간 안에 애벌레를 찾는 놀이로, 누가 애벌레를 몇 마리나 잡았는지 알아본다.
5. 보색을 띠는 애벌레가 잘 보이고, 자연색에 가까운 애벌레는 찾기 어렵다. 이 프로그램을 통해 곤충들이 천적인 새들의 먹이가 되지 않기 위해 보호색을 띤다는 것을 이해한다.

이런 질문 어때요?
1. 어떤 색깔 이쑤시개를 가장 많이 찾았나요?
2. 어떤 색깔 이쑤시개가 찾기 어려웠나요?
3. 숲속에 애벌레가 없다면 어떤 현상이 일어날까요?
4. 숲속에 애벌레가 지나치게 많다면 어떤 현상이 일어날까요?

※ 참조하세요
녹음이 우거지는 계절에는 애벌레들을 쉽게 관찰할 수 있다. 애벌레의 종류와 모양, 색상은 무척 다양하다. 숲은 수많은 곤충들이 활동하는 만큼 곤충을 먹잇감으로 삼는 친구들도 많다. 그중 곤충에게 가장 무서운 존재는 새다. 새들의 먹잇감이 되지 않기 위해 곤충들은 다양한 생존 전략을 펼친다. 주변의 환경과 비슷한 옷을 입은 보호색이나 "나는 맛없는 동물이야" 혹은 "나를 먹으면 독을 먹는 것"이라고 경고하듯 경계색을 띤 옷, 새들이 무서워하는 동물의 형상처럼 보이는 옷을 입는다. 찾기 쉬운 것과 찾기 어려운 애벌레를 분류하고, 왜 그런지 원인을 생각해본다. 그 과정에서 곤충은 생존 전략의 하나로 보호색이나 경계색을 띤다는 사실을 이해할 것이다.

산새와 대화하기 | 069

무엇을 배우나요?
이른 새벽, 숲에서 만날 수 있는 산새들은 고운 목소리로 의사 표현을 한다. 우리에게는 노래처럼 들리는 소리가 산새들에게는 다른 의미의 표현일 수 있다. 이른 아침 산새들의 대화에 참여해보는 것은 어떨까?

무엇을 준비해야 하나요?
감정카드(감정 표현이 적힌 카드), 시계

어떻게 진행하나요?
1. 이른 아침 숲을 찾아 다양한 종류의 새소리를 들을 수 있는 공간에 자리를 잡는다.
2. 다 함께 조용히 눈을 감고 새소리를 들어본다.
3. 숲에서 어떤 소리들이 들려왔는지 이야기를 나누며 새들이 내는 소리들의 다른 점을 구분해본다.
4. 모둠별로 새소리를 흉내 내보고, 각 모둠 안에서 새소리 암호를 만든다.
5. 모둠 대표가 감정카드를 보고 새소리 암호로 설명하면 모둠 구성원들이 그 감정을 알아맞힌다.
6. 일정한 시간(1~3분)을 주고 각 모둠원이 얼마나 많은 단어를 맞히는지 알아본다.

이런 질문 어때요?
1. 새들은 어떤 방식으로 의사 소통을 하나요?
2. 새들의 의사 소통 방식에서 소리를 내는 것 이외에 다른 방법이 있을까요?
3. 새들처럼 상대의 감정을 잘 알아내기 위해서 우리는 어떻게 하면 좋을까요?

※참조하세요
눈에는 잘 보이지 않지만 멀리서 들려오는 소리만으로도 그 숲에 생물들이 살아간다는 것을 알 수 있다. 산새들은 대부분 이른 아침에 활동한다. 따라서 새소리를 들으려면 이른 아침에 숲을 찾아야 한다. 다 함께 숲에서 들려오는 소리를 듣는 과정에서 교육생들은 숲의 소리에 집중하고, 소리로 암호를 만드는 과정에서 모둠 구성원들의 협동을 유도할 수 있다. 또 놀이를 통해 산새들이 의사 소통하는 방식을 알아보는 과정에서 새소리에 대한 새로운 시각을 제시할 수 있다. '산새와 대화하기'는 캠프나 숙박이 필요한 교육을 진행할 때 이른 아침 시간을 이용하면 좋다.

길잡이
- 구분 : 전개 · 절정 단계
- 주제 : 야생동물
- 형식 : 역할놀이적
- 계절 : 봄 - 가을
- 대상 : 초등학생
- 인원 : 20명
- 진행 시간 : 30분
- 장소 : 숲, 공원

070 | 느리게 달리기 놀이

길잡이
- 구분 : 전개 · 절정 단계
- 주제 : 야생동물
- 형식 : 활동적, 역할놀이적
- 계절 : 사계절
- 대상 : 모든 연령
- 인원 : 40명
- 진행 시간 : 30분
- 장소 : 숲

무엇을 배우나요?
무조건 빨리 달리는 것이 최고가 아님을 깨닫고, 야생동물들의 에너지 효율성을 이해한다.

무엇을 준비해야 하나요?
없음

어떻게 진행하나요?
1. 각자 원하는 동물을 정하고 흉내를 낸다.
2. 일정한 거리(1m)를 가장 느리게 갈 수 있는 사람이 누구인지 경주해본다.
3. 주의할 점은 한순간도 멈추거나 뒤로 가서는 안 되고, 계속 움직여야 한다는 것이다.
4. 가장 늦게 도착한 사람이 승리한다.

이런 질문 어때요?
1. 야생동물 가운데 느리게 달리는 동물은 누구일까요?
2. 천천히 움직이는 동물과 빨리 움직이는 동물 중 누가 더 오래 살까요?

※참조하세요
천천히 움직이는 동물들은 빠르게 움직이는 동물보다 에너지 손실이 적다. 무조건 빨리 움직이는 것은 동물의 세계에서 때로는 큰 위험이 될 수 있다. 느리게 달리기 시합을 통해 천천히 움직이는 동물들을 이해해본다. 진행을 하다 보면 경쟁자들이 서로 눈치를 보고 움직이지 않거나 뒤로 가는 경우가 있다. 서로 감시자가 되어 경고를 주기도 하며, 답답해서 먼저 가버리는 친구도 있다. 경주가 끝나면 눈을 가리고 다시 해보는 것도 좋다.

개미와 진딧물 놀이 071

무엇을 배우나요?
활동적인 놀이를 통해 생태계의 공생 관계를 이해한다.

무엇을 준비해야 하나요?
노끈, 배구공

어떻게 진행하나요?
1. 전체를 두 모둠으로 나누어 피구놀이를 한다.
2. 두 사람(개미와 진딧물)이 짝이 되어 한 손씩 노끈으로 묶는다.
3. 개미는 진딧물을 보호하며 공을 맞아도 죽지 않지만, 공격은 할 수 없다.
4. 진딧물은 공격을 할 수 있고, 공을 맞으면 죽는다.

이런 질문 어때요?
1. 개미와 진딧물 이외에 공생 관계에 있는 동물들은 누가 있을까요?
2. 서로 도우며 살아간다면 어떤 점이 좋을까요?

※ 참조하세요
개미는 다른 곤충들의 공격을 막아주고, 진딧물은 맛있는 영양분을 제공하는 공생 관계다. 어른과 아이들이 섞여 있다면 어른들이 개미를 하고 아이들이 진딧물을 하는 것이 더 흥미롭다. 개미와 진딧물처럼 생물 사이에 또 다른 공생 관계를 맺으며 살아가는 동물들이 있는지 이야기를 나눈다. 또 공생뿐만 아니라 상생 관계, 기생 관계도 함께 설명하면 자연을 이해하는 데 도움이 된다. 공생은 서로 다른 두 종이 함께 살아가는 데 반드시 필요한 관계, 상생은 있으면 서로 도움이 되는 관계, 기생은 일방적으로 한쪽이 도움을 받는 관계다.

길잡이
- 구분 : 전개 · 절정 단계
- 주제 : 야생동물
- 형식 : 활동적, 역할놀이적
- 계절 : 사계절
- 대상 : 초등학생 이상
- 인원 : 40명
- 진행 시간 : 30분
- 장소 : 숲

072 숲속 음악회 놀이

길잡이
- 구분 : 전개 · 절정 단계
- 주제 : 감성, 협동심
- 형식 : 감성적, 역할놀이적
- 계절 : 봄 - 가을
- 대상 : 모든 연령
- 인원 : 20명
- 진행 시간 : 60분
- 장소 : 숲

무엇을 배우나요?
숲속의 자연물을 이용해 소리의 이치를 알고, 즐겁게 놀면서 자연과 가까워질 수 있는 기회가 된다. 나아가 자연물을 이용해 소리를 내보면서 자연물들이 크기와 종류, 상태에 따라 서로 다른 소리를 낸다는 것을 이해할 수 있다.

무엇을 준비해야 하나요?
나무 원통, 줄, 못, 망치, 굵은 나무막대, 주먹만한 돌

어떻게 진행하나요?
1. 모둠별로 자연물을 활용하여 악기를 만들어본다.
   - 나무 실로폰 : 8개 이상의 원통을 크기가 점점 작아지도록 만든다. 나무 실로폰을 줄로 연결하여 주변 나뭇가지나 나무받침대에 매단다. 이때 나무 원통은 건조된 것이 좋다.
   - 돌 짝짝이, 나무 짝짝이
2. 처음에는 간단한 소리를 만들어 음에 익숙해진다.
3. 모둠별로 알고 있는 노래를 정하여 연습을 한다.
4. 준비가 끝나면 모둠별로 연습한 노래를 연주한다.

이런 질문 어때요?
1. 소리는 어떻게 만들어질까요?
2. 서로 다른 사물이 내는 소리는 왜 각각 다를까요?

※ 참조하세요
숲에는 다양한 악기들이 있다. 숲을 이루는 사물들을 이용하여 악기를 만들어 보고, 그 악기로 다양한 소리를 내어 연주회를 하면 종전의 악기와는 또 다른 감성을 자극할 것이다. 악기들은 대부분 자연물로 만들어졌으며, 음악 역시 자연의 소리에서 시작되었다. 여러 종류의 나무를 이용해 소리를 들어볼 수 있다면 아이들은 나무마다 다른 소리가 난다는 사실을 인식하고, 나무마다 조직이 다르다는 것도 쉽게 이해할 것이다. 단, 살아 있는 나무가 다치지 않도록 주의한다.

녹색 댐 실험 놀이 | 073

무엇을 배우나요?
숲이 천연 댐(녹색댐)의 역할을 한다는 사실을 알아보는 실험이다. 숲의 토양은 수분을 저장하여 천연 댐의 역할을 한다. 숲의 토양이 함유한 물의 양이 얼마나 많은지 알아보고, 숲이 많은 우리나라의 숲을 잘 관리하면 그만큼 많은 물을 확보할 수 있다는 것을 이해한다.

무엇을 준비해야 하나요?
저울, 냄비, 온도계, 가열기, 신문지, 필기도구

어떻게 진행하나요?
1. 냄비와 신문지의 무게를 미리 달아보고 적어둔다.
2. 숲에서 흙 200~300g을 채취하여 냄비에 담고 무게를 기록한다.
3. 수분이 완전히 없어질 때까지 흙을 가열한다. 흙이 맑은 갈색으로 변하고, 온도기 105℃가 되는 순간 가열기를 끈다.
4. 신문지를 저울에 깔고 냄비를 올려 무게를 잰다.
5. 가열 전후의 무게 차가 흙 속에 포함된 물의 양이다.

이런 질문 어때요?
1. 우리는 왜 숲을 보호해야 할까요?
2. 토양과 물은 어떤 관계가 있을까요?
3. 토양의 침식은 어떤 결과를 초래할까요?
4. 어떠한 숲의 토양이 물을 가장 많이 저장할까요?

※ 참조하세요
이 실험을 통해 흙 $10cm^2$에 함유된 물의 양과 1헥타르에 포함된 물의 양을 환산할 수 있으며, 나아가 우리나라의 숲 전체에 함유된 물의 양까지 계산해볼 수 있다. 우리나라 국민 1인당 하루에 사용하는 물의 양과 비교해보며, '댐 건설이 필요할까?' 라는 주제로 토론을 해보는 것도 좋다.

물은 비나 눈의 형태로 공급되며, 우리는 국민 모두 사용하기에 부족함이 없을 만큼 물이 공급되는 나라에서 살고 있다. 그런데 왜 물이 부족하다는 걸까? 우리가 물 때문에 걱정하는 이유는 물이 필요할 때 즉시 공급되지 않기 때문이며, 충분한 물을 저장할 수 있는 숲이 성숙하지 못했기 때문이다. 특히 우리나라는 1년에 내리는 강수량의 절반 정도가 여름철에 집중된다. 따라서 숲이 성숙되지 못한 경우, 많은 양의 물이 순식간에 흘러내려 홍수로 피해를 입을 수밖에 없다. 이러한 홍수 피해를 막아주는 것이 바로 숲이다. 놀이를 통해 숲의 중요성을 다시 한번 느껴보자.

길잡이
- 구분 : 전개 · 절정 단계
- 주제 : 숲의 생태
- 형식 : 관찰적, 토론적, 실습적
- 계절 : 사계절
- 대상 : 초등학교 고학년 이상
- 인원 : 15명
- 진행 시간 : 60분
- 장소 : 공원, 숲

074 향기로 사물 알아맞히기

길잡이
- 구분 : 전개 · 절정 단계
- 주제 : 감성, 숲의 생태
- 형식 : 감성적, 활동적
- 계절 : 봄 - 여름
- 대상 : 모든 연령
- 인원 : 15명
- 진행 시간 : 30분
- 장소 : 공원, 숲

무엇을 배우나요?
봄과 여름 숲은 향수 가게처럼 향기로 가득하다. 다양하고 풍부한 향기들은 어디에서 오는 것일까? 생물들은 왜 향기를 내뿜는 것일까? 다양한 향기를 좀더 구체적으로 맡아보고, 왜 그러한 현상들이 생기는지 놀이를 통해 알아보자.

무엇을 준비해야 하나요?
삼각 수건, 필름통, 향기가 나는 자연물

어떻게 진행하나요?
1. 숲에서 향기가 나는 자연물을 찾아 준비한 필름통 속에 넣는다.
2. 두 명씩 짝을 짓고 한 사람은 삼각 수건으로 눈을 가린다.
3. 눈을 가리지 않은 사람이 통을 골라 뚜껑을 열고 눈을 가린 사람이 향기를 맡도록 한다.
4. 눈을 가린 사람은 향기만으로 사물의 모습을 상상해 알아맞힌다.
5. 역할을 바꿔 놀이를 해본다.

이런 질문 어때요?
1. 향기를 그릴 수 있을까요?
2. 향기를 맛으로 표현할 수 있을까요?

※참조하세요
우리는 눈으로 보는 것에 집중하지만, 눈을 감고 세상을 느끼면 더 많은 것들을 알 수 있다. 숲에서도 마찬가지여서 눈을 가리고 주변의 소리를 듣거나 냄새를 맡아보면 더욱 잘 느낄 수 있다.
식물은 저마다 독특한 향기 물질을 만들어낸다. 식물이 향기를 내는 것은 움직이지 못하기 때문이다. 때로는 자신을 해치려는 생물들을 멀리하기 위해 고약한 물질을 발산하기도 하고, 수정을 도와주는 다른 생물들을 유혹하기 위해 자신에게 필요한 향기를 뿜어내기도 한다. 이 모든 것이 식물 스스로 만들어내는

 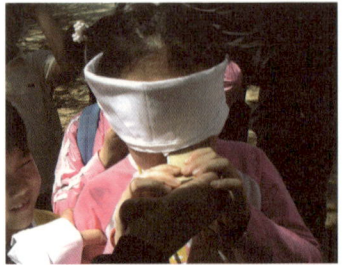

생존 전략인 셈이다. 우리는 식물들이 내뿜는 방향 물질들을 '피토호르몬 phytohormone'이라고 한다. 이때 피토호르몬이란 생명체의 외부로 발산되는 모든 물질을 의미한다. 반면 생명체의 체내에서 분비되어 생명체를 건강하게 유지시키는 역할을 하는 것은 '호르몬'이라고 부른다.

식물들이 내뿜는 향기롭고 고약한 냄새들은 앞서 말한 것처럼 자신이나 자신의 유전자를 지속적으로 생존시키기 위한 본능으로 나타나는 현상이다. 따라서 특정 식물이 우리에게 향기로운 물질을 제공한다고 해서 선호하고, 고약한 냄새가 난다고 해서 미워하는 것은 사람들의 기준일 뿐이다. 식물들 입장에서 바라보면 인간에게 사랑을 받아야 할 이유도, 미움을 받아야 할 이유도 없는 것이다. 특정 생물에게 좋고 나쁨의 가치를 매기는 것은 오로지 인간의 판단 기준에 따른 것이기 때문이다. 이와 같이 특정 생물을 사랑하거나 미워한 결과, 자연 환경이 교란 상태에 빠지는 예를 수없이 봐왔다. 자연을 인간의 시각이 아닌 그 자체로 바라보는 것이 중요하다.

075 | 종이 망원경 놀이

길잡이
- 구분 : 전개 · 절정 단계
- 주제 : 숲의 생태
- 형식 : 활동적, 감성적, 관찰적
- 계절 : 봄 - 가을
- 대상 : 초등학교 고학년 이상
- 인원 : 10명
- 진행 시간 : 60분
- 장소 : 공원, 숲

무엇을 배우나요?
두루마리 화장지 심에 눈을 대고 그 속으로 자연을 바라보면 시야가 한정되어 평소 잘 보이지 않던 이끼류나 거미줄, 먼지까지도 볼 수 있다. 숲의 작은 부분에서 전체적인 모습까지 꼼꼼히 관찰해보자.

무엇을 준비해야 하나요?
두루마리 화장지 심, 밧줄

어떻게 진행하나요?
1. 나무뿌리나 구조가 복잡한 숲의 사물에 밧줄을 걸쳐놓는다.
2. 밧줄의 위치에 따라 몸의 높낮이를 조절하면서 화장지 심에 눈을 대고 관찰한다.
3. 어떤 것들을 보았는지 이야기를 나눈다.

이런 질문 어때요?
1. 망원경으로 무엇을 관찰했나요?
2. 관찰한 생물(사물)의 모양이나 크기, 색 등은 어땠나요?

※ 참조하세요
쓰고 남은 두루마리 화장지 심을 이용하여 숲에서 놓치기 쉬운 요소들을 관찰하다 보면 숲의 신비로움을 느낄 수 있다. 관찰한 생물(사물)들에 대해 이야기하고, 왜 그러한 생물들이 그곳에서 발견되었는지 연관성을 설명해주면 숲의 생태를 이해하는 데 도움이 된다. 이 프로그램은 초등학교 고학년 이상을 대상으로 진행하는 것이 적당하며, 교육자는 현장에 대해 꼼꼼히 알아둬야 한다.

숲속에서 뒹굴뒹굴 놀이 | 076

무엇을 배우나요?
도시인에게 공간은 대부분 인공적인 것으로 단순화된 직선들이 주를 이룬다. 반면 숲에서는 다양한 기하학적 형태들을 만날 수 있으며, 숲에서 만나는 것들은 살아 있는 생명체로서 서로 유기적인 관계를 맺고 있다. 숲의 바닥에 누워 오감을 통해 숲을 느끼고 다른 관점으로 숲을 바라보며, 그 안에서 살아가는 작은 생물들과 한층 가까워지는 시간을 가져본다.

무엇을 준비해야 하나요?
없음

어떻게 진행하나요?
1. 교육자가 숲 바닥에 누우면서 교육생들이 따라서 눕도록 유도한다.
2. 교육생들은 누워서 조용히 눈을 감고 교육자의 설명을 기다린다.
3. 교육자는 되도록 많은 요소들을 체험할 수 있도록 설명한다.
   - 예) "누운 상태에서 그대로 눈을 떠 숲 하늘을 가슴에 담아보세요. 아주 특별한 경험이 될 거예요. 가장 편안한 상태로 누워 숲의 공기를 깊이 들이마셔보세요. 이제 눈을 감고 숲의 소리를 들어보세요. 멀리서 들려오는 새소리뿐만 아니라 아주 작은 바람 소리까지 귀 기울여보세요. 이제 오른쪽으로 한 번만 굴러주세요. 또 다른 숲을 느낄 수 있답니다. 얼굴을 숲 바닥에 대고 엎드려 땅의 향기를 맡아보세요. 낙엽을 살짝 들춰내고 그 속의 향기를 맡아보세요. 어디서도 느낄 수 없는 아주 독특한 향기를 느끼실 수 있을 것입니다. 그 향기는 여러분에게 보약이 된답니다. 다시 왼쪽으로 굴러주세요. 가장 가까이에 있는 숲속 친구와 인사를 나누세요."
4. 잠시 혼자서 숲을 느낄 수 있는 시간을 준 뒤 조용히 일어나도록 한다.
5. 모둠별로 혹은 개인적으로 숲에서 느낀 점들에 대해서 이야기를 나눈다.

이런 질문 어때요?
1. 방바닥에 눕는 것과 숲에 눕는 것은 어떻게 다른가요?
2. 숲에서 들려오는 소리는 어떤 것들이 있나요?
3. 숲속에서 뒹굴뒹굴하다가 만난 친구는 누구인가요?

※참조하세요.
많은 사람들이 산을 찾지만 숲에 누워 온전히 숲을 느껴본 사람은 그리 많지 않을 것이다. 숲을 제대로 느끼고 체험하기 위해서는 몸을 움직여야 한다. 바닥에 코를 대고 낙엽이 썩는 냄새를 맡아보는 경험은 매우 특별하다. 자연의 향기는 물론 우리 몸에 이로운 요소들을 함유한 토양의 향기를 맡는다는 것은 좋은 경험이 된다. 처음에는 숲에 눕는 것이 어색할 수 있다. 하지만 교육자가 스스럼없이 눕는 모습을 보여준다면 교육생들도 안심하고 누울 것이다.

길잡이
- 구분 : 전개 · 절정 단계
- 주제 : 숲의 생태
- 형식 : 체험적, 활동적
- 계절 : 봄 - 가을
- 대상 : 모든 연령
- 인원 : 제한 없음
- 진행 시간 : 30분
- 장소 : 숲

077 환상의 숲

길잡이
- 구분 : 전개 · 절정 단계
- 주제 : 야생동물
- 형식 : 활동적, 감성적, 관찰적
- 계절 : 봄 - 여름
- 대상 : 모든 연령
- 인원 : 모둠별 5~7명
- 진행 시간 : 10~20분
- 장소 : 숲(나무들의 크기와 종류가 다양한 숲)

무엇을 배우나요?
주로 앞이나 땅을 보며 걷는 사람과 달리 동물들은 다른 시각으로 세상을 바라본다. 우리와 다른 시각을 가지고 있는 야생동물의 생활을 직접 체험하고, 평소와 다른 숲의 모습을 느껴보자. 봄과 여름의 울창한 숲에서 더욱 흥미진진하게 활동할 수 있으며, 자연을 관찰하고 익히는 것에서 벗어나 자연을 있는 그대로 받아들이고 만끽할 수 있다.

무엇을 준비해야 하나요?
손거울

어떻게 진행하나요?
1. 눈으로 주변 숲을 관찰하게 하고 아래와 같은 질문으로 흥미를 유발한다.
2. 마치 뱀처럼 한 줄로 서서 왼손으로 거울을 잡고, 오른손으로 앞사람의 어깨를 잡는다.
3. 거울을 코 위에 살짝 놓고 숲이 잘 보이는 각도를 찾는다.
4. 맨 앞사람은 거울 없이 천천히 조심스럽게 숲속을 안내한다.
5. 이동 거리는 30~50m면 충분하며, 다양한 숲의 세계를 체험할 수 있게 배려한다.
6. 눈으로 본 숲과 거울을 통해 본 숲이 어떻게 다른지 이야기를 나눈다.

이런 질문 어때요?
1. 거울 속으로 숲을 보면 어떨까요?
2. 그냥 눈으로 보는 숲과 같을까요?
3. 무엇이 어떻게 보일까요?

※참조하세요
거울을 통해 숲을 보는 느낌은 한마디로 경이롭다. 나뭇가지나 잎이 눈으로 들어오는 것 같은 느낌부터 간간이 보이는 푸른 하늘과 구름이 단순히 눈으로 바라보는 느낌과 무척 다르다. 이런 경험을 한 아이들이 나무나 숲에 대해 궁금한 점들을 물을 때 이야기를 시작하면 교육 효과는 기대 이상이다. 교육자는 사전에 몇 가지 나무의 이름과 특성, 숲에 대한 기본적인 정보를 익혀둬야 한다. 봄과 여름에 피는 아름다운 꽃과 나뭇잎의 역할, 숲이 모든 생명체에게 주는 이점 등을 정리해두면 된다. 뱀은 땅에서 살아가므로 위에서 오는 위협에 대비하기 위해 위를 보며 다닌다. 뱀의 눈에 그러한 특징이 있다는 이야기를 해준다면 더욱 재미있게 숲을 느껴볼 수 있을 것이다. 체험 후 각자 느낀 점을 발표하거나, 글과 그림으로 표현해도 좋다.

열매로 하는 EQ 놀이 | 078

무엇을 배우나요?
EQ 교육이 강조되는 것은 지식 위주의 IQ 교육이 올바른 인성 교육에 한계가 있기 때문이다. 우리 교육은 지식에만 치중한 것이 사실이다. 배우는 것만큼 성과가 없고 스트레스만 가중시켜 비효율적이며, 자신감을 잃게 하는 원인이 된다. 숲에서 쉽게 발견할 수 있는 자연물을 이용한 놀이로 감성을 키워보자.

무엇을 준비해야 하나요?
필름통, 각종 열매(혹은 숲에 있는 자연물)

어떻게 진행하나요?
1. 두 개의 필름통에 한 쌍의 열매(혹은 자연물)를 하나씩 집어넣는 식으로 여러 쌍의 필름통을 준비한다.
2. 열매가 들어 있는 필름통을 섞어서 무작위로 배치한다.
3. 필름통을 흔들어 그 소리를 듣고 같은 소리가 나는 것들을 짝 짓게 한다.
4. 함께 뚜껑을 열어 소리의 차이를 얼마나 섬세하게 구분할 수 있는지 확인한다.

이런 질문 어때요?
1. 어떤 열매가 큰 소리(혹은 작은 소리)를 내나요?
2. 열매와 나무의 생김새는 어떻게 다른가요?

※참조하세요
숲을 거닐면서 열매를 모아 필름통에 담는 것만으로도 놀이가 될 수 있다. 숲에 다양한 열매가 있는 만큼 다양한 야생동물들이 살 수 있다는 연관성을 이야기하고 이해시키면 더 좋다. 도토리가 있다는 것은 다람쥐와 어치(산까치)가 살 수 있다는 것을 의미하며, 겨우내 도토리에 몸을 숨겼던 각종 나비류나 딱정벌레들이 봄이면 아름다운 세상을 만든다는 것을 의미한다.

열매와 종자, 씨앗은 어떻게 다를까? 종자는 씨앗과 같은 의미지만 학문적 용어로 사용하고, 씨앗은 일반적으로 사용되는 단어다. 그리고 열매는 씨앗을 포함한 과육과 껍질을 모두 일컫는 단어다. 그렇다면 씨앗은 어떻게 이동할까? 인간이나 동물들은 대부분 자식이 어느 정도 성숙할 때까지 곁에 두고 돌본다. 그러나 식물들은 자식들이 바로 옆에 있으면 어미의 그늘에 가려 성장할 수 없기 때문에 되도록 멀리 떠나보내야 한다. 그러기 위해 다양한 방법들을 사용한다. 씨앗에 털이나 날개를 달아 바람에 따라 날아가게 하는 방법, 씨앗에 가시를 만들어 동물의 몸에 붙여서 멀리 이동하게 하는 방법, 맛있는 과육을 새나 동물들이 먹게 하여 이동하는 방법 등이 있다. 어떤 방법으로 이동하느냐에 따라 씨앗의 생김새가 달라지는 것이다.

길잡이
- 구분 : 전개 · 절정 단계
- 주제 : 나무
- 형식 : 감성적, 관찰적
- 계절 : 여름 - 가을
- 대상 : 모든 연령
- 인원 : 모둠별 3~5명
- 진행 시간 : 10~20분
- 장소 : 공원, 숲, 실내

079 | 10분 세계 일주

길잡이
- 구분 : 전개 · 절정 단계
- 주제 : 숲의 생태
- 형식 : 체험적, 활동적, 관찰적
- 계절 : 봄 - 가을
- 대상 : 모든 연령
- 인원 : 10명
- 진행 시간 : 30분
- 장소 : 숲

무엇을 배우나요?
숲은 하나의 위대한 생명체로서, 숲을 구성하는 수많은 요소들이 이 생명체를 움직이게 한다. 우리는 숲의 주인인 그들을 제대로 이해하고 함께 살아갈 수 있는 방안을 모색해야 한다. 자연을 제대로 이해하기 위해서는 자연을 직접 체험해야 하며, 작은 생물체의 시선으로 숲을 바라볼 수 있는 자세야말로 자연을 사랑하는 바탕이 된다. 작은 들풀 하나에도 수많은 곤충들이 관계를 맺고 있으며, 죽은 나무 한 그루에는 셀 수 없을 정도로 많은 생명체들이 살아간다. 그 안에 소우주가 있는 것이다.

무엇을 준비해야 하나요?
미니어처 팻말(1×1cm 크기), 이쑤시개, 노끈, 돋보기

어떻게 진행하나요?
1. 이끼, 초지, 계곡, 사막 등을 연상케 하는 작은 언덕을 찾는다.
2. 지구상에서 볼 수 있는 다양한 환경(사막과 황무지, 초지, 열대우림, 산악 지역, 툰드라 지역 등)들을 표현하는 사진이 담긴 미니어처 팻말을 만든다.
3. 미니어처 팻말에 들어가는 설명은 돋보기로 볼 수 있을 만큼 작아야 한다.
4. 팻말 뒤에 이쑤시개를 붙이고 현장에서 해당하는 지점에 꽂는다.
5. 노끈으로 각 지점을 연결하여 여행 안내선을 만든다.
6. 한 사람씩 노끈을 따라가며 돋보기로 세계 곳곳을 관찰한다.
7. 미니어처 팻말의 사진과 그 주변의 생태를 연결하여 자세히 관찰할 수 있도록 지도한다.

이런 질문 어때요?
1. 오늘 세계의 어느 지역을 방문했나요?
2. 우리가 사는 곳은 어디에 해당하나요?
3. 가장 인상 깊었던 곳은 어디인가요?
4. 각 지점에서 나타난 생태적 특징은 무엇인가요?

※ 참조하세요

광활한 우주에서 지구는 어쩌면 먼지보다 작은 존재일 수 있다. 반대로 우리가 생각하는 먼지 하나에도 작은 우주가 들어 있을 수 있다. 이 프로그램은 우리가 살아가는 지구를 아주 작은 숲속 세계로 끌어들이는 체험을 하게 해준다. 돋보기로 노끈을 따라가며 자세히 관찰하는 교육생들은 좁은 언덕 안에서 수많은 장면들을 만난다. 그리고 그 안에서 살아가는 작은 생명체들에게 그곳은 또 하나의 지구가 된다는 사실을 깨닫는다. 이처럼 조그마한 언덕에서도 다양한 세계가 펼쳐지는 숲은 위대한 생명체로, 그 존재만으로도 가치가 있다는 사실을 인식시키는 것으로 마무리한다.

세계의 기후 구분
열대 기후 : 열대우림기후, 사바나기후(열대원야기후)
온대 기후 : 온대하계건조기후(지중해성 기후), 온대동계건조기후, 온대습윤기후
냉대 기후 : 냉대습윤기후(아한대다우기후), 냉대동계건조기후(아한대하우기후)
한대 기후 : 툰드라기후, 빙설기후(영구동결기후)
건조 기후 : 스텝기후(초원기후), 사막기후

— W. P. 쾨펜(독일의 기상학자)

080 빛과 그림자 놀이

길잡이
- 구분 : 전개 · 절정 단계
- 주제 : 나무
- 형식 : 체험적, 활동적, 관찰적
- 계절 : 봄 - 가을
- 대상 : 초등학생 이상
- 인원 : 15명
- 진행 시간 : 30분
- 장소 : 숲

무엇을 배우나요?
숲에서 하늘을 바라보면 나뭇잎 사이사이로 작은 하늘 조각들이 보인다. 특히 여름 숲은 짙은 초록색과 푸른 하늘색의 조화가 더욱 돋보여 그 안에서 자연의 이치를 깨달을 수 있다. 나무들은 작은 빛이라도 가장 효율적으로 활용할 수 있는 방향으로 가지를 뻗는다. 숲속에서 빛과 그림자를 구분하고, 나무가 어떻게 빛을 활용하는지 알아보자. (나뭇잎 사이로 광선이 선명하게 들어오는 화창한 날에 가능하다.)

무엇을 준비해야 하나요?
흰 도화지, 필기도구

어떻게 진행하나요?
1. 모둠별 혹은 개인별로 준비한 도화지를 숲의 바닥에 놓는다.
2. 도화지에 생기는 나뭇잎 그림자의 모양을 따라 그림을 그린다.
3. 그림들을 모아 서로 비교하며, 그림자가 생긴 곳의 빛이 어디로 사라졌는지 생각해본다.
4. 잎이 사라진 빛을 이용하여 광합성을 하며 이를 통해 양분을 만들고 있음을 설명한다.

이런 질문 어때요?
1. 숲으로 들어오려던 빛은 어디로 갔을까요?
2. 나무들은 가지를 어떻게 뻗고 있나요?
3. 나무가 스스로 영양분을 만들어내는 과정을 무엇이라 하나요?

※ 참조하세요
그림들을 관찰해보면 그림자가 대부분 나뭇잎에 의해서 만들어졌다는 것을 알 수 있다. 따라서 빛은 사라진 것이 아니라 식물의 광합성에 사용된 것이며, 나무는 잎으로 이 빛을 받아들여 스스로 살아갈 에너지원을 만들어낸다. 이러한 과정을 식물의 '광합성 작용'이라 하며, 이것은 식물 이외에도 다른 생물들의 생명을 유지해나가는 기본 에너지원이 된다. 빛을 가리는 나뭇잎의 수가 많을수록 어두운 그림자 부분이 많아지고 그만큼 나무의 광합성 양이 많다는 것을 의미하기 때문에, 그림자의 크기가 커질수록 나무는 건강하다고 할 수 있다. 푸른 잎사귀들로 가득 찬 여름 숲에 들어오면 아무리 더운 날에도 시원함을 느낄 수 있다. 이것은 외부에 비해 평균 5℃ 정도 낮은 숲의 특성 때문이다. 초록빛 잎사귀들은 생태계를 유지하는 바탕이다.

나 홀로 숲 관찰하기 | 081

무엇을 배우나요?
가족이나 동료 혹은 친구들과 함께 숲을 찾는 것도 즐거운 경험이 되겠지만, 잠깐이라도 혼자서 숲을 느껴본다면 더욱 알찬 시간이 될 것이다. 혼자 숲을 거닐면서 숲의 다양한 모습을 관찰하면 다른 사람들과 함께했을 때 보지 못한 것들까지 발견할 수 있다.

무엇을 준비해야 하나요?
크기가 다양한 종이 액자틀, 종이 망원경, 화살표, 간단한 지시문

어떻게 진행하나요?
1. 교육자는 사전에 오솔길을 따라 설치물들을 설치한다.
2. 액자틀이나 종이 망원경, 화살표 등을 활용하여 아주 작은 벌레집이나 죽어가는 나무, 거미줄, 새순, 솔방울, 썩어가는 낙엽 등 특정 지점에 시선이 가도록 한다.
3. 각 지점에 간단한 설명과 지시 내용을 표시할 수 있다.
   - 애벌레 집 : 나뭇잎을 동그랗게 말아서 만든 애벌레 집. 끈끈한 점액을 활용하여 나뭇잎과 나뭇잎을 덧대고 고정시켰어요. 애벌레 집에는 애벌레가 들어 있을까요? 자세히 관찰해보세요.
   - 소나무와 갈참나무 : 소나무와 갈참나무를 보세요. 누가 더 키가 큰가요? 왜 그럴까요?
   - 거미줄 : 거미는 어떻게 집을 지을까요?
   - 썩어가는 낙엽 : 낙엽 사이에는 무엇이 살고 있을까요?
4. 한 사람씩 일정한 간격을 두고 오솔길을 따라가며 설치물을 통해 충분히 관찰한다.
5. 모두 오솔길을 빠져나오면 숲에서 무엇을 보았는지 함께 이야기를 나눈다.

이런 질문 어때요?
1. 숲에서 가장 흥미롭게 본 것은 무엇인가요?
2. 숲에서 발견되는 것들 가운데 일상생활에서 찾기 힘든 것은 무엇인가요?

※ 참조하세요
홀로 조용히 숲을 느끼는 시간을 갖는다는 것은 중요한 의미가 있다. 현대인은 수많은 소음 속에서 살아가며, 심지어 조용한 상태를 견디지 못하는 사람도 있다. 특히 TV나 이어폰에서 들려오는 소리에 익숙하다. 도심에서 들려오는 소음 속에서 자라난 아이들은 깊은 생각에 잠기기 어렵고, 매우 산만해질 수 있는 여지가 많다. 잠시만이라도 혼자 숲을 거닐면서 자연의 소리를 듣고 숲을 관찰하는 시간을 갖는다면 정서 함양에도 도움이 될 것이다.

길잡이
- 구분 : 전개 · 절정 단계
- 주제 : 숲의 생태
- 형식 : 체험적, 활동적, 관찰적
- 계절 : 봄 - 가을
- 대상 : 모든 연령
- 인원 : 10명
- 진행 시간 : 30분
- 장소 : 숲

082 나무의 심장 소리 듣기

길잡이
- 구분 : 전개 · 절정 단계
- 주제 : 나무
- 형식 : 활동적, 감성적, 관찰적
- 계절 : 봄 - 초여름
- 대상 : 모든 연령
- 인원 : 20명
- 진행 시간 : 30분
- 장소 : 공원, 숲

무엇을 배우나요?
빛이 많아지기 시작하는 봄이 오면 나무들은 광합성을 하기 위해 분주해진다. 광합성에 필요한 것은 빛과 이산화탄소, 물. 나무의 뿌리에서 얻어진 물은 수관을 통해 잎으로 전해진다. 따라서 봄이 되면 나무들이 땅속에서 물을 얻는 소리를 들을 수 있다. 나무의 내부에서 들려오는 생생한 소리를 들으며 움직이지 않는 듯 보이는 나무가 살아 있다는 생명의 경이로움을 깨닫는 것은 색다른 경험이 될 것이다.

무엇을 준비해야 하나요?
청진기

어떻게 진행하나요?
1. 두 명씩 짝 짓고 청진기를 하나씩 나눠준 다음, 청진기 사용법을 설명한다.
2. 서로 상대방의 심장 소리를 들어보며 청진기 사용법을 익힌다.
3. 짝끼리 나무 한 그루를 정하고, 조용히 다가가 청진기로 나무 소리를 들어본다.
4. 청진기를 사용하지 않는 사람이 청진기를 나무에 대주면 다른 사람은 눈을 감고 집중하여 소리를 듣는다.
5. 소리를 듣는 동안 다른 사람들에게 피해가 되지 않도록 조용히 한다.
6. 사람마다 청각 기능이 다르지만 약 10초간 집중하다 보면 물이 이동하는 소리를 들을 수 있다.
7. 역할을 바꿔 소리를 들어보고, 각자 무슨 소리를 들었는지 이야기한다.
8. 다른 나무로 자리를 옮겨가며 다양한 나무의 소리를 들어본다.

이런 질문 어때요?
1. 나무의 소리는 어디에서 나는 것일까요?
2. 나무가 살아 있다는 또 다른 증거는 무엇일까요?
3. 나무는 뿌리에서 가장 위쪽까지 물을 어떻게 이동시킬까요?
4. 물은 나무의 어느 곳을 통해 이동하고, 양분은 어디로 이동하는 것일까요?

※ 참조하세요
우리가 사는 온대 지역의 나무들이 가장 활발하게 물을 빨아올리는 시기는 4~6월이며, 특히 오전 11시부터 오후 1시 사이에는 보다 명확한 나무의 소리를 들을 수 있다. 비가 온 다음날이나 바람이 부는 날에는 나무가 잎 밖으로 물을 많이 내보내기 때문에 소리가 더 잘 들리고, 나무의 줄기뿐만 아니라 잎이나 가지에서도 소리를 들을 수 있다.

지름이 15cm 이상이고 껍질이 얇은 나무일수록 소리가 잘 들리고, 침엽수에 비해서 활엽수가 소리를 듣기 쉬우며, 같은 종류의 나무라도 주위 환경에 따라서 잘 들리는 나무와 잘 들리지 않는 나무가 있다. 따라서 껍질이 얇은 나무를 고르면 소리를 더 잘 들을 수 있다. 껍질이 얇은 나무에는 물푸레나무, 쪽동백나무, 목련, 서어나무, 팥배나무, 벚나무 등이 있고, 껍질이 두꺼운 나무에는 소나무, 참나무류(신갈나무, 떡갈나무, 갈참나무, 굴참나무, 졸참나무, 상수리나무), 아까시나무, 은행나무 등이 있다.

나무 내부에서 들려오는 소리는 나무의 물관이 삼투압 현상에 의해 물을 빨아올리는 과정에서 나는 것으로, 나무가 생명 활동을 하고 있다는 증거가 된다. 소리를 들어보는 데서 그칠 것이 아니라 나무도 우리와 같이 살아 있는 존재임을 깨닫게 하는 마무리 과정이 필요하다.

083 나만의 가을 액자 만들기

길잡이
- 구분 : 전개 · 절정 단계
- 주제 : 나무, 초본, 감성
- 형식 : 감성적, 관찰적
- 계절 : 가을
- 대상 : 유치원생 – 초등학생
- 인원 : 제한 없음
- 진행 시간 : 30~40분
- 장소 : 공원, 숲

무엇을 배우나요?
아이들은 단풍을 보고 어떻게 느낄까? 뒷산이나 공원을 찾아 단풍잎으로 가을 액자를 만들어보자. 가을 숲의 모습을 작은 화폭에서 감상하며 상상력을 자극할 수 있다. 그리고 왜 가을이면 나뭇잎이 떨어지고 다양한 색깔을 나타내는지 설명하면, 식물에 대한 이해가 깊어질 뿐 아니라 자연을 대하는 태도도 달라질 것이다. 나무가 버린 것들과 주변의 자연물을 이용하여 나만의 액자를 만들어보자.

무엇을 준비해야 하나요?
하드보드지(15×15cm), 색종이, 접착제, 집게, 줄, 여러 가지 자연물

어떻게 진행하나요?
1. 하드보드지에 색종이를 1cm 너비로 잘라 붙여 액자의 틀을 만든다.
2. 자연물과 접착제를 이용하여 자신만의 액자를 만들어본다.
   예) 풍경화 그리기, 추상화 그리기, 사물 만들기, 곤충 만들기 등
3. 액자가 완성되면 나무에 줄을 걸어 집게로 고정하고 전시회를 연다.
4. 전시된 작품들을 감상하며 액자를 만든 이유를 설명한다.

이런 질문 어때요?
자연물로 만들 수 없는 것은 무엇이 있을까요?

※ 참조하세요
나뭇잎은 추위에 견디기 어렵다. 소나무와 같은 나무의 침엽은 두꺼운 왁스층이 침엽을 둘러싸고 있고 잎의 크기도 작기 때문에 겨울에도 잎을 매달고 있다. 온도와 빛의 강도가 충분하지 못해 계속 자랄 수 없을 뿐이지 겨울에도 광합성은 미세하게나마 계속한다. 하지만 떡갈나무와 같은 활엽수는 그렇지 못하다. 나뭇잎에는 다양한 색깔을 나타내는 성분들이 들어 있다. 초록색으로 보이는 것은 클로로필 chlorophyll (엽록소) 때문이며, 단풍이 노란색이나 붉은색으로 나타나는 것은 카로티노이드 carotinoid 때문이다. 그런데 식물이 활발하게 활동할 때는 엽록소가 우성으로 나타나 나뭇잎이 초록색으로 보인다. 나뭇잎이 노란색이나 붉은색으로 물드는 것은 클로로필이 더 이상 광합성을 할 수 없을 만큼 나무의 뿌리에서 물과 양분을 공급받지 못하기 때문이다. 카로티노이드는 탄소와 수소가 결합한 것, 탄소와 수소와 산소가 결합한 것이 있다. 탄소와 수소(C_4OH_{56})만 결합되고 산소가 없을 때 진한 오렌지색에서 붉은색 나뭇잎이 되며, 탄소와 수소와 산소($C_4OH_{56}O_2$)가 결합되었을 때 노란색 잎이 된다.

메모리 카드 게임 | 084

무엇을 배우나요?
어린이에게 숲에 사는 나무와 풀에 대해서 알려주고 싶다. 그러나 나무와 풀을 해치치 않는 범위 안에서 교육을 하고 싶다면 어떻게 해야 할까? 이럴 때 할 수 있는 놀이 방법이 바로 메모리 카드 게임이다. 놀이를 하다 보면 어느새 아이들의 머릿속에는 나무의 종류가 '쏙쏙' 기억된다.

무엇을 준비해야 하나요?
메모리 카드

어떻게 진행하나요?
1. 메모리 카드 앞면에는 같은 종류의 나무 사진이나 그림들이 두 개씩 있다. 이 때 메모리 카드의 사진은 현장에 있는 나무의 사진으로 하면 더욱 좋다.
2. 한 사람씩 메모리 카드를 두 장 뒤집어본다.
3. 짝을 맞춘 사람은 한 번 더 카드를 뒤집어본 기회를 얻고, 틀린 사람은 카드를 원상태로 돌려놓는다.
4. 같은 그림 카드를 가장 많이 찾아내는 사람이 이긴다.

이런 질문 어때요?
쉽게 구분할 수 있는 것과 잘 구분할 수 없는 것은 무엇인가요?

※참조하세요
놀이를 통하여 그 숲에 있는 나무의 종류를 자연스럽게 알 수 있고, 나무와 풀들을 상하게 하지 않고서도 교육할 수 있다. 또 놀이 과정에서 고도의 집중력과 기억력이 필요하기 때문에 교육 효과도 크다. 이 놀이는 숲속에서 진행하는 활동이 어느 정도 익숙해진 다음 식물의 이름이나 특성 등을 전달해주는 방법으로, 흥미롭게 접근할 수 있다는 점에서 권할 만하다. 현장에서 놀이가 끝나고 실내로 돌아와서 다시 한번 메모리 카드 놀이를 한다면 복습의 효과도 얻을 수 있다.

길잡이
- 구분 : 전개 · 절정 단계
- 주제 : 나무, 초본
- 형식 : 감성적, 관찰적
- 계절 : 사계절
- 대상 : 유아 – 초등학생
- 인원 : 모둠별 3~5명
- 진행 시간 : 20~30분
- 장소 : 공원, 숲, 실내

085 애벌레 되어보기

길잡이
- 구분 : 전개 · 절정 단계
- 주제 : 감성
- 형식 : 활동적, 감성적
- 계절 : 봄 - 가을
- 대상 : 모든 연령
- 인원 : 모둠별 10명
- 진행 시간 : 20~30분
- 장소 : 숲

무엇을 배우나요?
우리가 살아가면서 맨발로 땅을 밟을 수 있는 기회가 얼마나 될까? 체험은 인성 발달에 중요한 영향을 미친다. 숲을 맨발로 걷고, 나무에 매달려 자연을 만끽할 수 있는 시간을 가져보자. 눈을 감고 있으면 정신 집중이 잘 되고, 평소 들리지 않던 소리도 들린다. 숲속에서 눈을 감고 걸어보자. 촉각과 후각, 청각을 이용하여 자연을 느낄 수 있는 애벌레가 되어보자.

무엇을 준비해야 하나요?
눈가리개

어떻게 진행하나요?
1. 시작하기 전에 다음과 같은 설명을 한다.
   "인간은 다섯 가지 감각(시각, 청각, 미각, 후각, 촉각)을 가지고 다양한 방법으로 세상을 느끼며 살아가지만, 대부분 시각에 의존합니다. 특히 도시에 사는 사람들은 매우 많은 부분을 시각에 의존하죠. 그러나 눈에 보이는 것이 전부가 아니며, 눈을 감으면 더 많은 것을 느끼고 볼 수 있습니다. 자연을 이해하는 다른 방법을 체험해봅시다."
2. 경사지지 않고 바닥이 고른 숲에서 신발과 양말을 벗고 눈을 가린다.
3. 교육자가 맨 앞에 서면 모두 앞사람의 어깨에 손을 얹고 일렬로 서서 따라간다.
4. 교육자는 천천히 움직이면서 교육생들이 조용히 숲을 느낄 수 있도록 한다.
5. 발로 땅을 느끼고, 귀로 숲의 소리를 들으며, 코로 숲의 냄새를 맡아본다.
6. 어느 정도 이동한 뒤 한 사람씩 나무로 안내해 그 나무를 체험하게 한다.
7. 모든 활동이 끝나면 어떤 느낌을 받았는지 서로 생각을 나눠본다.

이런 질문 어때요?
1. 눈을 가리고 걷는 느낌은 어떠했나요?
2. 만약 나에게 눈이 없다면 어떻게 살 수 있을까요?
3. 애벌레는 어떻게 달릴까요?
4. 애벌레에게 우리의 눈을 달아준다면 과연 애벌레는 좋아할까요?

※참조하세요

애벌레가 되어 온몸으로 숲과 나무를 느껴볼 수 있는 놀이다. 나무와 대화하는 것은 물론, 앞사람의 어깨를 잡고 걸으면서 함께 경험하고 신뢰하는 공동체 의식도 기를 수 있다. '애벌레가 숲에 없다면 어떤 일이 벌어질까?' 질문을 하며 각자의 생각을 나누게 하고, 애벌레가 없다면 나무와 숲이란 존재가 있을 수 없다는 것을 이해하게 하면 더욱 좋은 활동이 된다. 지상의 어떠한 생물도 불필요한 존재는 없으며, 모두 자신의 역할을 하면서 살아가는 것이 자연의 이치다. 오로지 인간만이 필요한 생물과 불필요한 생물로 구분하고 있을 뿐이다.

086 식물 메모리 게임

길잡이
- 구분 : 전개 · 절정 단계
- 주제 : 나무, 초본
- 형식 : 감성적, 관찰적
- 계절 : 봄 - 여름
- 대상 : 유아 – 초등학생
- 인원 : 10명
- 진행 시간 : 30분
- 장소 : 공원, 숲, 실내

무엇을 배우나요?
나뭇잎을 이용해 메모리 게임을 해봄으로써 숲에 있는 나무의 종류를 알 수 있고, 기억력과 집중력을 기를 수 있다. 또 이러한 과정을 통해 자연물의 모양이나 색깔, 촉감, 냄새 등을 자연스럽게 접해볼 수 있다. 이때 일방적인 설명보다는 여러 가지 잎의 특징과 모양 등에 대해서 느껴보도록 하는 것이 중요하다.

무엇을 준비해야 하나요?
8종류의 잎사귀 2장씩, 큰 종이 고깔 16개, 흰 천

어떻게 진행하나요?
1. 숲에서 같은 종류의 나뭇잎을 2장씩 찾아 흰 천 위에 놓고 섞는다.
2. 나뭇잎들을 고깔로 덮어 보이지 않게 한 뒤, 고깔을 열어볼 순서를 정한다.
3. 고깔 2개를 들어 똑같은 잎이 나오면 고깔을 눕혀놓는다.
4. 똑같은 나뭇잎을 많이 찾는 사람이 이긴다.
5. 나뭇잎의 위치를 바꿔 계속 놀이를 한다.
6. 놀이가 끝나고 나면 자연스럽게 식물의 잎이나 나무에 대한 이야기를 나눌 수 있다. 나뭇잎으로 메모리 게임을 마치고 나면 숲에 숨어 있는 다른 자연물들을 활용하여 메모리 게임을 해볼 수 있다.

이런 질문 어때요?
나뭇잎의 모양이 서로 다른 까닭은 무엇일까요?

※ 참조하세요
30억 년 전 지구상에 이끼가 나타난 이후 현재까지 식물들은 다음과 같은 과정을 거치며 숲을 이뤄왔다.
지구상에는 35만여 종의 식물이 살고 있다. 조류가 3만여 종, 선태식물이 2만 2,500여 종, 양치식물이 1만 500여 종, 겉씨식물이 800여 종, 속씨식물이 25만여 종이다. 그중 선태식물은 보통 이끼류라고 부르며, 양치식물은 고사리

류라고 한다. 종자식물은 꽃을 피우고 열매를 맺는 고등식물로 현화식물이라고도 한다. 이것에 대하여 양치식물 이하의 식물군을 은화식물이라 한다. 여기서 종자식물은 크게 밑씨가 씨방 속에 있는 속씨식물과 밑씨가 씨방 밖으로 나와 있는 겉씨식물로 나뉜다. 속씨식물은 백악기 중기에 출현하여 제3기와 제4기를 거쳐 현재에 이르고 있으며, 겉씨식물은 과거 지질시대에 크게 번성했다가 지금은 쇠퇴하고 있는 식물군으로 약 1만 2000속 20만 종이 있다.

지질 계통에 따른 분류			식물에 따른 분류	
신생대	100만 년	충적세	활엽수의 출현	현재 존재하는 활엽수들의 조상
		홍적세		
	7,000만 년	제3기		
중생대	1억 4,000년	백악기	침엽수의 출현	소나무의 조상, 은행나무
	1억 9,000년	쥐라기		
	2억 3,000년	삼첩기		
고생대	2억 7,000년	페름기	무자엽식물의 출현	고사리, 쇠뜨기 등
	3억 2,000년	카본기		
	4억 년	데본기		

087 | 숲에서 하는 숫자놀이

길잡이
- 구분 : 전개 · 절정 단계
- 주제 : 나무, 초본
- 형식 : 관찰적, 토론적
- 계절 : 사계절
- 대상 : 초등학교 고학년 - 중학생
- 인원 : 모둠별 3~5명
- 진행 시간 : 30분
- 장소 : 공원, 숲

무엇을 배우나요?
숲에서 발견한 사물들을 가지고 가로와 세로, 대각선의 합계가 모두 같게 하는 놀이다. 놀이의 시작이나 중간에 어디서 사물들을 찾았는지 묻고, 아이들에게 발견한 사물이 어떻게 놓여 있었는지 설명할 기회를 줄 수 있다. 찾아온 사물들에 대해 서로 어떤 연관성이 있는지, 연관성이 없다면 그 까닭은 무엇인지 이야기를 나누다 보면 사람마다 사물을 지각하고 판단하는 능력이나 생각이 다르다는 것을 알 수 있다.

무엇을 준비해야 하나요?
없음

어떻게 진행하나요?
1. 바닥에 격자무늬로 사각형 9개를 그린다.
2. 서로 다른 사물 9종류를 1부터 9까지 숫자에 맞춰서 찾아온다.
    예) 돌 1개, 솔잎 2개, 도토리 3개… 솔방울 9개.
3. 찾아온 사물의 개수를 모두 합하면 45개가 된다.
4. 가로, 세로, 대각선으로 사물들을 배열했을 때 모든 합이 같아야 한다.
5. 이때 같은 종류의 사물들은 반드시 함께 움직여야 한다.
    예) 도토리는 3개이므로 3개가 함께 움직여야 한다.
6. 어떤 모둠이 가장 먼저 맞히는지 알아본다.

이런 질문 어때요?
각 자연물들은 주변의 환경과 어떤 관계가 있을까요?

※참조하세요
자연自然을 한자의 뜻대로 풀이하면 '스스로 그러하다'이다. 그러나 자연은 스스로 그러한 것이 아니라 서로 영향을 주고받으며 순환한다는 매우 역동적인 의미로 해석되어야 한다. 하나의 사물이나 생명체를 자연이라 표현하는 경우가 있는데, 이는 엄격히 따지면 잘못된 표현이다. 자연은 총체적인 의미로 이해되어야 한다. 다람쥐 한 마리가 살아가는 데 있어서 다람쥐에게 영향을 끼치는 요소는 수없이 많다. 우선 다람쥐가 살아가기에 적합한 기후인지, 먹이는 필요한 만큼 있는지, 다른 동물들과 관계는 어떤지에 따라 다람쥐의 생존 여부와 생활방식이 매우 달라진다.

인공지능 카메라 놀이 | 088

무엇을 배우나요?
숲과 같이 열린 공간에서는 누구나 산만해지기 쉽다. 특히 호기심이 많은 아이들은 더욱 그렇다. 이러한 경우 몇 가지 교구를 이용하면 그들의 관심을 끄는 데 효과적이다. 교육생들과 함께 인공지능 카메라를 만들고 그것을 이용하여 숲속의 자연물들을 재미있게 관찰하는 놀이를 해보자.

무엇을 준비해야 하나요?
연필, 도화지, 칼, 풀

길잡이
- 구분 : 전개 · 절정 단계
- 주제 : 숲의 생태
- 형식 : 활동적, 감성적, 관찰적
- 계절 : 봄 - 가을
- 대상 : 초등학생
- 인원 : 15명
- 진행 시간 : 20분
- 장소 : 공원

어떻게 진행하나요?
1. 교육생들과 함께 종이 카메라를 만든다.
2. 우리의 눈은 카메라의 렌즈가 되고, 조리개로 카메라를 열고 닫으며, 팔을 뻗어 줌을 조절할 수 있다.
3. 깊은 자연의 아름다운 장면들을 인공지능 카메라로 찍는다.
4. 사진을 찍을 때 우리의 머리는 필름이 되고, 도화지는 인화지가 되며, 연필로 도화지에 그림을 그리는 과정은 사진을 인화하는 과정이 된다.
5. 여러 명이 함께할 경우 사진 전시회를 열어도 좋다.

이런 질문 어때요?
1. 내가 찍은 사진의 주제는 무엇인가요?
2. 자연의 아름다운 장면들을 오랫동안 보존하려면 어떻게 해야 할까요?

※참조하세요
크게는 전체적인 자연의 아름다움을 찍는 것부터, 작게는 아주 작은 식물의 잎이나 곤충들을 세부적으로 찍을 수도 있다. 카메라는 어떠한 대상을 세밀하게 관찰하는 데 효과적인 도구다. 따라서 식물의 잎이나 줄기 등 특정 부분을 찍고 그것을 기억하여 도화지에 그리는 과정을 통해 자연스럽게 관찰력을 키울 수 있다.

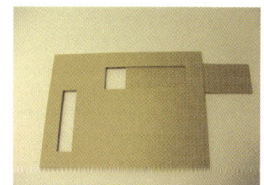

089 | 숲에서 하는 림보 놀이

길잡이
- 구분 : 전개 · 절정 단계
- 주제 : 야생동물
- 형식 : 활동적
- 계절 : 사계절
- 대상 : 초등학생
- 인원 : 20명
- 진행 시간 : 20분
- 장소 : 숲

무엇을 배우나요?
자연은 광활한 공간으로 수많은 생명들이 그 공간에서 살아간다. 그 가운데 여러 가지 생물종이 부딪히는 경우 갈등이 일어나기도 하고, 서로 적정한 거리를 두어 문제가 발생하는 것을 피해가기도 한다. 높이에 따라 생물들의 생활권이 다르다는 것을 알아보고, 우리가 모르는 또 다른 생활권에는 어떠한 생물들이 살아갈 수 있는지 생각해본다.

무엇을 준비해야 하나요?
높이에 따른 생활권을 표시한 놀이판(약 2m 높이), 밧줄

예) 하늘 – 독수리와 까마귀, 나무 위 – 하늘다람쥐, 나무줄기 – 청설모, 나무 밑동 – 여우와 사슴, 숲 바닥 – 땅강아지와 들쥐, 나무뿌리 – 지렁이와 지네, 땅속 – 두더지

어떻게 진행하나요?
1. 놀이판을 나무에 고정시키고, 두 사람이 밧줄의 양쪽 끝을 잡고 선다.
2. 높은 곳에서 시작하여 한 사람씩 그 줄 아래로 통과한다.
3. 모두 통과하면 생활권에 대한 이야기를 덧붙이며 줄의 높이를 조금씩 낮춰 간다.
4. 허리를 젖힌 채 통과해야 하며, 가장 낮은 높이를 통과한 사람이 이긴다.

이런 질문 어때요?
1. 지구에서 가장 낮은 곳에 사는 동물은 무엇일까요?
2. 지구에서 가장 높은 곳에 사는 동물은 무엇일까요?

※참조하세요
같은 높이라도 키가 작을수록 낮게 이동하기가 쉬우므로 키가 큰 사람에게 더 많은 점수를 줄 수 있다. 생물의 생활권에 가장 큰 영향을 미치는 것은 바로 '온도'다. 우리에게는 작은 차이지만 다른 생물들에게는 1cm도 큰 영향을 미칠 수 있다. 따라서 다양한 층의 나무들로 구성된 숲에서 그만큼 다양한 생물들이 살아갈 수 있는 것이다.

눈 가리고 멈춰 놀이 090

무엇을 배우나요?
우리는 시각으로 거리를 재는 데 익숙하다. 그러나 시각 이외에 다른 감각으로도 거리 감각을 익힐 수 있다. 놀이를 통해 자연스럽게 거리 감각을 길러본다.

무엇을 준비해야 하나요?
거리를 표시한 안내판, 눈가리개, 줄자

어떻게 진행하나요?
1. 미리 현장에 거리를 표시한 안내판을 세워둔다.
2. 각자 원하는 동물을 생각한 뒤 눈을 가린다.
3. 출발선에서 원하는 동물을 이야기하면 교육자는 일정한 거리를 정해준다.
   예) 다람쥐는 5m를 갑니다. 토끼는 10m를 갑니다.
4. 교육생은 눈을 가린 채 정해진 거리까지 가서 정확하게 멈춰 선다. 이때 진행하는 동안 다른 사람들이 소리를 내어 거리를 일러주지 않도록 주의한다.
5. 정확한 지점에 다다랐다고 생각하면 멈춰서 눈가리개를 풀고 위치를 확인한다.

이런 질문 어때요?
1. 자를 활용할 줄 모르는 동물들은 어떻게 거리를 측정할까요?
2. 앞이 보이지 않는 사람들은 어떻게 거리를 알 수 있을까요?

※참조하세요.
눈을 가리기 전에 거리를 정해주고 활동하는 것과, 눈을 가리고 난 후 거리를 정해주고 활동하는 것이 어떠한 차이가 나는지도 알아보자. 눈 가리는 것에 무서움을 느끼는 사람은 안내자를 동반하여 불안감을 감소시킬 수 있으나, 안내자는 거리를 알려주거나 신호를 보내서는 안 된다.
야생동물들에게 거리 감각은 살아남기 위해 꼭 필요한 감각 가운데 하나다. 동물들은 자신이 현재 집에서 얼마나 떨어져 있는지, 먹잇감이 얼마나 멀리 있는지 본능적으로 정확하게 알아야 한다. 야생동물과 인간의 감각을 비교해보면 좋다.

길잡이
- 구분 : 전개 · 절정 단계
- 주제 : 야생동물
- 형식 : 활동적, 감각적
- 계절 : 봄 - 가을
- 대상 : 초등학생 이상
- 인원 : 10명
- 진행 시간 : 20분
- 장소 : 숲, 공원

091 자연물감 만들기

길잡이
- 구분 : 전개 · 절정 단계
- 주제 : 초본, 숲의 생태
- 형식 : 활동적, 감성적, 실습적
- 계절 : 봄 - 여름
- 대상 : 모든 연령
- 인원 : 20명
- 진행 시간 : 30~40분
- 장소 : 공원, 숲

무엇을 배우나요?
우리 주변에서 만나는 수많은 색깔들은 자연에서 시작된 것이다. 아주 오래전부터 선조들은 자연물을 활용하여 옷감을 물들이고 그림을 그렸다. 자연에서 찾은 다양한 소재들을 활용하여 물감을 직접 만들어보는 것은 색깔이 우리에게 주는 또 다른 의미를 생각하게 해준다.

무엇을 준비해야 하나요?
플라스틱 컵, 붓, 도화지

어떻게 진행하나요?
1. 다양한 자연물을 색깔별로 모아 단단한 돌로 짓이긴다.
2. 컵에 ①을 담고 물을 부어 물감을 만든다.
3. 자연물감으로 도화지에 그림을 그려본다.
4. 그림을 전시하며 함께 감상한다.

이런 질문 어때요?
1. 숲에서 가장 많이 보이는 색깔은 무엇일까요?
2. 자연에서 가장 다양한 색깔들을 만날 수 있는 때는 언제인가요?

※참조하세요
각자 한 가지씩 색깔을 만들어서 모으면 여러 가지 색깔을 동시에 활용할 수 있다. 커다란 그림을 여러 조각으로 나누고 그것을 각자 색칠한 뒤 그림 맞추기를 해볼 수도 있다. 식물의 색깔은 『수목 생리학』(서울대학교출판부, 이경준 저, 2001) 69~72쪽을 참조한다.

거미줄 만들기 | 092

길잡이
- 구분 : 전개 · 절정 단계
- 주제 : 숲의 생태, 야생동물
- 형식 : 활동적, 관찰적, 토론적
- 계절 : 봄 - 가을
- 대상 : 초등학생 이상
- 인원 : 모둠별 3~5명
- 진행 시간 : 60분
- 장소 : 공원, 숲

무엇을 배우나요?
거미는 곤충일까, 아닐까? 거미는 곤충이 아니다. 직접 거미가 되어 먹이를 잘 잡기 위해서 어떤 곳에 어떤 모양으로 거미줄을 쳐야 할지 고민하고 만들어보는 과정에서 거미의 생태를 이해할 수 있다. 거미줄을 활용하여 숲의 생태 전반을 이해할 수 있다.

무엇을 준비해야 하나요?
도화지, 필기도구, 노끈(면), 거미줄 사진, 각종 동식물 그림

어떻게 진행하나요?
1. 숲에서 거미줄을 찾아보고, 그 모양을 자세히 관찰하여 도화지에 그린다.
2. 모둠별로 거미줄 설계도를 구상한다.
3. 설계도를 바탕으로 나뭇가지 사이에 노끈을 연결하여 거미줄을 만든다.
4. 완성된 거미줄을 모둠별로 발표하고, 각 거미줄의 특성을 알아본다.
5. 각종 동식물 그림을 거미줄에 붙이면서 숲의 생태에 대해 설명한다.

이런 질문 어때요?
1. 거미는 곤충일까요, 아닐까요?
2. 거미는 어떻게 거미줄을 만들까요?
3. 거미는 그토록 가느다란 거미줄에 어떻게 매달릴까요?

※ 참조하세요
어린이들은 거미줄을 만들면서 뭔가 계획하고 실행하는 과정을 경험한다. 설계도를 그리면서 사고력을 키울 수 있고, 거미줄을 만들기 위해서 다양한 구조를 실현하는 방법과 매듭을 묶는 방법을 익힌다. 어린아이들은 미리 매듭 짓는 방법을 익히도록 도와준다. 거미줄은 혼자 만드는 것보다 여럿이 함께 만드는 것이 효과적이며, 함께 만들어가는 과정에서 협동심도 기를 수 있다. 모둠별로 거미줄이 완성되면 각각의 거미줄을 모두 연결하여 커다란 거미줄을 만들 수도 있다. 또 다양하게 얽혀 있는 거미줄을 활용하여 통합적으로 연결된 숲의 생태계를 이해하는 놀이를 진행할 수도 있다.

093 | 나무 되어보기

길잡이
- 구분 : 전개 · 절정 단계
- 주제 : 나무, 곤충, 협동심
- 형식 : 활동적, 역할놀이적
- 계절 : 사계절
- 대상 : 초등학생 이상
- 인원 : 20명 이상
- 진행 시간 : 50분
- 장소 : 공원, 숲

무엇을 배우나요?
나무의 속은 어떻게 생겼을까? 숲에서 흔히 만날 수 있는 나무의 외관은 관찰하고 이해하기 쉽지만, 내부 구조를 관찰하는 일은 쉽지 않다. 특히 나무가 어떻게 서 있으며 물을 흡수해서 잎으로 보내는지, 양분을 어떻게 만드는지 궁금하다. 지금까지 겉모습만 봐온 나무의 내부를 들여다보고 직접 몸으로 표현해봄으로써 나무의 구조를 이해할 수 있다.

무엇을 준비해야 하나요?
없음

어떻게 진행하나요?
1. 큰 나무를 선택해 "저 나무 속은 어떻게 생겼을까?"라고 질문한 뒤 나무 속을 들여다보자고 제안한다.
2. 머리와 팔다리가 긴 사람에게 '뿌리' 역할을 주고, 한가운데 앉아 손과 발을 최대한 많이 뻗어 땅에 닿게 한 다음 물을 빨아들이는 소리("흡흡")를 내도록 한다.
3. 덩치가 크고 힘이 세어 보이는 사람에게 '심재' 역할을 주어, 두 팔에 힘을 주고 뿌리에 붙어서 굳건하게 서 있도록 한다.
4. 밝은 색 옷을 입은 3명은 '변재'가 되어 심재 주변에서 서로 손을 잡고 둘러선다.
5. 푸른 옷을 입은 5명은 '물관'이 되어 변재를 둘러싸고 서서, 손을 맞잡고 앉았다 일어났다 하며 물을 운반하는 소리와 모양을 만든다.
6. 지원자 7명은 '체관'이 되어 물관과 반대로 앉았다 일어났다 하면서 양분을 전달한다.
7. 한 사람을 제외한 나머지 사람들이 '나무껍질'이 되어 밖을 바라보며 원을 만들고 모두 감싸 안는다.
8. 나머지 한 사람이 곤충이 되어 나무 주변을 돌아다니다가 약한 부분이라고 생각하는 곳을 뚫고 들어간다.
9. 나무껍질은 곤충의 침입을 막기 위해 협동하고, 나머지 사람들은 각자의 위치에서 자신의 역할을 계속하면서 움직인다.

이런 질문 어때요?
1. 나무의 구조를 안쪽부터 차례대로 설명해볼 수 있나요?
2. 살아 있는 나무에 곤충이 침입한다면 어떻게 될까요?

※ 참조하세요

나무의 구조와 그 역할은 다음과 같다.

- 뿌리 : 땅속에서 나무를 지탱하고, 무기물을 흡수한다. 유연하게 땅속을 파고든다.
- 심재 : 나무의 중심에서 튼튼하게 지지한다. 더 이상 생명 활동은 없다.
- 변재 : 심재보다 약간 밝은 색으로, 현재 살아서 활동하고 있는 부분이다.
- 사부(물관) : 뿌리에서 흡수된 물이 나무의 곳곳으로 전달되는 관이다.
- 목부(체관) : 광합성을 통하여 만들어진 영양 물질이 나무의 곳곳으로 전달되는 관이다.
- 껍질 : 가장 바깥쪽에서 나무를 보호한다.

겉으로는 아무런 활동 없이 정지한 듯 보이는 나무들이 생생하게 활동하며 살아 있다는 사실을 말해준다. 교육생이 20명 이상일 때 가능하며, 많은 사람들이 참여하면 더욱 재미있다. 인원이 적을 경우 물관과 체관을 함께 묶어 관다발 역할을 한다.

094 같은 물건 찾아오기

길잡이
- 구분 : 전개 · 절정 단계
- 주제 : 숲의 생태
- 형식 : 활동적, 감성적, 관찰적
- 계절 : 봄 - 가을
- 대상 : 모든 연령
- 인원 : 15명
- 진행 시간 : 30~40분
- 장소 : 공원, 숲

무엇을 배우나요?
숲이나 공원을 걷다 보면 바닥에 떨어진 나뭇잎이나 열매 등을 흔히 볼 수 있다. 게다가 그 속을 들여다보면 온갖 신비한 것들이 눈에 띈다. 서로 같은 물건을 찾다 보면 관찰력도 길러지고, 재미있는 곤충이나 몰래 숨어 있던 동물들, 나무 열매도 발견할 수 있다.

무엇을 준비해야 하나요?
속이 비치지 않는 주머니나 봉투, 흰 천

어떻게 진행하나요?
1. 다양한 사물이나 자연물 등을 미리 주머니에 담아서 준비한다.
   예) 나뭇잎, 나무 열매, 죽은 곤충, 나무껍질, 토끼 똥, 솔방울, 돌멩이, 과자 포장지 등
2. 흰 천 위에 모두 꺼내놓고 30초 정도 보여준 뒤 다시 봉투 속에 담는다. 10초 남았을 때 카운트다운을 해서 긴장감을 높일 수 있다.
3. 10분 동안 봉투 속에서 보여주었던 물건을 찾아오도록 한다. 이때 기억을 못하는 사람에겐 다시 5초 정도 보여줄 수도 있다.
4. 찾아온 물건들을 원래의 것과 비교해본다.

이런 질문 어때요?
1. 몇 가지나 기억하고 찾아왔나요?
2. 숲에서 우연히 발견한 신비로운 것이 있었나요?

※참조하세요
인원이 적을 때는 개인별로 하지만, 적당한 인원일 경우에는 모둠별로 하는 것이 더 재미있다. 찾아오는 물건이 너무 쉽거나 어려우면 재미가 없어지므로, 대상에 따라 찾기 쉬운 것과 찾기 어려운 것을 함께 선택해야 한다. 이때 살아 있는 것을 해치지 않도록 주의를 주는 것이 좋다. 활동을 마치면서 각 사물들에 대한 설명을 자연스럽게 해주면 교육적 효과도 높아진다. 놀이를 통해 모인 자연물로 또 다른 프로그램을 진행할 수도 있다.

누가 누가 무겁나 | 095

무엇을 배우나요?
자연에서는 우리가 상상하지 못하는 일들이 수도 없이 벌어진다. 자기 몸의 몇십 배가 되는 무게를 들어 올리는 동물이 있는가 하면, 중력을 이겨내고 하늘을 날아다니는 새들도 신기하다. 내 몸무게의 몇 배를 들어 올릴 수 있는지 알아보는 놀이를 통해 인간과 야생동물의 다른 점을 이해하고, 근력 강화 운동을 할 수 있는 동기를 유발한다.

무엇을 준비해야 하나요?
없음

어떻게 진행하나요?
1. 각자 몸무게나 키에 따라서 동물을 하나씩 정한다.
2. 우선 자신보다 작은 사람을 들어본다.
   예) 토끼는 다람쥐를 들어볼 수 있다.
3. 자신과 몸 크기가 같은 사람, 혹은 큰 사람을 들어보며 어느 정도 들어 올릴 수 있는지 알아본다.
4. 일정한 거리에 서 있는 나무에 반환점 표시를 해둔다.
5. 같은 종의 동물들끼리 자신보다 큰 동물을 들고 반환점을 돌아온다.

이런 질문 어때요?
1. 내가 개미라면 얼마만큼 들 수 있을까요?
2. 야생동물 가운데 가장 힘 센 친구는 누구일까요?

※참조하세요
개미는 자기 몸무게의 약 30배를 들 수 있다고 한다. 그렇다면 나는 내 몸무게의 몇 배를 들 수 있을지 계산해본다. 교육생에 따라 반환점까지 거리를 조절한다.

길잡이
- 구분 : 전개 · 절정 단계
- 주제 : 야생동물
- 형식 : 활동적
- 계절 : 사계절
- 대상 : 초등학생 이상
- 인원 : 15명
- 진행 시간 : 30분
- 장소 : 공원, 숲, 운동장

096 나무의 겨울눈 관찰 놀이

길잡이
- 구분 : 마무리 단계
- 주제 : 나무
- 형식 : 활동적, 감성적, 관찰적
- 계절 : 겨울
- 대상 : 유치원생 - 초등학생
- 인원 : 모둠별 3~5명
- 진행 시간 : 10~20분
- 장소 : 공원, 숲, 실내

무엇을 배우나요?
나뭇잎이 모두 떨어진 겨울 숲에서 다양한 겨울눈을 관찰하다 보면 새삼 자연의 신비를 느낄 수 있고, 교육 효과도 좋다.

무엇을 준비해야 하나요?
여러 가지 나뭇가지, 가위, 흰 도화지(혹은 흰 천), 접착제

어떻게 진행하나요?
1. 주위에 있는 서로 다른 나뭇가지를 20cm 길이 정도로 잘라 수집한다.
2. ①의 나뭇가지를 다시 세 토막으로 자른다.
3. 흰 도화지(혹은 흰 천)에 가지들을 놓고 같은 종류끼리 맞춘다.
4. 다 맞춘 나무의 가지를 접착제로 붙인다.

이런 질문 어때요?
1. 나무의 겨울눈은 어떻게 생겼나요?
2. 나무는 왜 겨울눈을 만들까요?
3. 나무의 겨울눈은 장차 무엇이 되나요?

※참조하세요
나무의 겨울눈은 어떤 입지나 환경 조건에서도 모양이 변하지 않으므로 나무를 식별하는 데 유용하다. 현장에서라면 짝을 맞춘 나뭇가지를 놓고 다시 그 나무를 찾아볼 수 있으며, 돋보기로 겨울눈을 관찰한 뒤 도화지에 그려볼 수도 있다.

나무의 이름을 몰라도 좋다. 나무마다 겨울눈의 모양이 서로 다르다는 사실을 아는 것만으로도 충분한 교육이 된다. 봄이 오면 겨울눈에서 화려한 꽃과 초록색 나뭇잎, 새로운 줄기와 가지가 생성된다. 추운 겨울을 견뎌내기 위한 나무들의 전략은 겨울눈에서 시작된다. 떡갈나무와 같은 참나무류에 속하는 나무들처럼 비늘같이 겹겹이 쌓인 겨울눈이 있는가 하면, 버드나무의 겨울눈과 같이 털이 무성한 것도 있다. 이렇게 겨울눈을 통해 나무의 놀랍고 다양한 적응력과 경이로운 자연현상을 관찰하다 보면 '모든 생명이 아름답다'는 것을 느낄 수 있다.

숲의 숨은 색깔 찾기　097

무엇을 배우나요?
숲에는 과연 몇 가지 색깔들이 있을까? 손가락을 들어 세어보자. 하나, 둘, 셋… 머릿속에 떠오르는 색깔은 초록색과 갈색, 연두색 정도일 것이다. 하지만 숲을 찾아가 그 안에 숨어 있는 색깔들을 찾아보면 우리가 상상하는 이상의 색깔들이 눈에 띈다. 어떤 색깔은 언어로 표현되지 않을 정도로 오묘하고 신비롭기 그지없다. 특히 가을 숲은 다른 계절의 숲과 비교되지 않을 정도로 화려하다. 숲을 찾아 그 다양한 물감통에 빠져보자.

길잡이
- 구분 : 마무리 단계
- 주제 : 숲의 생태, 다양성
- 형식 : 감성적, 관찰적
- 계절 : 봄, 가을
- 대상 : 모든 연령
- 인원 : 모둠별 5명
- 진행 시간 : 20분
- 장소 : 숲, 공원

무엇을 준비해야 하나요?
여러 가지 색깔들이 연결된 끈(혹은 색상표)

어떻게 진행하나요?
1. 여러 가지 색깔 끈을 연결하거나 색상표를 하나의 원으로 만든다. 빨강, 주황, 노랑, 연두, 초록, 하늘, 파랑, 보라, 황토, 길색, 검정 등으로 구성하면 적당하다.
2. 교육생들에게 "숲에는 몇 가지 색이 있을까요?"라고 질문한다.
3. 함께 숲의 색깔들을 찾아보자고 제안하며 ①을 둥글게 펼쳐놓는다.
4. 색깔이 다양한 사물들을 찾아와 ③의 주변에 배열한다.
5. 색깔 끈을 치우고 숲에 얼마나 다양한 색깔들이 있는지 이야기를 나눈다.

이런 질문 어때요?
1. 색깔이 어떻게 구분되나요?
2. 봄과 가을 숲의 색깔은 어떻게 다를까요?
3. 숲에 사는 다른 동물들도 우리와 마찬가지로 색깔을 구분할까요?
4. 왜 어떤 동물들은 자신의 색깔에 지나치게 신경을 쓸까요?

※참조하세요
교육생들이 '다양한 색깔이 있는 숲은 그만큼 다양한 생태가 있다'는 것을 이해하도록 하면 좋다. 다양한 색깔은 다양한 생물종이 살아갈 수 있는 중요한 인자가 된다. 초등학교 고학년 이상의 아이들일 경우, 숲이 다양한 색깔로 보이는 원인을 이해할 수 있는 활동을 첨가하면 더 풍부한 교육이 될 것이다.

098 | 나무와 인터뷰하기

길잡이
- 구분 : 마무리 단계
- 주제 : 나무
- 형식 : 역할놀이적, 토론적
- 계절 : 사계절
- 대상 : 초등학생 이상
- 인원 : 제한 없음
- 진행 시간 : 20분
- 장소 : 숲, 공원

무엇을 배우나요?
교육의 내용과 방법이 훌륭해도 대상의 눈높이에 맞추지 못한다면 효과적으로 진행하기 어렵다. 어린이의 경우에는 자연을 마음껏 상상의 나래를 펼 수 있는 공간으로 느끼고 가까이 접할 수 있도록 해준다. 이 프로그램을 통하여 나무를 좀더 이해하고 친해질 수 있도록 한다.

무엇을 준비해야 하나요?
교육자 가운데 몇 명은 나무에게 던질 질문과 답을 미리 준비해야 한다.
나무에게 던지는 질문 : 나무야, 대답해줄래?
1) 네 이름은 뭐니?
2) 넌 어디서 왔어?
3) 넌 왜 그곳에서 사니?
4) 배고프지 않아?
5) 언제 가장 힘들어?
6) 요즘 너의 고민은 뭐니?
7) 엄마가 보고 싶지 않니?
8) 너는 다른 친구들과 어떻게 이야기해?
9) 네 친구들을 소개해줄래?
10) 심심하지 않니?

어떻게 진행하나요?
1. 교육생 모두 숲에 동그랗게 앉고, 나무 역할을 맡은 교육자는 나무 뒤에 숨는다.
2. 다 함께 "나무야"라고 부르면 인터뷰가 시작된다.
3. 나무 역할을 맡은 교육자와 교육생들이 질문과 답변을 나눈다.
4. 교육생들 가운데 나무 역할을 할 사람을 찾아 다른 인터뷰를 진행해본다.

이런 질문 어때요?
1. 내가 나무라면 어떻게 살까요?
2. 나무도 우리처럼 기쁨과 슬픔을 느낄까요?
3. 나무가 된다면 가장 먼저 하고 싶은 것은 무엇인가요?

※참조하세요
교육자는 나무에 대한 정보나 나무와 관련된 이야기를 준비해야 한다. 교육자가 나무 흉내를 잘 낼수록 분위기는 더욱 무르익을 것이다. 그 다음에는 교육생 중에 지원자들이 다른 나무의 역할을 맡아서 다시 진행할 수 있다.

야생동물의 겨울나기 실험 | 099

무엇을 배우나요?
야생동물들이 추운 겨울을 따뜻하게 보낼 수 있는 장소를 어떻게 찾는지 체험 활동을 통해 알아보자.

무엇을 준비해야 하나요?
필름통, 따뜻한 물(80℃), 온도계, 필기도구

어떻게 진행하나요?
1. 필름통에 따뜻한 물을 담고 온도계로 물의 온도를 잰 뒤 기록한다.
2. 각자 숲에서 가장 따뜻하다고 생각하는 장소에 필름통을 숨긴다.
3. 30분 정도 지난 후 필름통을 찾아와 물의 온도를 다시 잰다.
4. 각자 숨겨둔 곳의 특징과 물의 온도를 기록한다.
5. 누가 어느 장소에서 가장 높은 온도를 유지했는지 알아본다.

이런 질문 어때요?
1. 숲에서 가장 따뜻한 곳은 어디일까요?
2. 겨울잠을 자는 동물은 누구일까요?

※ 참조하세요
필름통을 몸속이나 주머니에 넣지 않도록 주의하며, 나뭇가지 사이나 나무 옆, 낙엽 속, 땅속, 바위틈 등 다양한 장소에 숨겨두었다가 온도 차이를 비교해볼 수 있다. 이러한 활동은 단순히 야생동물들이 어떻게 추운 겨울을 나는지에 대한 이해를 넘어, 극지방과 온대 지방 동물들의 생김새가 서로 다르게 진화해온 과정을 이해하는 데 도움이 된다. 극지방 여우의 몸이 대체로 둥글고 귀나 코가 작은 반면, 온대 지방의 여우는 귀와 코가 크다.

변온동물은 어느 곳에 몸을 숨겨 겨울을 지낼 수 있는지도 설명해줄 수 있다. 겨울은 기온이 영하로 떨어지고 숲에 먹이가 절대적으로 부족하여 많은 야생동물들이 지내기에 불편한 계절이다. 그런데도 몇몇 야생동물들은 따뜻한 장소를 찾아 떠나지 않고 숲을 지킨다. 그들 중 스스로 체온을 유지하지 못하는 동물(변온동물)들이 있는가 하면, 외부의 온도 변화에 영향을 받지 않고 스스로 체온을 유지하는 동물(정온동물)들이 있다. 변온동물들은 외부의 온도에 의존하면서 살아가므로 추운 겨울에는 아무런 활동도 하지 못한 채 긴긴 겨울잠을 잔다. 그러나 새들과 토끼, 고라니, 노루, 멧돼지 등 정온동물들은 추운 겨울에도 계속 활동을 한다. 이런 동물들이 겨울에 쉽게 관찰되는 것은 먹이가 부족하여 상대적으로 그들의 활동량이 많아지기 때문이다.

길잡이
- 구분 : 마무리 단계
- 주제 : 야생동물, 곤충
- 형식 : 활동적, 관찰적, 실습적
- 계절 : 겨울
- 대상 : 초등학생
- 인원 : 20명
- 진행 시간 : 50~60분
- 장소 : 숲

100 흔적 찾기 놀이

길잡이
- 구분 : 마무리 단계
- 주제 : 숲, 나무, 야생동물
- 형식 : 활동적, 관찰적, 토론적
- 계절 : 봄 – 가을
- 대상 : 초등학교 고학년 이상
- 인원 : 20명
- 진행 시간 : 60분
- 장소 : 숲

무엇을 배우나요?
숲에는 다양한 생물들이 살지만, 사람들의 손길이 닿아 훼손되고 변하는 경우가 많다. 숲에서 사람이 다녀간 흔적이나 동물의 흔적, 나무의 스트레스 흔적들을 찾아보고, 그 결과를 통해 숲의 생태적 위치와 심각성을 일깨워주는 놀이다. 이동 경로가 복잡하거나 교육 장소를 찾을 수 없는 경우 활용하면 좋다.

무엇을 준비해야 하나요?
필기도구, 메모지, 돋보기, 망원경, 스티커(3가지 색깔), 패널

스티커 붙일 패널의 예

흔적에 맞는 색깔을 붙여주세요!	
● 동물의 흔적	
● 사람의 흔적	
● 나무의 스트레스 흔적	

어떻게 진행하나요?
1. 2~3명씩 짝을 지어 산을 오르면서 동물의 흔적, 나무의 스트레스 흔적, 사람이 다녀간 흔적을 찾아보고 기록한다.
2. 목적지에 도착하면 기록한 그 숫자만큼 해당 색깔 스티커를 나눠준다.
   예) 동물의 흔적(파란색), 나무의 스트레스 흔적(초록색), 사람의 흔적(빨간색)
3. 패널에 스티커를 붙이고 다 함께 숫자를 세어 합계를 낸다.
4. 사람의 흔적과 나무의 스트레스 흔적이 많고, 동물의 흔적이 적을수록 그 숲은 건강하지 못하다고 할 수 있다.
5. 건강한 숲을 만들기 위해서는 어떻게 해야 할지 의견을 나눈다.

이런 질문 어때요?
건강한 숲을 만들기 위해 우리가 할 일은 무엇이 있을까요?

※참조하세요
- 동물의 흔적 : 동물의 배설물, 발자국, 깃털이나 솜털, 동물의 집(나무나 땅의 구멍), 동물 소리 등
- 나무의 스트레스 흔적 : 솔방울이 많이 열림, 나뭇잎 수가 상대적으로 적음, 나무껍질이 상함 등
- 사람의 흔적 : 쓰레기, 인공적인 물질들, 설치물, 자동차의 소음 등

하늘 땅 놀이 | 101

무엇을 배우나요?
시각을 활용해 세부적인 감각기관을 활성화하고, 자신의 감정이나 마음을 차분하게 해보는 활동이다. 숲에서 육안으로 관찰할 수 있는 것은 아주 다양하지만, 한꺼번에 관찰하려고 욕심부리다 보면 많은 것을 놓치기 쉽고 숲을 단순하고 지겹다고 생각할 수 있다. 좀더 세부적으로 숲을 바라보고 다양성을 이해한다면 더욱 흥미로울 것이다.

무엇을 준비해야 하나요?
없음

어떻게 진행하나요?
1. 교육생 모두 숲에 눕게 한 뒤 숲과 관련된 이야기를 해주며 조용한 분위기를 만든다.
2. 약 1분간 눈을 감았다가 뜨게 한다.
3. 이때 나뭇가지와 잎, 부분적으로 보이는 하늘에서 밝은 곳과 어두운 곳만을 관찰하도록 한다.
4. 다시 눈을 감았다가 1분 뒤 뜨게 한다.
5. 이제는 색상만을 관찰하고 다시 눈을 감은 뒤 1분이 지나면 뜨게 한다.
6. 이번엔 형태에 집중하고 같은 방법으로 눈을 감았다가 뜨게 한다.
7. 마지막으로 명암과 색상, 형태를 모두 함께 관찰할 수 있도록 한다. 물론 관찰하고 생각할 수 있는 시간을 좀더 길게 준다.

이런 질문 어때요?
오늘 숲에서 그동안 보지 못한 것들을 찾았나요?

※ 참조하세요
숲에서 진행하는 교육을 마무리하는 놀이로, 과정이 끝나면 둘러앉아 느낌과 생각을 나누도록 한다. 이는 숲을 이해하는 단계를 넘어 사물을 관찰하고 종합적으로 판단할 수 있는 능력을 폭넓게 해준다. 교육생이 많을 경우 프로그램이 오래 진행되면 지루한 느낌을 줄 수도 있으므로 신경을 쓰고, 안심하고 누울 수 있도록 장소를 선정할 때 주의한다. 교육생들이 산만하거나 시끄러우면 진행에 차질이 생길 수 있으니 대상에 따라 방법을 달리한다. 여름이나 날씨가 좋은 날을 택하는 것이 좋으며, 주변 사람이나 소음 등의 방해를 받지 않는 곳으로 가급적 빛과 그림자가 교차하는 울창한 숲을 찾는다. 바닥에 습기가 많다면 돗자리 같은 것을 준비한다. 여럿이 함께 활동할 때는 자신의 몸, 특히 발이 상대방에게 닿지 않도록 조심한다.

길잡이
- 구분 : 마무리 단계
- 주제 : 숲의 생태
- 형식 : 감성적, 관찰적
- 계절 : 여름 - 가을
- 대상 : 초등학교 고학년 이상
- 인원 : 30명
- 진행 시간 : 30분
- 장소 : 숲

102 | 50년 후의 숲 상상하기

길잡이
- 구분 : 마무리 단계
- 주제 : 나무, 숲의 생태
- 형식 : 감성적, 관찰적
- 계절 : 봄 - 가을
- 대상 : 초등학교 고학년 이상
- 인원 : 20명
- 진행 시간 : 30~40분
- 장소 : 숲

무엇을 배우나요?
숲의 바닥을 유심히 관찰해보자. 그곳에는 상황에 따라 매우 다양한 나무들이 무럭무럭 자라고 있다. 50년 후 나의 모습과 숲의 모습을 상상해보자! 내가 60세가 되었을 때 숲이 어떻게 달라질지, 나무들과 곤충들은 어떻게 변할지 그려본다. 현재 보이는 숲뿐만 아니라 과거나 미래까지 상상할 수 있는 시각을 갖는다.

무엇을 준비해야 하나요?
도화지, 크레파스(혹은 색연필), 줄, 집게

어떻게 진행하나요?
1. 숲에 서서 팔을 벌리고 한 바퀴 원을 그리면서 돈다.
2. 돌면서 큰 나무들 사이에서 자라는 작은 나무들을 세어본다.
3. 현재 숲의 모습을 보고 50년 후 숲의 모습을 생각하는 시간을 갖는다.
4. 50년 후 숲의 모습을 상상하여 그려본다.
5. 줄과 집게를 이용해 그림을 전시하고 자신의 그림을 설명한다.

이런 질문 어때요?
1. 50년 후 나의 모습은 어떻게 달라질까요?
2. 50년 후에 이 숲을 다시 찾는다면 숲은 어떤 모습일까요?

※ 참조하세요
예를 들어, 숲에 활엽수가 대부분이고 그중에서도 참나무류가 주를 이룬다면 현재 이 숲은 천이遷移 과정 중에 음수陰樹가 들어오는 단계에 있다는 증거다. 천이 과정의 선구 수종인 소나무는 그늘진 곳에서 살 수 없는 양수陽樹이기 때문에 음수들이 자리를 차지하는 이 숲에서는 소나무를 찾아보기가 힘들다. 현재는 참나무류가 숲을 장악해가고 있다고 해도 차차 극상림을 이루는 서어나무나 까치박달 등이 이 숲을 차지할 것이다.

50년 후 나와 숲의 모습은 어떻게 달라질지 생각해보고 함께 이야기를 나누는 것은 평소 숲에 대한 생각들을 알 수 있을 뿐 아니라 숲을 통하여 자신의 미래까지 상상해보는 기회를 얻는 것이다. 한 나무가 점점 자라서 다른 나무들이 살아갈 수 없다거나, 지금은 아주 작은 풀이나 나무지만 앞으로는 굉장히 커질 수 있다는 상상을 해볼 수도 있고, 이곳이 아예 다른 모습으로 변할 것이라고 대답할 수도 있다. 따라서 교육자는 아이들의 상상력이 최대한 발휘될 수 있도록 기회를 열어줘야 한다. 앞으로 우리가 숲을 위해서 해야 할 일들에 대해서도 이야기해보면 좋다.

땅강아지 놀이 | 103

무엇을 배우나요?
낙엽을 활용하여 '자연과 나는 하나'라는 인식을 일깨워줄 수 있다. 숲을 완전히 새로운 각도에서 바라볼 수 있으며, 조용히 숲속 땅바닥에 누워 나무들의 속삭임과 작은 새들의 지저귐, 스쳐 지나가는 바람 소리에 귀를 기울이고 한 곳을 응시해보는 체험은 자연이 아니라면 하기 힘들다.

무엇을 준비해야 하나요?
없음

어떻게 진행하나요?
1. 사전에 낙엽 속에 습기가 없는지, 위험한 상황은 없는지 확인한다.
2. 교육생 모두 낙엽 속에 들어가 자신이 땅강아지라고 생각하게 한 뒤 낙엽을 덮어준다.
3. 교육생이 많을 경우 서로 짝을 지어 낙엽을 덮어줘도 되며, 되도록 조용히 그 상태를 유지하게 한다.
4. 낙엽 속에 파묻혀 있으면 마치 땅속에서 숲을 바라보는 듯한 기분이 든다.

이런 질문 어때요?
1. 낙엽 속에는 어떤 생물들이 살아갈까요?
2. 낙엽 속에 파묻힌 기분은 어떠했나요?

※참조하세요
땅 위를 뒹군 뒤에는 서로 자연스럽게 흙과 낙엽을 묻힐 수도 있다. 이때 몸에 달라붙는 작은 생명들에 대해서 이야기해주는 것도 좋다. 땅속에 지네가 있는지 사전에 조사해야 하는데, 노래기와 지네를 혼동해서는 안 된다. 지네와 노래기는 다리 수에서 차이가 난다. 노래기는 영어로 '밀리피드millipede'라 하는데, '천 개의 다리'라는 뜻이다. 그렇지만 다리가 300개 이상인 노래기는 없다. 지네는 '센티피드centipede'라 하는데, '백 개의 다리'라는 뜻이다. 그렇지만 대부분 다리가 30개 미만이다. 둘은 기는 법도 다르다. 노래기는 체절들이 물결처럼 움직이면서 미끄러지듯 나아가지만, 지네는 사람처럼 왼다리와 오른다리를 번갈아 움직인다. 마지막으로 노래기는 먹이를 씹을 수 있는 턱이 있지만, 지네는 독이 나오는 송곳니가 있다.

곤충을 관찰하는 과정에서 손으로 곤충을 만지면 사람의 체온에 의해 곤충이 화상을 입을 수 있다는 것도 주지시킨다. 따라서 돋보기나 루페, 곤충 채집 도구를 준비해두면 교육생들이 곤충을 좀더 자세히 관찰하고 싶어할 때 유용하다.

길잡이
- 구분 : 마무리 단계
- 주제 : 숲의 생태, 곤충
- 형식 : 활동적, 감성적
- 계절 : 가을
- 대상 : 모든 연령
- 인원 : 20명
- 진행 시간 : 30분
- 장소 : 숲

104 | 토양 속 미생물 관찰하기

길잡이
- 구분 : 마무리 단계
- 주제 : 토양
- 형식 : 관찰적, 토론적
- 계절 : 여름 - 가을
- 대상 : 초등학교 고학년 이상
- 인원 : 15명
- 진행 시간 : 30분
- 장소 : 공원, 숲

무엇을 배우나요?
숲의 바닥은 어떤 과정을 거쳐 변할까? 바닥에 떨어진 나뭇잎이나 각종 열매, 동물들의 사체가 빛과 빗물에 의해 스스로 분해되는 것일까? 사전에 분해자인 미생물과 토양 속 동물에 대한 지식을 익혀두면 재미있게 진행할 수 있다. 모둠을 나누어 토론하는 방식으로 진행하는 것도 좋다.

무엇을 준비해야 하나요?
50cm 길이의 나뭇가지

어떻게 진행하나요?
1. 나뭇가지를 이용하여 숲 바닥을 일정한 크기의 네 구역으로 구분한다.
2. 각 구역에서 단계별로 숲 바닥이 드러나도록 낙엽과 흙을 치운다.
3. 1구역에서는 흙을 그대로 두고, 2구역에서는 제일 윗부분의 낙엽이나 돌을 치운다. 3구역에서는 더 깊은 부분까지 흙을 치우고, 4구역에서는 흙바닥이 드러날 정도로 표면을 깨끗이 치운다.
4. 네 구역에서 드러난 토양의 상태를 비교해보고 토론한다.

이런 질문 어때요?
1. 누가 토양의 변화를 가속화할까요?
2. 땅속에 사는 지렁이는 어떤 역할을 할까요?
3. 땅속에는 얼마나 많은 미생물과 생물이 살까요?
4. 땅속에 사는 친구들은 어떤 감각 기능이 가장 발달되었을까요?

※참조하세요
'토양 속 미생물 관찰하기'는 사전에 준비해야 하는 번거로움이 없다. 즉석에서 같은 길이의 나뭇가지 몇 개를 구하면 된다. 나뭇가지의 길이는 50cm 정도가 적당하며, 서로 다른 네 구역을 정확하게 나누고 관찰할 수 있도록 도와야 한다.

나만의 자연 팔레트 만들기 | 105

무엇을 배우나요?
즐겁게 체험놀이를 하는 가운데 예술적인 감각을 기를 수 있다면 그만큼 좋은 교육은 없을 것이다. 숲에 있는 다양한 색상과 모양을 이용하여 예술적 감각과 창의력을 기를 수 있는 놀이로, 숲의 향연을 누려보고 생명의 신비가 배어나는 자연 팔레트를 만들어보자.

무엇을 준비해야 하나요?
종이로 만든 팔레트, 접착제, 줄, 집게

어떻게 진행하나요?
1. 숲속에서 주위에 있는 여러 가지 색 사물을 수집한다.
2. 종이로 만든 팔레트에 ①을 붙인다. 한 가지 주제를 가지고 꾸미거나 기본적인 모양을 다르게 해서 꾸며보는 것도 좋다.
3. 나무에 줄을 걸어 ②의 자연 팔레트를 집게로 고정하고 전시회를 연다.
4. 한 사람씩 자신이 만든 자연 팔레트를 소개한다.

이런 질문 어때요?
내 자연 팔레트의 주제는 무엇인가요?

※ 참조하세요
조용한 숲에서 아이와 함께 평소에 놓칠 수 있는 색깔까지 팔레트에 표현하는 놀이를 해보면 숲이라는 자연을 이해하는 데 큰 도움이 된다. 이러한 놀이를 통해 식물들의 색깔은 다양한 삶을 의미하고, 곤충 등 생물들이 서식하는 데 매우 중요한 역할을 한다는 것을 이해하면 좋겠다.

어린아이들에게는 팔레트 모양을 그려주고 그것을 숲의 사물들로 표현하도록 하는 것이 적당하지만, 초등학교 고학년이나 중학생은 여러 가지 형태를 스스로 그리고 숲의 사물들을 이용하여 꾸밀 수 있다.

각각의 방법들은 장단점이 있다. 특정한 그림을 주고 꾸미도록 하는 것은 교육생들에게 부담을 적게 주어 편안한 마음으로 자유롭게 진행할 수 있다는 장점이 있으나, 창의력을 원할 경우에는 적합하지 못하다. 반면 각자가 서로 다른 숲의 생물이나 사물을 그리고 그것에 숲의 사물을 붙여 만들어보게 하는 것은 창의적인 작품을 기대할 수 있으나, 교육생들에게 그림을 그려야 한다는 부담감을 줄 수 있다. 그러므로 대상에 따라 각각의 방법을 적절하게 활용하는 것이 바람직하다.

길잡이
- 구분 : 마무리 단계
- 주제 : 숲
- 형식 : 감성적, 관찰적
- 계절 : 봄 - 가을
- 대상 : 모든 연령
- 인원 : 제한 없음
- 진행 시간 : 30~40분
- 장소 : 공원, 숲

106 하나 둘 셋 놀이

길잡이
- 구분 : 마무리 단계
- 주제 : 나무, 초본
- 형식 : 관찰적, 활동적
- 계절 : 사계절
- 대상 : 초등학생 – 중학생
- 인원 : 모둠별 10명
- 진행 시간 : 20~30분
- 장소 : 공원, 숲, 실내

무엇을 배우나요?
숲에서 재미있게 놀며 숲의 생태를 이해하는 데 도움이 된다. 자연물을 활용하여 집중력을 기를 수 있으며, 여럿이 함께하면 더 재미있고 교육 효과도 크다.

무엇을 준비해야 하나요?
흰 천

어떻게 진행하나요?
1. 서로 다르다고 느끼는 숲의 다양한 자연물들을 찾아오게 한다.
2. 자연물들을 흰 천에 놓고 어디에 무엇이 있는지 기억하도록 한다.
3. "하나, 둘, 셋"을 외치면 뒤돌아서고, 다시 "하나, 둘, 셋"을 외치면 교육자를 보고 선다.
4. 교육생들이 뒤돌아 있는 동안 교육자는 흰 천 위의 보물들에 변화를 준다.
5. 다시 돌아보았을 때 흰 천 위에 어떤 변화가 있었는지 답하도록 한다.

> **보물들에 변화를 주는 방법**
> 1. 하나씩 빼기 – 보물들을 흰 천 위에서 하나씩 빼낸다. 교육생들은 무엇이 사라졌는지 맞히면 된다. 이름을 모를 경우 그 사물의 생김새와 특징을 이야기한다.
> 2. 위치 바꾸기 – 보물이 줄어들어 10개 정도 남으면 보물의 위치를 바꾼다. 이때 보물들끼리 위치를 바꾸거나, 한 가지 보물 자체의 상하좌우 위치를 바꾼다. "하나, 둘, 셋" 하며 계속 진행한다.
> 3. 모양 바꾸기 – 보물의 수가 더 줄어들면 보물의 모양에 변화를 준다. 예를 들어 나뭇가지의 일부를 꺾거나 꽃잎을 떼거나 열매를 반으로 자른다.
> 4. 그대로 두기 – 보물의 숫자가 몇 가지 남지 않으면 그대로 둔 채 "하나, 둘, 셋"을 계속한다.

이런 질문 어때요?
1. 계절이 바뀌면 숲이 어떻게 변하나요?
2. 한 나무의 잎은 위, 아래, 안쪽, 바깥쪽의 모습이 어떻게 다른가요?

※ 참조하세요
숲에 있는 작은 사물 하나하나가 거대한 숲을 지탱한다는 사실을 알면 어느 하나 소중하지 않은 것이 없다는 생각이 들 것이다. 여기서 보물이란 숲에 있는 모든 사물들을 말하는 것으로 열매, 씨앗, 나뭇잎, 돌, 흙, 나뭇가지 등을 가리키며, 이러한 사물들이 아름다운 숲을 만들어내는 구성 요소들이다. 교육생들은 이 놀이를 통해 숲속 보물들의 특성이나 생김새, 이름 등을 직감적으로 기억하는데, 이것은 자연을 이해하는 매우 중요한 접근 방법이다. 교육생들의 연령이나 수준에 따라 약간의 변화를 주는 것이 필요하다.

숲의 슬라이드 쇼 | 107

무엇을 배우나요?
슬라이드 필름 케이스를 활용할 줄 알아야 하므로 초등학생 이상의 대상에게 적합하다. 나에게 가장 깊은 인상을 주는 자연물 하나를 찾아 여럿이 함께 나눠볼 수 있는 활동이다. 전체적인 교육을 마치고 마지막으로 감동적인 장면을 선사할 수 있다.

무엇을 준비해야 하나요?
슬라이드 필름 케이스

어떻게 진행하나요?
1. 슬라이드 필름 케이스를 하나씩 나눠주고, 숲에서 가장 인상적인 것들을 찾아 담아오도록 한다.
2. 다 함께 앞사람 뒤통수를 볼 수 있는 원을 그리고 선다.
3. 각자 자신의 케이스를 오른손으로 잡고 팔은 눈 높이 들어 감상한다.
4. 교육자가 "하나 둘 셋!"을 외치면 다 함께 "찰칵!" 소리를 내면서 자신의 케이스를 뒷사람에게 전달하고 앞사람의 케이스를 받아 같은 방식으로 감상한다.
5. 계속해서 각자의 작품을 돌려가며 모든 작품들을 감상한다.

이런 질문 어때요?
숲에서 발견한 가장 멋진 장면은 무엇인가요?

※참조하세요
활동을 마치고 각자 작품들을 소개하면서 작은 자연물 안에 수많은 이야기를 담을 수 있다. 느낀 점이나 전체적인 인상을 작은 활동으로 표현해볼 수도 있다. 이러한 과정은 창의적인 사고를 향상시킬 수 있으며, 풍부한 감성을 갖도록 도와준다.

길잡이
- 구분 : 마무리 단계
- 주제 : 숲의 생태, 협동심
- 형식 : 활동적, 감성적
- 계절 : 봄 - 가을
- 대상 : 초등학생 이상
- 인원 : 20명
- 진행 시간 : 30분
- 장소 : 공원, 숲

108 그물망으로 생태계 이해하기

길잡이
- 구분 : 마무리 단계
- 주제 : 숲의 생태
- 형식 : 활동적, 관찰적, 토론적
- 계절 : 봄 - 가을
- 대상 : 초등학교 고학년 이상
- 인원 : 15명
- 진행 시간 : 20~30분
- 장소 : 공원, 숲, 실내

무엇을 배우나요?
나무만 보고 숲을 보지 못한다면 무슨 소용이 있을까? 숲은 나무와 초본, 버섯, 새, 곤충 등 다양한 생물들로 구성된 생활 공동체. 따라서 어느 하나가 부족하거나 사라진다면 숲은 빈곤해지며, 심한 경우 숲이 사라질 수도 있다. 숲의 생태계를 이해할 수 있는 놀이를 통해 숲의 어느 생명체도 소중하지 않은 것은 없다는 사실을 일깨워준다.

무엇을 준비해야 하나요?
각종 생물과 무생물들의 사진, 집게, 실타래

어떻게 진행하나요?
1. 원하는 사진을 선택하여 집게로 가슴에 달고 실제로 그 생물이나 무생물 역할을 한다.
2. 다 함께 둘러선다.
3. 시작하는 사람부터 자신과 관련된 생물이나 무생물에게 실타래를 던진다. 이때 실 끝은 잡고 있어야 한다.
4. 실타래를 받은 사람은 다른 사람들의 사진을 보고 자신과 관련된 생물이나 무생물에게 실타래를 던진다.
5. 모두 실타래를 주고받으면 중앙에 복잡한 연결선들이 만들어진다.
6. 이러한 실의 형태처럼 생태계는 하나의 큰 틀 안에서 서로 영향을 주고받는다는 것을 연상시킨다.
7. 모두 연결되면 어느 한쪽의 실을 놓아본다.
8. 실타래 그물망에 어떤 현상이 발생하는지 생태계와 관련지어 설명한다.

이런 질문 어때요?
1. 특정한 생물이나 무생물이 사라진다면 어떤 변화가 일어날까요?
2. 생태계에서 가장 중요한 것은 무엇인가요?

※참조하세요
숲에서 중요하지 않은 것은 없으며, 한 가지 생물만 사라져도 전체에 영향을 미친다. 생태계를 떠올리면 먹이사슬을 연상하는 사람들이 많다. 그러나 생태계는 하나의 도표나 그림으로 나타낼 수 없을 정도로 복잡하고 신비롭다. 뿐만 아니라 생태계 안에서 하나의 생명체는 그 존재 자체로도 커다란 의미가 있다. 어떤 나무나 식물도 우연히 그 장소에서 자라나는 것은 아니다. 식물이 그 장소에 그러한 형태로 자라난 데는 수많은 원인들이 있다. 질경이가 좋은 예다. 질경이는 빛과 양분이 충분하고, 물이 적은 장소에서 주로 뿌리를 내린다. 질경이를 잘 관찰해보자. 잎은 빗물이 곧바로 뿌리로 이동할 수 있도록 마치 깔때기를 잘라놓은 듯한 모양이다. 이처럼 아이들과 함께 다른 입지에서 자라는 나무들을 관찰해본다.

놀이를 통해 아이들은 자연에서 생활하는 모든 생물이 직·간접적으로 영향을 주고받으며 살아간다는 사실을 이해한다. '죽은 나무나 고목이 없다면 사슴벌레는 어떻게 될까? 미생물이 없다면 이 세상은 어떻게 될까?' 등 생각을 나누면 우리가 살아가는 생태계의 흐름을 더욱 잘 이해할 수 있을 것이다. 세상에 존재하는 그 어떤 생물이 더 소중하거나 소중하지 않다는 것은 자연의 이치에서 있을 수 없는 일이다. 아름다운 꽃을 피우는 식물이 있어서 수많은 곤충들이 날아들고, 또 곤충을 먹이로 하는 다른 생물들이 활동할 수 있고, 마침내 육안으로 식별이 불가능한 미생물에게 모두 분해되어 아름다운 세상을 만든다. 어느 것이 더 소중하다고 말할 수 있는 근거는 없다. 모두 그 존재의 가치와 의미가 있는 것이다. 더 소중한 생명체가 있다면 그렇게 판단하는 인간의 생각 속에만 존재하는 것이다.

109 | 숲속 영화관

길잡이
- 구분 : 마무리 단계
- 주제 : 숲의 생태
- 형식 : 활동적, 감성적
- 계절 : 봄 – 가을
- 대상 : 유아 – 초등학생
- 인원 : 20명
- 진행 시간 : 30분
- 장소 : 숲

무엇을 배우나요?
주변을 돌아보자. 도심 속 풍경은 대부분 직선과 곡선의 매끄러운 실루엣으로 이뤄진다. 특히 우리가 사용하는 생활용품들은 대부분 비슷비슷한 모양으로 잘 다듬어져 자연성을 찾아보기 힘들다. 반질반질한 표면에 익숙해진 우리는 자신도 모르게 울퉁불퉁하거나 거친 것에 거부감을 느낀다. 하지만 자연에서 만나는 모든 생명들은 각자 개성이 있으며 살아 숨 쉰다. 흙이나 나무껍질, 작은 나뭇잎 한 장에서도 그 나름의 독특한 감촉을 느낄 수 있다. 우리는 자연 안에서 자신만의 감각을 키울 수 있으며, 또 다른 생명체를 이해할 수 있다.

무엇을 준비해야 하나요?
두꺼운 종이, OHP 필름

어떻게 진행하나요?
1. 두꺼운 종이와 OHP 필름으로 자기만의 영화 필름을 만든다.
2. 주변에서 자연물을 필름 속에 담아 사진을 한 장씩 표현한다.
3. 다 함께 앞사람 뒤통수를 볼 수 있는 원을 그리고 서면 전체가 하나의 영사기가 된다.
4. 교육자의 신호에 따라 영사기가 되어 돌아가기 시작하면 필름을 빠른 속도로 뒷사람에게 전달한다.
5. 사진들을 계속 전달하다가 교육자가 "그만"이라고 외치면 현재 자기가 들고 있는 사진을 자세히 감상한다.
6. 전체가 하나의 영사기가 되어 돌아가기 시작하면, 각자 들고 있는 사진을 빠른 속도로 앞으로 전달한다.
7. 다시 "시작"이라고 외치면 영사기가 돌아가고, 이것을 여러 번 반복한다.
8. 교육생들과 함께 가장 인상 깊었던 장면을 뽑거나, 각자 만든 장면들에 대한 사연을 들어본다.

이런 질문 어때요?
1. 숲에서 가장 인상적인 장면은 어떤 것이었나요?
2. 어떤 식물이 사라진다면 숲에서는 어떤 변화가 일어날까요?

※참조하세요
아이들과 함께하는 교육에서는 다양한 표현을 신중하고 진지하게 받아들이며, 각자의 의견을 나눌 수 있는 기회를 줄 필요가 있다. 다 함께 한 편의 영화를 만들었다는 성취감을 느낄 수 있도록 분위기를 이끈다.

| 저자 후기 |

숲은 감성과 지성의 원천입니다

인류가 땅에 정착하기 전에는 강이나 바다와 습지, 바위산을 제외하고는 모두 숲이었습니다. 현재 우리가 살고 있는 주거 공간이나 활동 공간, 아이들의 배움터인 학교 같은 곳을 생각해보십시오. 녹음이 우거진 숲이 얼마나 있던가요? 자연 상태의 환경이 지나치게 변하다 못해 온갖 유해 물질과 오염에 둘러싸여 있다는 사실에 몸서리쳐지지 않습니까. 그럼에도 불구하고 인공 환경의 편리성과 합리성이라는 명분은 너무나 쉽게 우리가 자연의 숨소리를 듣지 못하게 하고 있습니다. 왜냐하면 그 자연의 소리가 언제부턴가 우리에겐 불편한 현상이 되어버렸으니까요.

소위 과학이란 것은 마치 우리나라 사람들이 된장 맛과 김치 맛을 잊지 못하듯이 중독성이 있는 것 같습니다. 과학의 발달로 얻는 것이 많은 만큼 대가를 톡톡히 치르고 있습니다. 과학의 발달은 각종 자연 재해와 유해 물질들을 동반하고, 그 피해를 피하려고 또다시 과학이란 무기를 뽑아드는 악순환을 반복하는 실정입니다.

우리의 생각이 얼마나 편협한지 다음의 예를 살펴봅시다. 흔히

'잡초'라고 부르는 식물은 정말 사정없이 뽑히고 맙니다. 그중에는 영원히 자취를 감춰버린 '잡초' 친구들이 많습니다. 불행히도 사라진 것은 잡초만이 아닙니다. 잡초들이 존재하지 않으면 절대로 살 수 없는 수많은 작은 생물들도 함께 사라져버렸다는 사실은 우리를 매우 놀라게 합니다. 들소의 배설물이 수십 종의 생물이 살 수 있는 원천이 되고, 딱따구리의 서식 방법이 스스로 집을 짓지 못하는 동물들에게 보금자리를 마련해줍니다. 단순히 손익만을 염두에 둔 인간의 사고는 자연 환경에 큰 화를 불러옵니다. 오늘날의 환경 변화가 이를 충분히 뒷받침해주고 있습니다.

이 책에서는 인간이 생명체로서 지니고 있는 감성적인 부분을 강조하려 했습니다. 우리는 감성을 이야기할 때야말로 진정한 행복을 느낄 수 있기 때문입니다. 인간이 살아가는 데 과학이란 도구는 분명 필요합니다. 하지만 과학적 사고는 우리의 마음을 편하게 해주지 못합니다. 오늘날 어린이들은 불행히도 맑고 시원한 물이 흘러내리는 계곡에서 발을 담그고 조용히 자연을 음미하는 경험 대신

실내에서 말과 글과 그림으로 이해하는 데 만족해야 하는 실정입니다. 감성보다 지성을 강조하는 교육이 행해지고 있기 때문입니다. 어린이들이 밝고 희망차게 자라는 것이야말로 건강한 나라를 위한 전제조건이라는 사실을 강조하고 싶습니다. 그러기 위해서는 어린이들의 감성과 지성을 풍부하게 키울 수 있는 환경을 마련해야 합니다.

숲은 우리 주변에서 쉽게 만날 수 있는 공간입니다. 아이들에게 숲이 전해줄 수 있는 경이로움과 즐거움을 찾아주고자 합니다. 이 책은 그러한 생각을 같이하는 교사와 학부모, 현장에서 자연 체험 교육을 지도하는 사람들을 위해 쓰인 것입니다. 수년 동안 현장에서 진행하고 정리한 내용들을 다듬은 것이기 때문에 이론서로도 현장 가이드북으로도 손색이 없을 것이라고 감히 자부합니다. 아무쪼록 이 책이 많은 사람들에게 전해져서 감성이 풍부한 삶을 이루는 데 도움이 되길 바랍니다.

이 책이 나오기까지 정말 많은 분들이 수고해주셨습니다. 숲연구소에서 운영하는 숲생태아카데미를 졸업한 많은 분들, 원고와 사진을 정리하는 데 수고를 아끼지 않은 숲연구소 김신회 실장께 진심으로 고마운 마음을 전합니다. 아울러 원고를 선뜻 출간해준 도서출판 추수밭 사장님과 관계자분들께도 깊은 감사드립니다.

서울 정동에서 남효창

추천 참고 문헌

한국 문헌
- 강영희 외, 『식물생리학』, 지구문화사, 2005.
- 김재숙 외, 『유아교사를 위한 실외놀이 Guide Book』, 정민사, 2004.
- 김영주 외, 『유아를 위한 전래놀이』, 도서출판 양지, 2002.
- 남효창, 『나는 매일 숲으로 출근한다』, 청림출판, 2004.
- 남효창, 「우리 아이, 생태교육 어떻게 해야 할까?」『부모에게 약이 되는 이야기』 79호, 한국지역사회교육협의회, 2005.
- 림로손 외, 『식물곤충사전』, 한국문화사(백과사전출판사, 평양), 1991.
- 이경준, 『수목생리학』, 서울대학교출판부, 2001.
- 이도원, 『떠도는 생태학』, 범양사출판사, 1998.
- 이여하, 『측수학』, 기전연구사, 1995.
- 이창복, 『수목학』, 향문사, 1984.
- 이창복, 『대한식물도감』, 향문사, 1985.
- 숲연구소, 『숲생태교육 가이드북』, 도서출판 애벌레, 비매품, 2006.
- 숲연구소, 『애벌레』 통권 19권, 도서출판 애벌레, 2002~2006.
- 환경부, 『체험환경교육의 이론과 실제』, 환경부, 6~13, 2002.

번역 문헌
- Coats, C., 『살아 있는 에너지 Living Energies』, 도서출판 양문, 1998.
- Dawkins, R., 『이기적 유전자 The Selfish Gene』, 을유문화사, 1993.
- Droescher, V. B., 『휴머니즘의 동물학 Tierisch erfolgreich』, 도서출판 이마고, 2003.
- Evans, H. E., 『곤충의 행성 Life on a Little-Known Planet』, 사계절출판사, 1999.
- Fenstermacher, G. D., 『가르친다는 일이란 무엇인가?』, 교육과학사, 2003.
- Heinrich, B., 『동물들의 겨울나기 Winter World』, 에코리브르, 2003.
- Judson, O., 『모든 생물은 섹스를 한다 Dr. Tatianas Sex Advice to all Creation』, 홍익출판사, 2002.
- Osche, G., 『기초 생태학 Oekologie』, 지구문화사, 1999.

외국 문헌
- Alfred Toepfer Akademie für Naturschutz (Hg.), *Umweltbildung - den Möglichkeitssinn wecken*. (NNA

Berichte, 12. Jg., H.1), 1999.
- Antons, K. und Volmberg, U., *Praxis der Gruppendynamik - Uebungen und Techniken* , Muenchen, 2000.
- Baer, U., *666 Spiele - für jede Gruppe, füralle Situationen,* Kallmeyersche Verlagsbuchhandlung, 1994.
- Bayer. Staatsministerium f. Ernährung, Landwirtschaft u. Forsten, *Forstliche Bildungsarbeit - ein Leitfaden für Förster.* 1994.
- Blab, J., *Grundlagen des Biotopschutzes fuer Tiere*, KILDA-Verlag, Steinfurt, 1993.
- Bolscho, D. & Seybold, H., *Umweltbildung und okölogisches Lernen, Ein Studien- und Praxisbuch*, Berlin, 1996.
- Bellmann, H, *Leben in Bach und Teich* (Steinbachs Naturfuehrer), Mosaik, Muenchen, 1988.
- Bolscho, D. & Michelsen, G., *Umweltbildung unter globalen Perspektiven: Initiativen, Standards,* Defizite, Bielefeld, 1997.
- Bolscho, D. & Hansjoerg S., *Umweltbildung und oekologisches Lernen, - Ein Studien- und Praxisbuch,* Cornelsen Scriptor, Berlin, 1996.
- Braun H. J., *Bau und Leben der Baeume*, Rombach Wissenschaft, Freiburg, 1988.
- Brooks, C. V.W., *Erleben durch die Sinne, Bearbeitung von Charlotte Selver*, Junfermannsche Verlagsbuchhandlung, 1979.
- Bücken, H. (Hg.), *In und mit der Natur, Mit Kindern im Spiel die Natur erkunden*, Freiburg, 1983.
- CH Waldwochen (Hg.), *Naturerlebnis Wald, Gemeinsam mit Kindern und Jugendlichen im Wald verweilen - entdecken - spielen*, Zofingen / Schweiz, 1996.
- Cornell, J. B., *Mit Freude die Natur erleben*, Verlag an der Ruhr, 1991.
- De Haan, G., *Umweltbildung als Innovation: Bilanzierung und Empfehlungen zu Modellversuchen und Forschungsvorhaben*, Heidelberg, 1997.
- De Haan, G., *Berliner Empfehlungen okölogie und Lernen, Die 200 besten Materialien im Überblick*, Ernst Poeschel Verlag GmbH, Stuttgart, 1997.
- Duell, R & Kutzelnigg, H., *Botanisch-oekologisches Exkursionstaschenbuch*, Quelle und Meyer, Wiesbaden, 1994.
- Engelhart, W, *Was lebt in Tuempel, Bach und Weiher*, Franckh-Kosmos, Stuttgart, 1986.
- Faber, M./Manstetten, R., *Mensch   Natur   Wissen: Grundlagen der Umweltbildung*, Göttingen,

2003.
- Fischer, A., *Forstliche Vegetationskunde, - Eine Einfuehrung in die Geobotanik*, Parey Buchverlag, 2002.
- Fischer, R. & William U., *Das Harvard Konzept, - Schlich verhandelnerfolgreich Verhandeln*, Frankfurt, 1984.
- Fogden, M. u. P., *Farbe und Verhalten im Tierreich, Herder Verlag*, Freiburg/Basel/Wien, 1975.
- Giesel, K & de Haan, G./Rode, H., *Umweltbildung in Deutschland*, Stand und Trends, 2002.
- Greenpeace (Hg.), *Neue Wege in der Umweltbildung*, Hamburg, 1995.
- Henningsen, D, *Einfuehrung in die Geologie der Bundesrepublik Deutschland*, Enke Verlag, Stuttgart, 1986.
- Horsfall, J., *Mit Kindern die Natur erspielen*, Verlagan der Ruhr, Mülheim, 1999.
- Jonsseon, L., *Die Voegel Europas und des Mittelmeerraumes*, Franckh-Kosmos, Stuttgart, 1992.
- Kalff, M., *Handbuch zur Natur- und Umweltpädagogik -Thooroticcho Grundlogung und praktischc Anleitungen fuer ein tieferes Mitweltverstaendnis-*, Guenter Albert Ulmer Verlag, Tuningen, 1997.
- Kalff, M., *Handbuch zur Natur- und Umweltpädagogik*, Tuningen, 1994.
- Klein, I. & Klaus R., *Freizeit-Handbuch - Gruppenarbeit mit Kindern lebendig gestalten*, Muenchen, 1995.
- Klein, I. & Klaus, R., *Gruppenleiten ohne Angst : Ein Handbuch fuer Gruppenleiter*, Muenchen, 1984.
- Kreeb, K. H., *Vegetationskunde*, Eugen Ulmer, Stuttgart, 1983.
- Langer, S., *Natur erlernen mit Kindern*, Ulmer, 2000.
- Langmaack, B. und Michael B. K., *Wie die Gruppe laufen lernte*, Weinheim, 1989.
- Laudert, D., *Mythos Baum - Was Baeume uns Menschen bedeuten Geschichte, Brauchtum, 30 Baumportraets*, BLV Verlagsgesellschaft mbH, Muenchen/Zuerich, 2001.
- Mäurer, S., *Natur, Ökologie und Nachhaltigkeit im Kindergarten, Ein Praxisbuch, Akademie für Umwelt - und Naturschutz*, Baden-Württemberg, Stuttgart, 2003.
- Mayer, F. & Witte, U.(Hrsg.), *Nachhaltiges Leben lernen: Modelle der Umweltbildung mitKindern und Jugendlichen*, Schwalbach, 2000.
- Metzler J. B., *Linder Biologie*, J.B. Metzlersche Verlagsbuchhandlung und Carl, 1989.
- Neumann, A. & Neumann, B., *Waldfühlungen-Das ganze Jahr den Wald erleben*, Oekopia-Verlag, Münster, 2002.

- Naumann, F., *Miteinander streiten, - Die Kunst der fairen Auseinandersetzung*, Reinbek, 1995.
- Naturschutzzentrum NRW, *Naturspielraüme für Kinder*, Hamm, 1992.
- Nuetzel, R., *Den Wald erleben mit Kindern, - Exkursionen, Lern- und Erlebnissspiele im Vorschulalter, Oekologische Zusammenhaenge verstehen lernen*, Suedwest Verlag, Muenchen, 1998.
- Oberdorfer, E., *Pflanzensoziologische Exkursionsflora fuer Sueddeutschland un die angrenzenden Gebiete*, Ulmer, Stuttgart, 1970.
- Odum, E. P., *Oekologie, -Grundlagen, Standorte, Anwendung*, Thieme, 1999.
- Otto, H. J., *Waldoekologie*, Eugen Ulmer, Stuttgart, 1994.
- Robiller, R., *Tiere der Nacht*, Verlag Eugen Ulmer, Stuttgart, 1987.
- Sandhof, K. & Stumpf, B, *Mit Kindern in den Wald*, Münster, 1999.
- Sassmannshausen, W., *Waldorfpaedagogik im Kinergarten*, Herder Verlag, Freiburg, i. Br., 2003.
- Schauer TH. & Caspari C., *Der grosse BLV Pflanzenfuehrer*, BLV Muenchen, 1978.
- Schede, H. G., *Der Waldkindergarten auf einen Blick*, Herder Verlag, Freiburg i. Br., 2000.
- Scherzinger, W., *Naturschutz im Wald - Qualitaetsziele einer dynamischen Waldentwicklung*, Eugen Ulmer, Stuttgart, 1996
- Schmidbauer, H. & Herder, J., *Erlebnisraum Wald, Praktische Umwelterziehung in Kindergarten und Grundschule*, Don Bosco Verlag, München, 1991.
- Schumann, W, *Bestimmungsbuch Steine + Mineralien*, BLV., Muenchen, 1975.
- Seyffert, S., *Das Ferien-Spiele-Buch, - Mit Kindern ab 5 Jahren*, Falken Verlag, Muenchen, 2002.
- Singeisen-Schneider, V., *1001 Entdeckung: Naturerleben durch's ganze Jahr*, Zürich, 1989.
- Specht, R, *Singvoegel in Wald, Park und Garten, Kosmos Naturfuehrer*, Franckh-Kosmos, Stuttgart, 1992.
- Specht, R & Roche, J. C., *Unsere Gartenvoegel und ihre Gesaenge, Naturfuehrer und Toncassette*, Franckh-Kosmos, Stuttgart, 1999.
- Stamer-Brandt, P., *Abenteuer Wald und Wiese, - Spiele, Aktionen und Projekte fuer Kindergartenkinder*, Christophorus im Verlag Herder, Freiburg i. Br., 2004.
- Textor, M. R.(Hrsg), *Verhaltensauffaellige Kinder foerdern, - Praktische Hilfe fuer Kindergarten und Hort*, Beltz Verlag, Weinheim/Basel, 2004.
- Trommer, G., *Naturwahrnehmen mit der Rucksackschule*, Braunschweig, 1991.

- Umweltstiftung WWF–Deutschland(Hg), *Rahmenkonzept für Umweltbildung in Grosschutzgebieten*, 1996.
- Von Cube, F. & Storch, V.(Hg.), *Umweltpädagogik*, Heidelberg, 1988.
- Vopel, K. W., *Kreative Konfliktloesung, Spiel fuer Lern und Arbeitsgruppen*, Salzhausen, 2002.
- Vopel, K. W., *Handbuch fuer Gruppenleiter/innen*, Hamburg, 1992.
- Walter, G., *Wasser, – Die Elemente im Kindergartenalltag*, Herder Verlag, Freiburg i. Br., 1998.
- Wessel, J. & Gesing, H.(Hg.), *Spielend die Umwelt entdecken*, Handbuch Umwelt-Bildung, 1995
- Winkel, G., *Umwelt und Bildung, Denk – und Praxisanregungen für eine ganzheitliche Natur – und Umwelterziehung*, Seelze-Velber, 1995.
- Witt, R., *Mit Kindern in der Natur – Ideen, Wissen, Aktionen*, Herde, 2003.
- WWF, *Wald erleben – Wald verstehen*, WWF, Zuerich, 1983.
- Zucchi, H., *Natur erleben, Wiese*, Ravensburger Buchverlag, 1988.

얘들아 숲에서 놀자

1판 1쇄 발행 2006년 4월 20일
1판 14쇄 발행 2021년 10월 6일

지은이 | 남효창
펴낸이 | 고영수
펴낸곳 | 추수밭

등록 | 제16-3761호(2005.11.11)
주소 | 135-816 서울시 강남구 도산대로38길 11(논현동 63)
전화 | 02)546-4341 팩스 02)546-8053

홈페이지 | www.chungrim.com
전자우편 | cr2@chungrim.com

ⓒ 남효창 2006
ISBN 89-957687-2-X 03480

* 이 책 내용의 전부 또는 일부를 재사용하려면
  반드시 저작권자와 추수밭 양측의 동의를 얻어야 합니다.
* 책값은 뒤표지에 표시되어 있습니다.